原子與灰燼
核災的全球史

謝爾希・浦洛基◎著
Serhii Plokhy
黎湛平◎譯

Atoms and Ashes
From Bikini Atoll to Fukushima

獻給 Jude 和 Auggie

感謝國立清華大學工程與系統科學系特聘教授葉宗洸老師協助審訂本書專有名詞。

國際好評

絕對驚豔，了不起的成就。浦洛基寫出六齣歷史驚悚單元劇，不論政治人物或市井小民都必須一讀。我們已然度過核子時代的四分之三個世紀，但這本書冷靜提醒你我意外就是意外，意外注定會再發生。作者筆下的核災故事令人心驚膽顫，卻也欲罷不能。

——凱．柏德，紐約市立大學萊昂利維傳記中心主任，普立茲得獎巨著《奧本海默》共同作者

關於原子時代及其危險性的迷人研究……一部精心研究的歷史著作。

——拉倫斯．弗里德曼，《金融時報》

在考慮核能的可能未來時，浦洛基……回顧了自二戰結束以來最嚴重的核子災難所帶來的教訓……（他）問了核能是否是一條可行之路，並考慮了所有風險。

——《書目》（*Booklist*）星級評論

令人震驚……浦洛基清晰地解釋了複雜的科學和技術程序，並對每個事件中的主要人物進行了鮮明的描述。這部知識豐富的研究對核子的未來發出了警告。

——《出版人週刊》（*Publishers Weekly*）

推薦

核能發展的體制性瘋狂

王俊秀　清華大學人文社會學士班榮譽教授

本書譯作問世的二〇二四年，遇上了 D-Day 八十周年（一九四四～二〇二四），這是當年盟軍在西方戰線的軍事搶灘登陸作戰，號稱史上最大規模，當時蘇聯與盟軍（含美國）的共同敵人是德國納粹。再往前十年的一九三四年，核子反應爐取得專利，開啟了戰爭與和平的核能時代，之後被命名為「曼哈頓計畫」者準備以原子彈結束第二次世界大戰，並在一九四五年派上用場。美國的兩顆原子彈（鈾彈小男孩與鈽彈胖子）匆忙上路，結束二戰，其中一個原因是不希望蘇聯加入東方戰局。比起傳統戰爭，核子戰爭的殘酷性與恐怖性實在無法同日而語。之後即展開了冷戰時期（一九四七～一九九一），由於美蘇兩大陣營各擁核子武器，在「恐怖平衡」之下兩大體制於各方面互相較勁與競爭，扭曲了核能這個新能源科學的發展，間諜戰只是其中的小菜而已。

本書出版期間，原子彈之父歐本海默（一九〇四～一九六七）相關著作與電影陸續出場，甚至 Netflix 也製作了九集的系列紀錄片《轉捩時刻：原子彈與冷戰》（Turning Point: Atomic Bomb and

Cold War）。本書作者身為冷戰史專家，在出版了《車諾比核災史》（*Chernobyl: The History of a Nuclear Catastrophe*）一書後再出版本書，在和上述著作與影片相互參照之後，更凸顯出本書的特色。特別呼應了《轉捩時刻》第三集的名稱：體制性瘋狂（institutional insanity），兩種不同體制在意識形態（資本主義與共產主義）、政經／社會結構上的差異，誤解與風險成為常態。此外，無事不政治（Nothing is apolitical），核能發展也不例外，放射性落塵（Fallout）常成為政治落塵，例如歐本海默自稱：如今我成死神，世界的毀滅者，因此起而反對再發展核武，也被政治封殺，代表了政治正確的優先順序遠高於科學家的研究成果與意見。

因此本書所探討的六次核災史，特別能闡釋核能發展的體制性瘋狂。作者透過個案研究、當事人訪談與歷史分析將六大核災事件的前因後果詳細剖析，其中的過程峰迴路轉，特別引人入勝。因此本書先擔任了核能科普書的角色，解釋了核裂變、核融合（聚變）、各式反應爐（PWR、RBMK、BWR）、核子動力潛艇等核子物理與工程的知識，增強讀者的KQ（知識商數），往知核的道路邁進，無關擁核與反核，那是讀者們的獨立選擇。

其次，本書總結六次核災的主要原因為人禍，雖然只有日本有天災因素（大海嘯），而負責營運核電廠的東京電力公司認為不會發生那麼嚴重的天災（概率很低），但是概率很低的範圍可以從永不發生到馬上發生，而結果確實就發生了，天災也是人禍造成的。在體制性瘋狂的脈絡下，人禍包括保密文化如隱匿事實（隱瞞事實真相）、陳述誤導、公然撒謊等，以至於保密總是先於安全，因此如本書所述：達到產能目標比安全考量更重要。接著才是操作員安全意識不佳、溝通不良、訓練不足、違反安全規範等，甚至在當局默許下，為了達成目標而故意違反安全指示規範，出了事再來找代罪羔羊。其中車諾比的反應爐（RBMK）有著重大設計缺陷，但是當局保證這款非常安全，甚至可以蓋在住宅區。

雖然上述參與人員屬於自願風險，甚至還被稱為擁抱「鐘樓主義」（campanilismo，覺得自家的東西都是最棒的）的「原子新貴」（亦即對核能安全有無比信心且因為核能而身價水漲船高的專家）。但他們在核能發展初期都必須應付不同程度且還未完全理解並測試的新科學與新技術；這些新科技不僅有其風險，在緊急時亦無法預測，每個人都冒著巨大風險，以致幾乎無法避免事故發生。例如三哩島核災有一項觀察：如果那群操作員不小心把自己鎖在控制室外，應該就不會發生三哩島事故了。

另一種屬於非自願的風險的人禍則是核災受害者，比基尼環礁試爆從未制定兩座環礁島民撤離的應變計畫，當地原住民乃成為核子試爆的白老鼠，被永久撤離的居民，而受放射性落塵影響的孩童罹患甲狀腺癌的比例巨幅上升等。更不用說，核廢料的處理只能交由後代子孫買單，違反世代正義，減碳與核廢料皆為核電生命周期的一環，特別的是近年來減碳的失利，各國將核電發展與延役視為減碳萬靈丹，更成為核災發生的「風險板機」。

雖然冷戰號稱已結束，但是原子能和平用途也可以「很戰爭」，印度、巴勒斯坦、北韓、伊朗等國家自行加入核武行列。兩伊戰爭與烏俄戰爭，核電廠已成為戰爭標的，「原子能和平用途」並未能阻止核武擴散，在各國政治及經濟掛帥之下的體制性瘋狂仍為進行式，使得核能安全問題仍受到質疑。此外，作者也提醒這六次核災之後，核災意外不會停止，就如莫非定律所言：一件事可能出錯時就一定會出錯（If it can go wrong, it will.），因此窮盡各種可能（設計、心態）將核災意外的可控性最大化，不應殃及無辜，是核能界與各界的天職，但不包括核戰意外開打的互相毀滅，天佑地球。最後本書的出版將有助於各地「能源民主」的推動，防止核災從全民覺醒作起，無知是被宰制的元凶。

推薦

那，我們來用愛閱讀好了

江櫻梅　金山人，金山高中退休教師

去年底，我在搜尋車諾比核電廠被「武器化」的訊息時，發現浦洛基最新力作《原子與灰燼：核災的全球史》的前言就是從那個場景寫起的，非常吸引人，而誠品臺大店已進書了。

年初又意外在聯經書房看見這本書的簡體中文版，是由廣東人民出版社發行的。那陣子剛看完春山和綠盟合作的《海島核事》，想接著讀「全球核事」，就買了下來。沒想到拆掉塑膠封膜一翻，「ㄟ！開頭前兩段怎麼不見了？」於是，又轉去誠品臺大店買了英文版。兩個版本對照，發現後記中作者省思俄烏戰爭引起核災風險的那部分，在簡中版也不見了。當時很希望臺灣會發行這本書的繁體中文版，一個不刪減的完整版。

後來，聽了浦洛基的國際新書快閃短講（Serhii Plokhy: International Book Blitz 2023），才知道《原子與灰燼》英文原著精裝版送印前，作者沒預料到烏克蘭的核電廠會被「武器化」，接著要出平裝版時，他才把那些觀察和省思加進新版的前言和後記。簡中版應該是依照精裝版來翻譯的。

在俄烏戰爭滿兩週年那天，我把這些發現寫成臉書文，意外引發一段善緣。當時，貓頭鷹出版社已拿到《原子與灰燼》繁體中文版版權，正在翻譯中。他們收到的檔案是舊版，一位員工剛好看到我的貼文，發現還有新版，而且內容不同。於是副總編張瑞芳就去買了英文平裝版，再請譯者黎湛平補譯，才得以讓內容更為完整。

因此，當我收到副總編邀請為這本書寫推薦文時，第一個反應是「YA，許願成功！臺灣將有自己的版本，實在太好了！」而且，我對這個版本有貢獻耶，感謝那串發現和巧遇。

前面提到的《海島核事》，有個落落長的副標題：「反核運動、能源選擇，與一場尚未結束的告別」，是臺灣第一本反核史。這本書讓我對長達四十年的反核運動，有了整體與細節的認識，也把臺灣的故事，放進冷戰的東亞脈絡中去理解。而這本《原子與灰燼：核災的全球史》，正好可以用來互相參照閱讀，它提供宏觀的視野：在核災風險、氣候變遷和戰爭危機中，人類該如何面對核工業的未來？也讓我們反思：地狹人稠的臺灣，又位於地緣衝突前緣，處境更為艱難，什麼樣的能源選擇才是我們可以負荷的？

在這本書中，浦洛基描述了核能產業史上六件非常嚴重的核災，依序是「原子能戰爭用途」的比基尼環礁試爆、克什特姆事故和溫斯喬火災，以及「原子能和平用途」的三哩島事故、車諾比核災和福島核災。以我自己來說，自從二〇一一年起，看過不少車諾比和福島的相關書籍、影音作品，克什特姆事故略有聽聞，溫斯喬火災則完全陌生。閱讀此書最大的收穫，是一一去認識或再認識核災當下專業的細節和料想不到的連鎖反應，同時去理解導致事故發生的政治、經濟、社會和文化因素，而這些因素，至今還在。所以作者認為，下一場核子事故很可能還是會發生。

此外，「原子能和平用途」大肆宣傳的兩項許諾「和平與便宜」，都跳票了。七十年來，核武大國繼續發展毀滅全球的武器，不但沒有遏阻，核武技術還推波助瀾擴散到其他國家或政府。至於核電有多便宜呢？其實是興建期透過政府補貼和擔保，以及運轉期和除役期把核廢料丟給後代子孫的算法。浦洛基說，現有的核能工業是「開放性負債」產業，因為至今尚無一座真正除役的核電廠，沒有人知道整個除役過程究竟得花多少錢。

十多年來，原本因核災效應和經濟成本而沒落的核電產業，搖身一變成為氣候變遷的「救星」，或者說，是氣候危機救了核電產業。「世界核能協會」透過強力國際遊說，把核電劃進「潔淨能源」甚至「綠能」，而二〇二二年歐盟公告的《歐盟永續分類標準》，在嚴苛的限制下，已將核能納入減緩氣候變遷的永續方案。分類更動，大大有助於取得資金和權力，但並不會改變核電的本質，尤其在舊危機未解、新威脅已現之際。

面對氣候危機，興建新核電廠耗時又燒錢，讓老舊核電廠延役，若要符合安全規範，至少得付出相當的成本，這都會排擠其他綠能的發展。在時間、金錢和資源都有限的情況下，核電很可能無法減緩氣候變遷，更別提那些僅處於電腦模擬階段的新世代反應爐了。

福島核災發生後，美國前核委會主席賈茨科再三提出對核電產業的反省與批評，他還說：「我們必須確保核電設施盡可能不發生事故，安詳度過產業晚年。」沒想到在俄烏戰爭中，車諾比核電廠和札波羅熱核電廠先後被「武器化」，整個歐洲甚至全世界都受到威脅。兩年多來，這場核子恐怖行動尚未平息，目前札波羅熱核電廠仍被俄軍控制，今年四月還遭到無人機襲擊，造成發電機組的建築受損。我不禁想起俄軍逼近札波羅熱核電廠時，數百名烏克蘭居民聚集在附近路口，以肉身或車輛為路障的畫面，令人敬佩，也令人悲痛。

家離核電廠那麼近啊！在實踐反核行動的同時，我也默默祈禱著。好不容易盼啊盼，終於盼到核一、核二廠安全下樁，進入除役期程，雖然歷經多次故障，雖然至今核廢難解。

不料，今年二月起，新科立委再三動作，提出五、六個版本，想要修改《核子反應器設施管制法》等相關法令，為老舊核電廠延役解套。美國麻省理工學院核工博士卓鴻年直言，臺灣地震頻繁、人口密度高，根本不適合發展核電，準時除役已是最低限度要求。

是的，地震島就這麼小，人口如此稠密，每個地方都是貢寮，都是石門、萬里、恆春。每個地方，都是金山。老舊核電廠如期除役，是最最最低限度要求。

這陣子在街頭宣傳「反核電延役連署」時，不意外地，會聽到這樣的聲音：「不用核電，難道要用愛發電嗎？」通常來不及回應，他們就走了。現在，我想跟他們說：「那，我們來用愛閱讀好了。」

這本《原子與灰燼》，還有那本《海島核事》，金山人誠摯推薦給大家。

導讀
核能發展的歷史起源

莊德仁　北市建國中學歷史教師，臺灣師範大學歷史所博士

美國圖書館協會發行的 Booklist online 刊物曾於二〇二三年一月列出二〇二二年一整年最重要的十本綠色環保書籍，《原子與灰燼》一書名列首位，可見本書在此領域所位居的重要地位。貓頭鷹出版社編輯為了讓臺灣讀者能更深入解讀謝爾希·浦洛基（Serhii Plokhy）所著的這本書，邀請我從核能發展的歷史起源角度做簡單的說明，以方便讀者對核災議題有更深刻的認識，本文即是在此背景下的嘗試。

對於二十世紀親身經歷第二次世界大戰的社會大眾而言，提到核能的普遍直覺認識，莫過於那兩顆在日本本土上空爆炸的原子彈吧。這個殘酷且恐怖的印象一直深植於民眾心裡。戰後核能相關技術受到軍事機密或資訊匱乏的限制，任何與核能運用相關的工業、公用事業和學術專家代表，多受到直接或間接的監管。這種情境很容易塑造公眾對核能的負面認識，並阻礙核技術在未來的和平應用。

開啟和平運用核能的契機，或許可從美國艾森豪總統於一九五三年在聯合國發表「原子能為和平

服務」的演講談起。艾森豪的演講促進二十世紀五〇年代中期開展的核電熱，艾森豪在公開演說中宣布，他計畫推動發展和平利用原子能的國際合作，帶動公眾參與原子能和平運用的討論風潮。

然最早實現此理想的是蘇聯於一九五四年建立的奧博寧斯克（Obninsk）核電廠。奧博寧斯克核電廠距離莫斯科僅一百公里，是世界上第一個連結電網的原子能反應爐設施。蘇聯為了展示自身的科技優勢，奧博寧斯克遂成為冷戰時期的宣傳樣本，不僅整個蘇聯及其東歐盟國的大眾媒體都對其進行廣泛報導，許多歐美國家很快啟動以建造本國核電廠為目標的計畫。英、美兩國先後於一九五六年十月和一九五七年十二月啟用核能發電裝置。

在歐美政府的強力支持下，世界各國政府、工商業界和學術研究機構向公眾發起和平利用核能新科技的宣傳運動，這些努力有助於消除公眾對這恐怖技術的擔憂和恐懼。學者統計全球主要工業國家多在二十世紀六〇年代初期投入核能開發，大約三百多處核電廠的興建是在一九六五年至一九七九年期間開始建造的。這當然與美蘇冷戰對峙下的相互競爭氣氛與各國政府的鼓吹宣傳有關外，更重要的是，興建核電站無論在當時或是在現在都是種大型、資本密集和具備高風險的投資項目，需要花費漫長時間與龐大經費才能完成。

這項投資對於中小型或開發中國家自然形成開發的挑戰。首先，積極想要興建核電廠的國家，需具備龐大、發達且足以吸收和管理來自大型集中式發電廠電流的電網設備和市場需要。其次，此項新科技或可透過國外引進，但國內仍需具備相關最低限度的工業基礎。更實際的挑戰是興建核電廠需要漫長時間與龐大經費，其資金來源高度依賴各種政府支持和大型銀行同意下的大量貸款。學者發現由於二十世紀六〇年代尚處於低利率時期，此有利核電廠的廣泛興建，當銀行貸款利率在二十世紀七〇和八〇年代大幅增長後，核電廠興建熱潮出現明顯的退燒現象。加上二十世紀八〇年代歐美國家政府主張新自由主義的出現，許多國家的公用事業紛紛被民營私有化，這都讓政府削減對核能開發投資的財政支持。

正當興建核電廠熱潮逐漸冷卻之際，於二十世紀七〇年代中期，在美國出現反核運動的組織，不少西歐國家民眾亦投入反核運動，帶動一股自下而上由社會民眾參與原子能問題的新熱潮。反核運動植根於民眾與媒體針對核能科技運用的批判和對其潛在有害後果的擔憂。他們的宣傳品多指出核電廠事故會導致釋放出對人類健康和基因有害的放射性同位素，發展核能的國家並沒有提出適切管理核廢料計畫，而且存在核擴散的風險，即反應爐中的核材料最終可能被用於製造核武器。在上述訴求未能獲得政府合理的回應下，許多西歐國家的反核運動迅速發展，並組織群眾試圖阻止核電廠的建設，發動大規模的示威遊行和社會運動。反核運動的勢頭之所以能在一九七〇與一九八〇年代持續延燒，這主要歸因於美國於一九七九年三月爆發的三哩島核電廠事故，以及蘇聯於一九八六年四月爆發的車諾比核電廠問題。歐美政府在面對這股反核浪潮，有些是在全民公投之前就公開宣示放棄將核電作為主要電力來源，更多國家則是決定在幾十年內逐步淘汰核電（瑞典）或暫時停止核計畫（西班牙）。不少東歐和中歐國家於車諾比事故後出現反核運動，這可視作反對蘇聯發起的華沙公約體制和爭取從蘇聯獨立之政治鬥爭的一部分。

此後，許多國家政府針對反核訴求，除了在其行政機構中明確區分核監管與相關督導職責外，更多國家開始尋找核廢料最終處置的可行地點，在一連串反核與擁核的持續對話或辯論下，許多歐美國家的政府與社會團體透過複雜多變的學習過程，逐漸發展出支持己方立場的先進參與方式和論述戰略，讓核能議題討論成為公開議題甚至學校公民教育的重要部分。

臺灣興建第一座核電廠是在一九七〇年代，這是當時行政院長蔣經國先生十大建設中的一項政績，一九七〇年代因以阿戰爭導致的石油危機，核一廠的建造對於緩和石油危機造成經濟衝擊發揮直接的功效，也改善臺灣投資環境。之後於一九八〇年代陸續有核二廠與核三廠的興建，核電廠的興建以提供低廉與減緩火力發電造成的空汙問題，伴隨著臺灣經濟轉向半導體高科技的發展，核電似乎與經濟成長畫上等號，反核的聲音並未受到廣泛的重視。

然核廢料的儲存處理問題，應是引發臺灣民眾思考核能發電隱藏風險的關鍵。臺電公司自從一九八〇年於蘭嶼興建核廢料儲存場起並在一九八二年啟用後，造成當地住民困擾並陸續引爆抗爭與衝突，隨著在野政治勢力的加入，反核的訴求逐漸藉由媒體的報導成為社會關注的議題。一九八六年四月二十八日，蘇聯車諾比核電廠外洩事故發生，核能風險與對生態危害的議題日益受到重視，反核四運動成為在野政黨的主要訴求，然因減少核能發電的相關用電配套方案尚未成形，即使支持反核的政黨於二〇〇〇年取得執政權，也曾在擁核與反核兩端搖擺不定，無法確立國家能源政策的穩定發展方向。二〇一一年三月十一日日本發生九級強震，造成福島核電廠外洩危機，此導致全球各地反核聲浪高漲，同處地震帶的臺灣民眾民意逐漸轉向反核，藉由公民投票決定核四存廢的議題浮上檯面，朝野雙方的政治對抗與攻防持續上演，最終逼迫執政的國民黨政府於二〇一四年四月發布封存核四決議。

然而這樣的決議，並未讓擁核與反核兩方在臺灣社會獲得共識，尤其當全球氣候持續惡化下，核能是否可列為綠色能源的選項之一，已是各國政府的討論焦點時，近年來又因中美貿易對抗下讓海外臺商回流臺灣，加上ＡＩ相關產業的進展凸顯臺灣半導體科技的重要性，這些都引導臺灣朝野雙方需要考量當前臺灣經濟顯著成長背後所隱含的用電壓力。上述的新變化，似乎讓擁核又再度成為促進經濟持續發展的選項之一，這些都將造成臺灣政府思考如何有效且立即性地持續推動綠色能源的不確定性。

當經濟持續發展成為全民共識之際，《原子與灰燼》所揭露核電使用的風險不啻成為暮鼓晨鐘，從歷史教訓的角度，誠懇地提醒臺灣民眾不要輕易忘記依然應該一直懷抱的危機意識。

原子與灰燼：核災的全球史

目次

地圖列表

說明　輻射衝擊與測量方式

輻射是物質發射或傳送的能量，形式繁多。核爆或核子事故產生的游離輻射帶有相當的能量，足以使電子脫離原子和分子；游離輻射包括電磁輻射與粒子輻射，前者如伽瑪（γ）和X射線，後者則有阿法（α）、貝他（β）及中子等等。

測量游離輻射的方式有三種：一是測量輻射物發出的輻射量，二是測量人體吸收的輻射量，三是估算生物組織吸收輻射所致的損害程度。這三種方法各有其計量單位，但不論是哪一種，早期使用的舊單位皆逐漸被國際單位系統（SI）制定的新單位取代：標示放射強度（活度）的單位從「居里」（Ci）改為「貝克」（Bq），一居里相當於三百七十億貝克（37GBq）；「戈雷」（Gy）取代「雷得」（rad）成為新的輻射吸收劑量國際單位，一戈雷等於一百雷得；至於評估生物體損害的單位也從「侖目」（rem）改成國際單位「西弗」（Sv）。

本書六起事故使用的輻災測量單位各有不同，輻射計數器測量的暴露量以「每秒－微侖琴」為單位。新舊單位在換算上相當麻煩，「侖目」倒是唯一例外：侖目英文縮寫「rem」即「人體侖琴當量」，一侖目相當於〇．八八侖琴；「侖琴」是舊單位，最早用於計算X射線和伽瑪射線產生的游離電磁輻射。另外，國際單位規定一百侖目相當於一西弗，用於測量伽瑪與貝他射線時，一百侖目等於一戈雷。目前，西方國家為核能職工制定的生物損害承受限度為五年十侖目，即五年內累計不得超過〇．一西弗。

前言　偷來的火

我在為《車諾比核災史》（*Chernobyl: The History of a Nuclear Catastrophe*）做背景研究期間曾多次造訪車諾比禁區，因此二〇二二年二月初那天，我一眼就認出我家電視螢幕上的熟悉景象。一輛裝甲運兵車在覆雪的道路上朝數英里外的四號機殘骸緩緩前進。身著迷彩服、手持突擊步槍的士兵一一跳下車，沿路就定位站好。西方電視臺表示，烏克蘭部隊已做好保衛車諾比禁區的準備，他們要守住車諾比核電廠周圍遭嚴重輻射汙染的上千平方英里土地，抵擋俄國入侵。

二〇二二年二月二十四日早晨，俄國一如所料取道白羅斯、闖進車諾比，從烏克蘭境內的禁區北緣進入這塊區域。烏克蘭和白羅斯，這兩個現正處於交戰狀態的國家，自一九八六年四月起就一直共同管理車諾比禁區。俄國精銳部隊「俄羅斯衛士」（Russian Guards）拘禁當時負責保護廠區的烏克蘭國家衛隊士兵，接管電廠，包括數座關閉已久的反應爐，還有耗資十五億歐元興建並於二〇一九年夏天啟用的防護罩（緊接在 HBO/Sky 播出迷你影集《核爆家園》不久之後）。我當下簡直不敢相信社群媒體播放和報導的內容。難道另一場核災即將發生？

俄軍在車諾比擄獲的「人質」還包括一座普羅米修斯雕像。這位希臘巨人從眾神手中盜走火種，當成禮物交予人類；他象徵人類戰勝自然之力，也象徵人類有能力從諸神手中攫取開創宇宙與原子架構之祕。這座六公尺高的銅像在一九八六年四月二十六日那晚的反應爐爆炸後倖存，也逃過了後來的重重災難，但它的所在地點與象徵意義自此丕變。如今，雕像矗立在車諾比核電廠辦公室入口前，也是這處公共空間最醒目的地標，專門獻給並紀念廠區操作員、消防員及其他所有犧牲的生命，對抗爆炸火災及輻射外洩的現場應變人員。到頭來，這尊普羅米修斯不僅控制不了他盜來並釋放的火苗，甚至還成為今日人類傲慢自大，而非人定勝天的象徵。[1]

「車諾比普羅米修斯」的重置與意義轉變，猶如一則發自肺腑的悲傷隱喻，顯現世界各地看待核能的態度已有所不同；有些地方僥倖撐過核子事故，有些地方則幸運或戰戰兢兢地避免災禍。自從一九四五年八月核武首度用於轟炸日本廣島和長崎以來，這種「原子能戰爭用途」始終未獲多數世人青睞；反觀核能本身，或美國總統艾森豪在一九五三年向聯合國發表的那場著名演說所稱的「原子能和平用途」，卻讓全世界燃起希望，並於一九六〇、七〇年代核能工業高峰期博得好名聲。

艾森豪誓言「從軍人手中取走這項武器，交給熟知如何剝除其軍事外衣，並改造為和平用途的人」。這場演說的目的是安撫美國及世界大眾，剷除世人對美國打造核武軍庫的安全疑慮，遏止核武擴散，同時倡言核能可促進世界經濟發展。隨後，美國原子能委員會主席路易斯・司特勞斯也響應艾森豪總統的說法，宣布「原子能和平用途」將於一九五四年秋天開始供應「便宜到不行」的電力。許多人相信，原子能和平用途還能治療疾病，讓家家戶戶擁有自己的發電設施、供應暖氣，挖渠掘井，並且為潛艇、破冰船、郵輪或甚至火車頭提供動力。[2]

核能工業確實對人類生活貢獻良多，其中又以發電為最。在那場「原子能和平用途」演講七十年後的今天，全世界已有四百四十座運轉中的反應爐，供應全球近百分之十的電力。這個數字稱得上可觀，但仍不足以改變遊戲規則，最主要的原因在於「原子能和平用途」並不如最初所宣稱的「便宜到不行」：以今日北美和歐洲為例，若計算單位發電成本，核能的直接加間接成本不只高於媒、天然氣等化石燃料，也比水、風力及太陽能等再生能源貴上許多。

從核能經濟效益來看，影響單位發電成本最主要的癥結點在於興建核電廠。若以每百萬瓦（MW）發電成本計算，相較於太陽能的四十六美元、天然氣四十二美元及風電的三十美元，光是蓋好核電廠就要一百一十二美元起跳。核電廠的建成動輒十年，接下來還得歷經數十載才能慢慢回本，因此若沒有政府補貼和擔保，發展核能不是極困難，就是根本不可能；一九五〇年代是如此，現在也還是一樣。現有核能工業屬於「開放式負債」產業，因為至今尚無任何一座真正「除役」的核電廠（除役不等於關閉）。沒人知道整個除役過程究竟得燒掉多少錢，不過一般合理認為，金額絕對超過最初的興建成本。[3]

在遏阻核武擴散方面，核能的表現也不如預期。共享核電技術不僅未能有效阻止核武發展，有時甚至推波助瀾，把核武交到一些原本沒有核武的國家或政府手中，譬如印度。印度利用加拿大提供的反應爐生產出了第一批「鈽」，並宣稱該國首次核試驗為「和平核試爆」。如今，許多人擔心伊朗正追隨印度的腳步，其濃縮鈾計畫也被視為邁向擁有核武的重要一步。[4]

上述這一切是否意味著核能太貴、太危險，無法長長久久永續發展？這項二十世紀中葉興起、曾被寄予厚望的技術，到頭來竟無法兌現承諾，被難以跨越的經濟問題壓垮而自取滅亡？儘管核能發展明顯受制於經濟阻礙，但現在就開始清算利益得失，斷言其再無翻身機會、重獲關注，不啻言之過早。不論各國究竟基於經濟、軍事或面子問題而走向擁核，背後仍存在著強大政治動機，這點跟過去並無二致。世界上絕大部分的國家目前仍不得其門而入，無法使用核能；卻也有些地方除了核能之外，便沒有其他能源選項了。

關於核能的使用與否，近十年逐漸浮出一個強而有力的新論點：氣候變遷。地球正遭逢前所未見的碳排放威脅，人類對化石燃料的依賴程度更是空前急速攀升。一九九〇年，全球約百分之六十二的電力來自燃燒化石燃料；二〇一七年上升至百分之六十五，二〇一八年的絕對值或相對值更直接超越了前一年。該如何解決這道難題？在政府、工業界、一般公眾，甚至環保活動家中不少人認為，低排碳的核能不啻為一道解方。為了協助因應氣候變遷，歐盟於二〇二二年二月將核能劃定為「綠」能。經濟合作暨發展組織轄下的國際能源總署在二〇一九年的《世界能源展望》中提出「永續發展情境」，呼籲全球將核能發電占比提升至百分之六十七，這表示核能發電量必須在二〇一七至二〇四〇年成長百分之四十六才行。這項建議來自於擁有三十六個會員國的國際能源總署，不僅考量核能，也關注其他所有形式的能源發電，由這樣的單位提出如此建議，聽來合理亦無偏頗。何樂不為？[5]

儘管核能發電在成本上無法與再生能源競爭，但風力與太陽能在全球發電供電的占比仍無足輕重；以二〇二〇年的美國為例，這兩種能源各占百分之八．四和二．三。雖然風力與太陽能在二〇一七至二〇二〇年間翻倍成長，太陽能更搖身成為成長最快的供電產業，但世人依舊認為再生能源在短期內不可能取代化石燃料；即使成功達陣，再生能源仍需要相對乾淨的備援電力，以確保輸電網在無風或陽光不足的數日甚或是數月裡能穩定運作。如何製作可儲存多餘電力，又能在必要時放電供能的高效電池，也成為十分重要的科技問題。6

既然如此，何不選擇核能？支持與反對核能發展的兩方人士都認為，核能工業最主要的問題在於社會大眾始終對於核能反應爐的安全存疑，有些國家則是近年才逐漸升高。這種疑慮導致新反應爐的興建時程變長，造價更高。在一九五〇至七〇年代趕上核能順風車的國家中，一般大眾主要擔心的問題是爐心熔毀和隨後的放射性落塵或輻射外洩。不論政府本身是否支持核能，只要國民對核能工業有疑慮，他們就不能擅自把納稅義務人的錢挹注在核能發展上。

民眾之所以不信任核能工業，也不信任推動核能的政府，主要肇因於一九五〇年代以來的一連串不良的軍用及民用記錄。一九七九年的三哩島事故、一九八六年車諾比核災與二〇一一年福島電廠多部機組爐心熔毀，乃是撼動民用核電事業最重要的三大事件。這幾起事故不僅使社會大眾強烈質疑反應爐的安全性，也意外地將核能工業變成一種周期性產業：每次發生事故以後，訂製和啟用反應爐的數字就會明顯下降。7

導致「核能工業周期化」的因素很多，大多以經濟為主，但我們很難忽視核子事故與產業低迷的關聯性。全球興建反應爐的熱潮在一九七九年達到高峰，恰好是三哩島事故發生的那一年；一九八五，也就是車諾比核災的前一年，投入運轉的反應爐數目再度來到差不多的高點。二〇一一年的福島核災更直接導致全球關閉數十座反應爐，某種程度也助長了延續自二〇一〇年緩建或延後動工的趨勢。[8]

擁核與反核人士皆認為，阻礙核能發展的最大問題就是核災。比爾・蓋茲可說是當前擁核派聲量最高的人物。他在二〇二一年出版的《如何避免氣候災難》中指出，核能工業與技術的「實際問題」正是引發災難的元凶，但他亦言明，放棄核能就好比因車子會撞死人所以不開車的因噎廢食。「況且，核能造成的死亡人數比車禍少太多太多了。」蓋茲寫道。他投入數億美元資金，一心一意開發新一代的反應爐。[9]

透過重新審視核災歷史，並試著了解事故何以發生、情況有多嚴重、後人能從中學到哪些經驗，以及這類災難是否會再度發生，我們可以提高核能安全正反辯證的層次。這也是本書最主要的目的：藉由分析反覆登上全球最慘重核災名單的六大事故，以仔細檢視這項各國政府小心翼翼、悉心守護的國際產業。（說真的，除了核能產業，還有哪個產業會審判自家「原子間諜」，並且把他們送上電椅？）

我打算從一九五四年三月馬紹爾群島的「城堡行動－喝彩試爆」講起。由於氫彈輻射產率與風向的計算錯誤，該事件對人體健康及自然環境造成嚴重傷害。這場出錯的核試爆成為核子時代第一起重大事故，緊接著兩件屬於「原子能戰爭」用途的災難則在數日內相繼發生。

首先是一九五七年九月下旬的克什特姆事故，地點在俄國烏拉爾山的小鎮克什特姆。當時，一座儲放鈽混合廢料的儲存槽爆炸，釋入大氣的放射強度高達數千萬居里。同年十月，專為英國軍方提供原子彈和氫彈原料的溫斯喬工廠也出事了：廠內一座生產鈽和氚的反應爐起火燃燒，成為全球首宗反應爐重大事故。接下來，我再把焦點轉向一九七九年三月的三哩島事故、一九八六年四月的車諾比事故和二〇一一年三月的福島核災，這三場都屬於核能工業的「原子能和平用途」事故，加深了核能「先天不安全」的印象。

一如我選擇的這幾樁事故所表明的那樣，我無意區隔核能工業的軍事起源、童年期與成熟期，因為如此劃分勢必模糊了「原子能和平用途」承襲自「原子能戰爭用途」計畫的事實，舉凡反應爐設計、幹部主管、產業文化或甚至資金與財政支援皆然。因為如此，克什特姆和溫斯喬這兩起鈽工廠意外，以及之後的三哩島、車諾比與福島電廠事故被認為是核能工業至今最嚴重的核災事件，想來也就不足為奇了。[10]

核能工業的故事不分國界，事關全球。儘管各國政府想盡辦法保護自己的核祕密，但這個產業打從一開始就是從國際合作計畫發展起來的。參與其中的科學家與技術人員深知自己是跨國計畫的一部分，後人或公開或祕密地追隨前人的腳步前進，因此大家的起點、誤解和錯誤都是一樣的。今天，全世界運轉中的反應爐雖有四百四十座，但這些源自美國、蘇聯（或俄國）、加拿大和中國的反應爐基本模型卻不到十種；因此不論從核災本身或製造事故的產業來看，兩者不單是國內問題，也是國際問題。若想了解依賴核能工業可能引發哪些重大威脅，探討事故原由並審視政府與產業的因應方式，從資訊的應用與誤用，到如何調動資源善後，不啻為最有效的一套辦法。

現在，我邀請讀者和我一同深入這段時而嚴峻，卻又十足戲劇化的近代核災史。我不僅將說明直接參與者當下的行動和疏漏，也會研究導致事故發生的意識形態、政治扞格與產業文化。本書提及的每一場事故都成立了調查委員會以檢討成因，汲取教訓；每一場事故也都促成了技術改良，重塑安全規範和產業文化。但核災仍一而再，再而三地發生。有沒有可能是我們忽略了引發災難的政治、社會及文化因素，今日仍保留這些惡習？若不先著手處理這類問題，我們又怎能對核能工業的未來作出明智決斷？

第一章

白色塵埃：比基尼環礁試爆

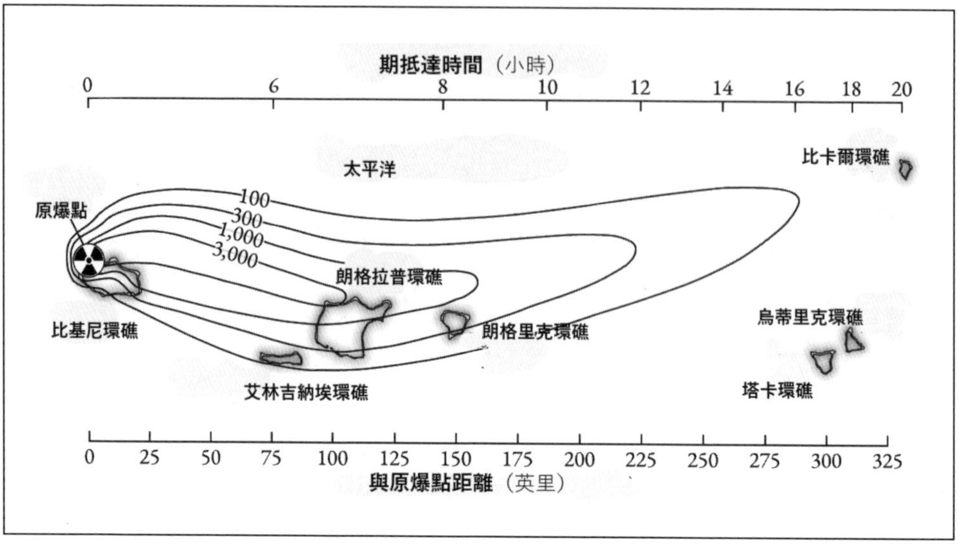

等值線代表喝彩試爆後96小時人體累積的輻射劑量。該劑量以測量輻射吸收量的「雷得」表示，數值與事發當時計算游離輻射的單位「侖琴」相當。

約翰·克勒克是個戴眼鏡、看起來像大學教授的中年男子，人稱「美國原能會射手」。在任職原能會期間，他所主導過的核試爆次數無人能及，他亦曾兩度負責拆除原子未爆彈的艱鉅任務。

被朋友們暱稱為「傑克」的克勒克，他從沒想過，也沒有理由懷疑一九五四年三月一日的試爆會跟他以往執行的數十次試爆任務有任何不同。每個細節都按計畫、按時推進，然而身為爆破組的領頭羊，克勒克深知這回必須格外謹慎才行。這場代號為「城堡喝彩」的任務不僅是喝彩系列的第一次試爆，也是全球首度有國家嘗試引爆氫彈。暱稱「小玩意」的引爆裝置尺寸雖小，卻威力驚人，只不過當時誰也不知道它真正的威力有多強，試爆的目的就是要找出這個答案。[1]

行動地點選在太平洋中段、馬紹爾群島比基尼環礁內的「太平洋試驗場」，克勒克及組員則進駐「恩尤島」，是位於環礁西北隅納木島附近，離引爆點約二十英里（三十二公里）的珊瑚礁人工島。核爆投影點外二十英里（三十二公里）的距離算得上安全了，但克勒克及其長官們都不敢心存一絲僥倖。工兵在恩尤島用強化混凝土建造一座堅固掩體，外覆多層珊瑚砂，掩體內則是引爆及運作管制站。這座掩體的設計可抵擋核爆衝擊波；萬一試爆引發大浪淹沒了人工島，掩體也能防止海水灌進管制站。[2]

二月二十八日，試爆預定日前一天，各種準備作業進入緊鑼密鼓的最後階段。時間剛過正午，克勒克和他的人馬打著赤膊、僅著帽子與短褲，登上海軍陸戰隊直升機往北飛，越過白色環礁和覆蓋幾座大島的綠色棕櫚樹，往年這時候的氣溫頂多二十七度，那天逼近三十二度。克勒克看著最後一批躲避試爆的船隻駛離環礁與鄰近島嶼。降落後，爆破組一行人依序檢查各項記錄儀器，並於下午兩點左右抵達核爆投影點。

照理說，安裝這個「小玩意」的引爆裝置並不會花上太多時間，但現場出了點問題：某組光學儀器的氦氣滲漏。如果他們現在就強行裝上引爆裝置，那麼等到正式試爆時，氦氣大概全漏光了；但若沒有這套儀器，試爆本身便毫無意義，所以爆破組得即興發揮來解決這個問題。最後他們決定延後安裝引爆裝置：如果撐得夠久，那套儀器在爆炸當下應該還有足夠的氦可使用。當晚近十一點左右，也就是原定行動時間約九小時後，克勒克打開氦氣桶，開始倒數。他們得在氦氣用光前引爆炸彈。

克勒克領著兩名工程師走向引爆裝置，這個外觀像大型瓦斯桶的鋁合金高壓瓶安置在一座人工小島的小建築物內。克勒克完成最後的連接，架好裝置，兩位工程師在旁緊盯他的每一個動作，容不得半點閃失。萬事備妥，三人立刻搭上直升機，沿著在黑夜中依然清晰可辨的白色珊瑚礁海岸線飛回管制站。[3]

克勒克與小組成員終於返回強固掩體，預定實施試爆的一九五四年三月一日亦隨之到來：凌晨三點，試爆科學官、同時也是克勒克在洛斯阿拉莫斯國家實驗室的上司厄文．格雷夫斯連繫上克勒克。洛斯阿拉莫斯國家實驗室是美國核子科學研發中心，本次使用的引爆裝置也是該實驗室製造的；當時，格雷夫斯人在遠離試爆區的指揮艦埃斯特斯號上，克勒克和組員則駐守管制站。「我這邊剛拿到氣象簡報。行動准許繼續進行。」格雷夫斯對克勒克說。這代表克勒克可以開始倒數了。「倒數計時兩小時。」一名組員宣布。眾人展開最後準備工作，其中包括封閉掩體。

行動開始前十五分鐘，小組成員打開制動栓，啟動順序計時器：引爆作業自此進入自動控制模式。「每次到了最後幾秒鐘，控制室的緊張程度幾乎破表。」克勒克回憶道。「工程師一邊盯著控制臺，一邊倒數：五，四，三，二，一，〇」，數到〇的那一刻，面板上的燈光瞬間消失；雖然他們聽不到、看不見或感覺不到任何異狀，指示燈熄滅代表爆炸確實發生了，時間是當地早上六點四十五分。「厄文，情況如何？」克勒克詢問格雷夫斯。「相當順利。」無線電傳來回答。4

接下來幾秒鐘，克勒克與小組成員照理說可以好好感受這次試爆成果，等待地表衝擊波抵達，不料來的卻是場地震。「引爆後不到二十秒，整棟建築物開始以一種我不知該怎麼形容的方式緩緩搖動。」克勒克回憶。「我設法抓住控制臺邊緣，有幾個人已經直接跌坐在地上了。我不是沒遇過地震，但從沒碰過這種震法。掩體持續晃了幾秒。就在大夥兒呼吸剛恢復過來的那一刻，另一記衝擊波襲來，同樣是那種上下起伏的震法。」

空氣衝擊波緊接而來，同樣是克勒克不曾體驗過的感受：「整棟混凝土建築嘎吱作響。」後來他如此描述。幸好，掩體撐過了爆炸引發的超壓和真空壓，但接下來卻發生一件出乎意料的怪事：廁所馬桶突然爆炸，殘片和水柱亂射齊飛，混凝土牆內的管道間也湧出水來。克勒克驚慌地急忙聯絡格雷夫斯，但上司跟他一樣毫無頭緒，無法解答。他們原本預期爆炸會導致海水巨幅位移、產生潮汐波，但根據計算，潮汐波不會這麼快抵達。事實上，潮汐波根本沒來。

引爆後十五分鐘，管制站裡的人終於走出掩體。四下沒有任何事物能解釋稍早不尋常的地震波、混凝土掩體龜裂與廁所水管爆裂噴水等現象。「萬籟俱寂……蕈狀雲逐漸擴散，白得發亮，十分壯觀。」克勒克猶記當時景象。但這時候他瞄到身上的蓋格計數器，才察覺大事不妙：短時間內，讀數竟然從每小時八毫侖琴飆到四十毫侖琴；雖然眼下仍毋須擔心，但確實相當異常，尤其是他們離核爆投影點這麼遠。

克勒克從沒想過會有輻射問題，照理說，風向應該是往管制站的反方向吹才對。他和成員返回掩體，關上防水閘門。現在閘門附近的讀數是每小時一毫侖琴。克勒克用無線電聯絡格雷夫斯。他無法解釋管制站的異狀究竟是怎麼回事，而小組全員也明白，輻射程度這麼高（掩體外的狀況只能靠想像），指揮艦不可能派隊來救人：不只整個直升機搜救隊都會有危險，克勒克和組員一旦出了掩體也會碰上大麻煩。不論接下來還會發生什麼事，掩體是他們存活的唯一希望。

但掩體內的情況也愈來愈棘手。控制室距離閘門最遠，但這裡測到的輻射量已來到每小時一百毫侖琴。組員繼續檢查掩體內其他各區後，發現資料室的蓋格讀數只有十毫侖琴，於是大夥兒全擠進這個小房間。如果輻射程度不再往上升，他們待在這裡應該夠安全，但誰也無法預料接下來還會出什麼狀況。指揮艦上的格雷夫斯和克勒克一樣驚恐憂懼。爆破組擠進檔案室一小時後，格雷夫斯再次聯絡管制站，表示指揮艦也無預警遭到試爆落塵汙染，必須駛離受災海域。

指揮艦逐漸遠離環礁，沒多久克勒克便聯絡不上格雷夫斯了。從那時起，他和組員聽得到格雷夫斯的聲音，對方卻聽不見他們回應。「大夥兒圍坐在小房間，愁眉苦臉的。因為空調會把外頭的落塵粒子帶進來，所以我們不得不關掉，結果整個房間一下子就變得悶熱溼黏。」克勒克憶道。最慘的是，管制站的發電機全部壞掉，站內一片漆黑。這一天的開始和其他日子沒什麼兩樣，但接下來卻是在核爆投影點的無盡等待，然後是徹夜無眠和另一個驚恐的早晨。克勒克和組員買了牛排，原本打算在試爆結束後慶祝一番；現在牛排晾在外頭某處，大概早就「熟到燒光」了。克勒克束手無策，只能枯等，並試著往好處想。5

數十英里外，格雷夫斯在埃斯特斯指揮艦上試圖釐清向來完美的試爆任務究竟是哪兒出錯了。格雷夫斯長年參與美國核子計畫，是個身經百戰的老鳥，但「城堡喝彩」試爆的爆炸威力徹底超出他意料之外。

＊　＊　＊

一九四二年一月，格雷夫斯被挖角回到芝加哥大學，加入一群頂尖學者共同研發全世界第一座反應爐「芝加哥一號堆」。那時他還只是個剛從芝加哥大學取得博士學位、在德州大學任教的三十三歲年輕物理學家。

芝加哥一號堆正是美國日後成功做出第一顆原子彈「曼哈頓計畫」的起點。計畫發起人有不少是逃離納粹統治的歐洲難民，他們認為自己正在與納粹德國進行一場生存競賽。一九三四年，自匈牙利出逃的利奧．西拉德取得裂變反應爐的專利，但德國卻在一九三八年十二月搶先完成了核裂變試驗，於是許多人認為德國應該很快就能製造出原子彈了。西拉德找來了亞伯特．愛因斯坦這個最佳人選來警告美國政界正視這種可能性。美國總統小羅斯福本人決定支持，也找到資金來啟動芝加哥計畫，並設法祕密運作。6

格雷夫斯和一群學者皆聽從恩里科・費米的指揮，他流亡自墨索里尼統治的義大利。一九四二年，費米和西拉德打造出第一座石墨反應堆，也就是利用石墨減緩中子移動的反應爐，並首度提出可維持自續的核連鎖反應。同年十二月，反應爐運轉啟用。這組連鎖反應能提高鈾礦內「鈾235」的比例（鈾礦以鈾238為主）並同時產生「鈽239」，而鈾235和鈽239都是費米等人考慮用來製作原子彈的裂變材料。芝加哥一號堆算是一次測試：這群科學家想啟動連鎖反應，卻又擔心反應停不下來。格雷夫斯和另外兩名工程師全副武裝，手裡握著硫化鎘小罐；萬一反應過程失控，他們得把硫化鎘砸進反應爐以中止反應。結果一切按計畫進行。試驗成功後，費米開了一瓶奇揚第紅酒慶祝，當晚共有四十九個人在酒瓶的麥稈包裝上簽名，格雷夫斯也是其中之一。[7]

芝加哥一號堆是全球第一座核反應爐，它的後繼者包括田納西州橡樹嶺「X－10石墨反應爐」，用於製造鈾235，和華盛頓州漢福德區數座產製鈽的反應爐。原料有了，但原子彈設計還未完成。一九四三年，格雷夫斯與妻子伊莉莎白・李德遷往位於新墨西哥州的洛斯阿拉莫斯國家實驗室，她也是一位來自芝加哥的物理學博士。眾科學家在羅伯特・歐本海默的領導下，在該處齊力設計原子彈，將橡樹嶺和漢福德區產出的裂變燃料變成毀滅性武器。

大夥兒日以繼夜地工作。他們不僅與時間賽跑，也跟納粹德國比快，殊不知竟無人意識到美國以及後來加入的英國竟是唯二還留在場上的參賽者。德國轉錯了彎，選擇以「重水」*而不是石墨來緩和反應；由於重水供應短缺，德國反應爐無法順利運轉。到了一九四五年七月，美國在死亡之路沙漠成功測試第一顆原子彈時，納粹德國早已不存在，轟炸目標變成了日本：一九四五年八月六日，以鈾

235製成的「小男孩」投落廣島；三天後，鈽原子彈「胖子」在長崎落下。[8]核子時代就此揭開序幕。《星期六文學評論》主編諾曼．考辛寫了一篇社論「被淘汰的現代人」，討論現代科技帶來的毀滅威脅。格雷夫斯的不少同僚也抱持相同看法。隨著歐洲戰事告終，太平洋戰場也在洛斯阿拉莫斯國家實驗室設計的兩顆原子彈的助勢下終結，許多科學家陸續離開洛斯阿拉莫斯，他們覺得自己已經為了對抗法西斯主義作出了貢獻，或者對政客感到失望；因為政客只想利用他們的研究成果，壓根就沒把世界的未來放在心上。但格雷夫斯決定留下。「我繼續投身於原子能界，並不是因為我喜歡殺人。」這位固定上教堂的虔誠新教徒在數年後表示，「我百分之百接受也相信，人類之所以沒有爆發第三次世界大戰，就是因為美國在原子能研究方面投入了巨大心力。提升核武儲備量是確保未來安全最有效的保證。」[9]

一九四七年，格雷夫斯獲得拔擢，帶領洛斯阿拉莫斯國家實驗室的J分部，負責測試新型核武裝置。†格雷夫斯的戰爭還沒結束。對他個人來說，進入J分部是最危險，也最具決定性的人生階段。一九四六年五月二十一日，時年三十七歲的格雷夫斯成為史上首宗核子事故受害者。當時，他和另一名物理學家路易斯．斯洛廷在洛斯阿拉莫斯某實驗室，示範長崎那顆鈽原子彈的作用原理：兩個半球狀的鈽合金接觸後，產生足夠的臨界質量來促成核反應、引發爆炸。他們面前的桌上放著兩個鈽合金

＊譯注：水的一種形式，惟其氫核除了質子還有中子。

†譯注：J分部目前負責「綜合武器試驗」。

半球，斯洛廷正用螺絲起子維持半球之間的空隙；不料，螺絲起子從他手中滑落，兩個半球瞬間撞上，藍色烈焰頓時照亮整間實驗室，釋出的巨量輻射足以殺死在場的每一個人。

斯洛廷出手救了大家：他徒手掰開兩塊鈽合金半球，但他不幸於五月三十日因急性輻射中毒過世。當時站在他旁邊的格雷夫斯稍微被斯洛廷的身體擋住，亦承受粗估三百九十侖琴的極高量輻射。格雷夫斯被送醫救治，醫師團隊首度有機會近距離觀察輻射中毒個案：格雷夫斯的白血球數低到醫師一度拒絕相信檢驗報告，但他們也沒有任何能用於治療的藥物或處置方法。格雷夫斯嘔吐、發高燒，腦袋左半邊的頭髮全部掉光，也就是事發當時朝向鈽半球的那一側。不過最後都長回來了。

熬過半年痛苦折磨，格雷夫斯重返崗位。一九五一年訪問格雷夫斯的一名記者寫道，這個滿頭金髮、孩子氣臉龐的男人已無法生育了。但又過了幾年，格雷夫斯與夫人，竟蒙老天保佑迎來了第二個孩子。格雷夫斯出事當時吸收的輻射劑量粗估達三百九十侖琴，但他本人並不知道實際的數字；因為醫師希望他振作精神，不想讓他心情沮喪。他們告訴他，他承受的劑量大概兩百侖琴，這個數字的存活率明顯提高許多；而格雷夫斯確實也逃出鬼門關並重返實驗室，繼續主持核武測試。有人認為，這次經驗使他低估輻射對他自身及他人的危險性。媒體也藉此向社會大眾保證，輻射曝露幾乎不會危害人體健康：「他身上帶著輻射留下的嚴重傷疤，神情倒是一派悠閒」，這是《星期六晚間郵報》記者在一九五二年春季號人物專訪對他的描述。[10]

專訪當時，格雷夫斯已於前一年開始一系列試驗，地點在內華達試驗場，這裡曾是拉斯維加斯飛彈靶場的一部分。當時他的「射手」，也就是爆破組指揮官，正是約翰・克勒克。該試驗場於一九九二年關閉，在那之前，他們共完成九百二十八次測試。格雷夫斯監督了大部分的初步核試爆，爆炸後下沉的蕈狀雲就連上百英里外都看得見。拉斯維加斯距離試驗場約六十五英里（一〇四公里），地震般的爆炸衝擊波每每使得當地居民心驚膽顫，不過遊客倒是很享受輻射雲的壯觀景象。「原子能委員會」是由杜魯門總統所創建的獨立政府部門，旨在讓核武脫離軍方控制並受全民監督，該委員會遭遇社會大眾強烈反彈：原本意圖用於對抗蘇聯的武器竟然在傷害美國老百姓，內華達試驗場的部分落塵甚至遠遠飄到紐約州去了。

格雷夫斯在安排試爆時，已盡力避免讓放射性落塵飄向住宅區；但這事說起來簡單卻做起來難。原因是計畫人員無法預測兩項主要因素所造成的影響：一是爆炸威力，如果試爆結果大於預測值，可能引發其他問題；另一項變因則是風向。不同海拔不僅風速不同，風向通常也不一致；因此就算不考慮高度，現場風向也經常在一切就緒、即將展開測試的前一刻突然改變。

眼見落塵問題發生得愈來愈頻繁，格雷夫斯決定親自出馬，試圖平息大眾對於輻射負面效應的恐懼。事實證明他是個頗具說服力的發言人。他一站出來，那些指稱輻射有害的謠言彷彿全是誇大之詞：格雷夫斯身材高大、長相俊俏，而且一頭金髮都長回來了。一九五三年四月二十五日，一顆試爆原子彈的威力高出預期，爆炸當量達到四．三萬噸，幾乎是廣島原子彈的三倍，*當時率先出面安撫

---

*譯注：爆炸當量為爆炸威力計算單位，以相當於多少黃色炸藥（TNT）爆炸所造成的威力為計算基礎。一般核武的爆炸威力通常在萬噸以上，廣島原子彈約為一．三萬噸。

參訪貴賓的也是格雷夫斯。這群貴賓包括十四名國會議員，還有二戰期間以支持拘禁日籍美國人而出名的洛杉磯市長弗萊徹・寶隆，當中有幾位貴賓直接被爆炸威力震倒。格雷夫斯保證一切都在控制之中。貴賓團別無選擇，只能相信格雷夫斯。

意外發生後數月，格雷夫斯在猶他州議會發表演講，並與三百多位民意領袖會面，再次保證那年落在猶他州的放射性落塵不會對民眾健康造成影響。談及格雷夫斯的危機處理，內華達試驗場公關室主任李察・艾略特寫道：「那次參訪經驗無疑給了這群擔憂又滿心疑慮的意見領袖一個最好的答案。」他還補充：「至於放射性落塵問題，醫界人士也露出『鬆了口氣』的表情。」格雷夫斯遂成為這一行的看板人物。他告訴記者：「我之所以做這份工作，是因為我相信它能對促進世界和平做出最大貢獻。」[11]

* * *

到了一九五三年，內華達不再是格雷夫斯的唯一試驗場，現在主要行動已悉數移往太平洋。內華達的試爆當量被當局限制不能超過一百萬噸，這層限制就原子彈而言不成問題，但對一九五〇年代初期展露頭角、威力更強的新型武器來說，格局太小了。

這種新武器被稱為「熱核彈」或「氫彈」，其爆炸威力並非來自原子核分裂的「核裂變」，而是聚變，即「核融合」：數個原子融合成另一個或多個原子核。蘇聯在一九四九年成功試爆原子彈，這使得杜魯門總統深信美國迫切需要新型超級炸彈。科學家們再度分成兩派：包括歐本海默在內的有些人反對這項計畫，認為事實終將證明政客無法控制氫彈駭人的破壞力；但格雷夫斯卻對氫彈計畫的正當性或他本人參與研發的倫理道義堅信不疑。在這場永無止境的新武器測試競賽中，格雷夫斯拓疆展界，將賽場延伸至馬紹爾群島；而美國早在一九四六年夏天就曾為了評估海軍遇襲的衝擊程度，首次於此試爆原子彈。[12]

一九五二年秋天，美國首度於馬紹爾群島測試氫彈原型。任務由柏西．克拉克森少將所指揮的「一三二聯合特遣隊」負責。德州出身的克拉克森是參與過兩次世界大戰的老將，一九五〇年出任美國太平洋陸軍副總司令。一九五三年，時年五十九歲的克拉克森成為第七聯合特遣隊指揮官，負責執行城堡核彈測試。格雷夫斯是克拉克森的副手，擔任試爆行動科學官，所有與試爆相關的軍事、非軍事及科學重要決策皆由這兩人負責。該行動代號為「常春藤麥克」。[13]

常春藤麥克測試堪稱空前絕後。工兵在埃內韋塔克環礁的伊魯吉拉伯島一座兩層樓建築內裝設重達八十二噸的熱核裝置，旁邊還有一座能讓液態氘（重氫）維持在攝氏零下二百四十九度（華氏零下四百一十七度）的低溫設備。裝有熱核彈的建築物於一九五二年十一月一日引爆：裂變反應壓縮液態氘、引發聚變，然後促使四．五噸的天然鈾發生另一次聚變反應，產生主要爆炸威力。這枚熱核彈爆炸當量驚人，相當於一千萬噸黃色炸藥，這是地球經歷過最大的破壞力量：伊魯吉拉伯島從此在地球上消失了，留下一個直徑寬一．二英里（一．九公里）、深一百六十五英尺（五十公尺）的巨大坑洞；鄰近島嶼植被全焦，帶有放射性的汽化珊瑚礁灰則落在數十英里外的船艦上。[14]

與西拉德同樣流亡自匈牙利的愛德華・泰勒，是這枚氫彈的主設計者，他人在加州柏克萊，並未參與試爆。泰勒量測加州所記錄到的震波斷定試爆成功，旋即雀躍地向洛斯阿拉莫斯發了一封「是男孩！」（It's a boy!）的電報。這封電報是發給格雷夫斯的妻子李德博士，她是這次計畫主持人。這也是李德首度得知丈夫的試爆行動順利完成。來自馬紹爾群島的正式通知則因通過層層安檢過濾，數小時後才傳抵實驗室。[15]

常春藤麥克行動從幾個方面來看都算相當成功。不只爆炸當量達到史無前例的一千零四十萬噸，且爆炸產生的放射性落塵少得幾乎測不到。放射性落塵對軍方、民眾都會造成極大危害，格雷夫斯與洛斯阿拉莫斯的同事們從內華達試驗場的多次經驗中學到，試爆後的公關災難根本是家常便飯。因為如此，放射性落塵始終是試爆策劃人員最為關注的問題，其後於全國頻道播放的紀錄片亦顯示，克拉克森少將和格雷夫斯博士曾雙雙表達對後果的擔憂。該片記錄本次行動的籌備與執行過程，經審查後於一九五四年四月一日播出。旁白描述，這次試爆對當地兩萬居民來說是個潛在危機；不過在影片中，氣象官也向幾位指揮官保證，當天風向是往人口密集區的反方向吹，天候條件相當完美。

每次爆炸產生的輻射粒子都可能被風帶往數千英里外的地方。太平洋試驗場並非陸地，而是方圓數海浬的海域，策劃者很難預測輻射雲會往哪個方向飄、飄多遠。這次試爆單位很幸運，原本擔心的放射性落塵問題並未發生。「相關單位嚴陣以待，準備記錄麥克所釋放出的放射性落塵，結果大概占不到總殘骸量的百分之五。」克拉克森與格雷夫斯如此表示。聯合特遣隊氣象官亞柏特・佩特少校在呈交給克拉克森少將的報告中說明：「所有證據皆顯示，麥克雲柱向上穿透的最終高度約達十二萬五千英尺（三萬八千一百公尺），因此到目前為止，絕大部分的原子殘骸都被帶到平流層去了。」他寫道。[16]

從原能會眾專家的角度來看，這次試爆十分完美；他們認為平流層是很理想的原子塵垃圾場。但常春藤麥克測試的不是普通炸彈，而是氫彈。在當時，若說是殺人武器，氫彈還比較像自殺炸彈，因為沒有哪個敵人會容許在自家國土建造這種裝置，更遑論引爆它；而軍方需要的炸彈必須能裝載於機腹，投擲於敵國領土上。於是在一九五三年那一年內，洛斯阿拉莫斯的科學家與工程師試做各種各樣的可攜式炸彈，第一枚代號「蝦子」：與重量超過八十噸的常春藤麥克相比，蝦子僅十．七噸；而它的尺寸是一百七十九．五英寸（四百五十六公分）長、直徑五十三．九英寸（一百三十七公分），正好能裝進美式轟炸機的投彈艙。此外，裝置內的液態氘也換成氘化鋰，這種無色固體無需低溫冷卻設計也能運作。[17]

為了構思「蝦子」及其姊妹炸彈的正確設計，科學家簡直傷透了腦筋。「城堡行動原本預定在一九五三年秋天實施，約莫是九月初，但那年一月的進度清楚顯示時程至少得延後半年才行。」克拉克森在行動報告上寫道。首先是城堡行動「武器及裝置設計標準變更」，接著格雷夫斯和其他人又忙著在內華達試驗場執行其他測試；到了一九五三年十月，大夥兒終於敲定在太平洋試驗場安排七次試爆。首場代號「城堡喝彩」定於三月一日實施，預估爆炸當量為六百萬噸；第二場緊接在三月十一日進行，爆炸當量約在三百至四百萬噸之間；該系列行動預定在一九五四年四月二十二日完成。[18]

城堡行動的測試地點也同樣不好找。常春藤麥克等一系列常春藤行動都在埃內韋塔克環礁進行，那裡也是負責試爆任務的特遣隊基地；但城堡行動涉及一連串威力更強的高當量試爆，埃內韋塔克環礁的條件明顯不適合：「如果在埃內韋塔克進行高當量試爆，不只重要儀器設備，就連人員都得全部撤離。」克拉克森的行動報告如此陳述。「鑑於常春藤麥克的實際經驗，埃內韋塔克的撤離將在關鍵時刻耗去特遣隊極大的精力與費用。」[19]

格雷夫斯向洛杉磯赫納工程公司多位專家諮詢後，提案選擇以比基尼環礁為城堡行動試驗場地。誠如克拉克森後來所描述的，比基尼環礁「無需疏散當地住民，因為在一九四六年的十字路口行動前就已經完成撤離了。」這裡指的是一九四六年七月於當地執行的兩次試爆。那年三月，總計有一百六十七名當地的男女及孩童被重新安置在美國海軍建於朗格里克環礁的「模範村」，而美國政府只花了十塊美金即取得「無限期」獨占及使用比基尼環礁的權力。因為島上的原住民文化不允許長老拒絕強大一方的提議，而當地居民也十分懼怕剛打敗日本的美國強權。一九四七年，烈焰燒毀了椰子樹，居民頓失生計，只能挨餓，當地人甚至認為模範村遭惡靈入侵。一九四八年十一月，模範村居民被重新安置移往更小的吉利島，這才結束他們悲慘的遷徙之旅。[20]

在馬紹爾人（以馬紹爾群島原住民為世人所知）被迫離開比基尼環礁後，美國海軍就對這座環礁失去興趣，因為它面積太小，不足以容納核試爆所需的大批人員與儀器設施。於是行動轉移到大上許多的埃內韋塔克環礁進行。但氫彈的出世讓比基尼環礁重獲注目。儘管沒人打算長居此地，不過在比基尼環礁足以作為喝彩試爆場地之前，軍方仍需進行大量土木建設工事。其中包括鋪設一條能讓四引擎重型飛機起降的跑道，可容納兩千名軍方人員與建築工人的臨時住所，以及人工島「恩尤島」上那座供爆破組使用的強化混凝土掩體。此外，他們還得在納木島蓋一條三千六百英尺（一公里多）長的堤道，以連接納木島和人工島，島上另有一座獨立建築放設「小玩意」的引爆裝置。待一切完成後，他們還得在引爆點和納木島記錄儀之間接上觀測用的真空視線管。[21]

一九五三年八月，建築工事進入緊鑼密鼓的階段：工人於島上澆築了一千四百四十立方碼混凝土，足足是上個月的三倍。到了十一月，數字更飆升至四千碼。當時至少有二千三百五十名工程師與建築工人在島上工作，可能是比基尼環礁有史以來人數最多的一年。一九五四年一月，科學家和軍方人員取代了建築工人成為島上主要組成分子。第七聯合特遣隊在埃內韋塔克環礁的派瑞島設立指揮總部，克拉克森少將亦登島統領試爆任務，他麾下總計有一萬二千九百四十五名官兵與工作人員、二十四艘船艦（包括兩棲指揮艦埃斯特斯號）、一百二十九艘駁船和小艇，以及六十七架飛機與直升機。[22]

所有人員部署刻意以極機密方式集結，務求嚴加保密比基尼環礁即將進行的任務。軍方特別在環礁周圍劃設「危險區」。根據克拉克森的報告，劃定危險區是為了向敵國「隱瞞試爆當量的相關資訊」。這塊區域位在「東經一六〇度三十五分與一六六度一．六分，北緯十度十五分與十二度四百五十一分」之間，該區域內由四艘護航驅逐艦、一艘沿海巡邏艦、十二架洛克希德P－2海王星巡邏反潛機，與三架F4U海盜式戰鬥機所組成的海空中隊共同負責巡邏任務。由於設置危險區的主要目的是不讓敵國船艦或潛艇接近，故海軍奉命對不回應警告的入侵者發動攻擊。[23]

負責該行動內部安全的保安官面臨艱鉅任務。「大量人員頻繁進出前線區域，幾乎不可能封鎖消息。」克拉克森寫道。軍方擔心的對象並非蘇聯情報人員，而是「無所不在、處處刺探原能會和特遣隊行動的新聞媒體。」銜命進入特遣隊的每一位官兵都必須參加開卷筆試，考題範圍為「第七聯合特遣隊安全備忘錄第二節：基本安全責任」；那些職務可能接觸機密文件者還得追加考試。不同部門人員進出特定區域或大樓時，必須出示或配戴該部門通行許可或徽章。危險區內處處是指令標語、影片海報，提醒軍事人員閉緊嘴巴，不得在家書內提及任何與任務有關的隻字片語。[24]

二月二十日，「蝦子」運抵試驗場。其零組件自洛斯阿拉莫斯經內陸運抵洛杉磯裝船，再由戰艦護送運至埃曼島組裝後送往比基尼環礁。一九五三年二月二十三日，所有參與本次任務的地面部隊與船艦、空中大隊聯合演習。一切按計畫順利進行。二月二十七日，工程人員完成引爆裝置的安裝及檢查，並接上記錄設備，若少了這最後一步，整個試爆行動幾乎毫無意義。萬事俱備，只欠南風：現在他們只需等待合適的天候條件，當海風朝無人居住的環礁北方吹拂即可進行試爆。[25]

就核武試爆這門藝術而言，風況預報就跟核反應物理學、炸彈工程技術一樣重要；但前者與後兩者不同的是，預報無法事前準備。天候與風向無時無刻不在變化，一點點差錯即可能導致大範圍地區受輻射影響。根據克拉克森報告，「氣象預報先在預定引爆時間前的四十八小時和三十八小時各發布一次，並以一萬英尺（三千公尺）為單位，提供試爆地點自海平面至九萬英尺（兩萬七千公尺）高空的風況資料。」愈接近試爆時間，預報頻率愈頻繁，從行動前每二十四小時逐步降至十三小時、八小時和四小時。

輻射安全報告指出，預定實施日前一天，也就是二月二十八日當天，「預報及實際風況結構皆非常理想，但觀察到的合成風向有漸漸往不利或邊緣條件偏移的趨勢。」當晚六點於埃斯特斯號舉行的任務簡報亦曾討論天候與風向問題，克拉克森與格雷夫斯都參加了這場會議。與會人士對於風向變化及可能產生落塵感到擔憂，但仍決定「延續先前的決議，照計畫進行。另於午夜時再研究一次完整的天候及輻射安全評估報告。」[26]

二十八日晚上十點，負責氣象簡報、任職於美國海軍輻射防護實驗室的三十六歲工程師瓦莫・史托普提出預警，他擔心風向正在改變。「風矢由東朝北拐，合成線也更往東方偏移。」他後來回憶道。史托普尤其擔心比基尼東邊的朗格拉普環礁可能會被落塵侵襲。「根據風況研判，我認為落塵不會閃過朗格拉普往北飄，特別是那晚的風也愈來愈往東轉了。」但特遣隊的氣象人員並不認同史托普的擔憂。史托普還記得，「特遣隊的氣象學家對我們的分析嗤之以鼻，決定繼續倒數。」他們決定在午夜的指揮會議上重新檢視天候問題。[27]

子夜十二點，那時的天候更糟。城堡行動輻射安全報告記載：「預報顯示低海拔（一萬至兩萬五千英尺／三千至七千五百公尺）風況愈來愈不理想。兩萬英尺（六千公尺）的合成風預計會朝朗格拉普和朗格里克的方向吹。」朗格拉普環礁約在比基尼環礁東南方九十八英里（一百五十七公里）處；朗格里克也在東邊，距離更遠，差不多有一百四十二英里（兩百二十八公里）。不同於位在下風處「比基尼西南方三百二十五英里（五百二十三公里）」的烏傑朗環礁，沒人想過朗格里克和朗格拉普也可能受到影響，因此從未制定這兩座環礁的島民撤離應變計畫。[28]

主管氣象預報的聯合特遣隊氣象官佩特少校倒不是非常擔心。他從十六個月前的常春藤麥克行動就開始擔任首席氣象官，因而擁有一些史托普明顯缺乏的實際經驗。常春藤麥克幾乎沒有產生任何落塵，佩特少校因此深信，即便是威力極強的熱核彈，試爆產生的放射性落塵也幾乎都會排進平流層，然後落塵內的輻射粒子應該有足夠的時間失去放射性，最後才降至對流層或落入地表。近代歷史學家對城堡行動的觀察是「一般認為，是否發生平流層落塵，這個問題更常被視為學術討論，而非安全問題」。由於馬紹爾群島只有幾天是低空到高空的風向全部往北吹，遠離有人居住的環礁，佩特及其同僚樂得拿「熱核彈落塵」理論的彈性自圓其說。[29]

聽完氣象預報小組的簡報後，克拉克森和格雷夫斯決定按計畫繼續。事後某份報告指出，後來天候問題解決了：「按當時的風速與高度研判，沒有充分證據支持試爆後會有相當程度的殘骸被帶到那麼遠的地方。」然而，鑑於風向改變，他們決定擴大輻射安全範圍，並且在比基尼環礁周圍四百五十海浬＊（八百二十八公里）、輻射雲投射方向六百五十海浬（一千一百九十六公里）的範圍內搜尋並撤離所有作業船隻。當日上午稍晚，一架洛克希德P－2巡邏反潛機沿著投射方向飛行了三百七十五英里（六百九十公里），除了一艘隸屬聯合特遣隊的船艦外並未發現任何船隻。試爆兩天前，特遣隊再度鎖定寬兩百海浬（三百六十八公里）、長八百海浬（一千四百七十二公里）的區域展開空中巡查作業，亦未發現不該在這片海域出現的船艦。[30]

午夜的指揮會議做出決議：試爆行動按表定時間實施，但必須在四點三十分再次確認天候狀況。換句話說就是：試爆准許執行，除非天氣發生劇烈變化才可能喊停。凌晨三點左右，格雷夫斯向恩尤島掩體內的克勒克及爆破組下令：倒數開始。格雷夫斯提到，他們已經討論過天候問題，決定繼續。輻射安全報告指出：「上午四點三十分的簡報表示未觀測到顯著天候變化」。不過，氣象人員仍注意到低空風向有朝西北增強的趨勢。[31]

克拉克森下令，所有小型及慢速船隻必須離開引爆點方圓五十英里（八十公里）區域，只有大型船隻能留在原本規定的三十英里（四十八公里）範圍內，一方面與爆破組維持無線電通訊，另一方面是為了盡可能靠近比基尼環礁：萬一爆破組在引爆後需要協助，他得確保直升機能及時抵達。儘管漸強的西北風令克拉克森憂心，他決定擴大船隻的避難範圍，但相關人士依舊認為風力並未強到足以危及環礁居民的程度。「指向朗格拉普與朗格里克的合成風力偏弱，預期將不會把大量試爆殘骸帶往這兩座環礁。」輻射安全報告寫道。試爆如期進行。[32]

＊　＊　＊

一九五四年三月一日，上午六點四十五分，「蝦子」依照計畫分秒不差地在納木島引爆，將數千噸水、沙和汽化珊瑚礁送進大氣層，再進入平流層，並且在地面留下一個直徑六千五百英尺（一．九八公里）、深度兩百五十英尺（七十六．二公尺）的巨坑。

雖然克勒克和爆破組成員被鎖在恩尤島的混凝土掩體內，既看不見也聽不到爆炸聲，但人在比基尼環礁外三十英里（四十八公里）管制點指揮艦上的克拉克森和格雷夫斯倒是瞧得一清二楚。「爆炸

＊譯注：一海浬＝一．一五英里＝一．八四公里。

產生的雲汽呈漏斗狀，下方雲柱直徑約十英里（十六公里）。」輻射安全官隨後報告。「可見顆粒組成的落塵持續往漏斗外上方移動，範圍愈來愈清晰，最終直徑近五十英里（八十公里）。」[33]

「如果要你想像生病的大腦會是什麼模樣，在我看來就是那個樣子。」當時在三十英里（四十八公里）外觀測試爆的物理學家馬歇爾．羅森布盧特如此表示。五十英里（八十公里）內的船艦被衝擊波撞得左右搖擺。「我以為我們要完蛋了。」衝擊波襲來時，一名在水上飛機母艦柯蒂斯號值勤的海軍陸戰隊員後來對同袍這麼說。駐紮在比基尼環礁東南方約二百四十九英里（四百公里）的瓜加林環礁海軍基地士兵看見「天空亮起鮮豔的橘光」。衝擊波之後，聲波接著傳來。「我們聽見極大聲的悶響，有點像打雷。」一名士兵寫道。「然後整個營區開始搖晃，好像剛發生地震似的。緊接著就刮起一陣強風。」[34]

「試爆非常成功。」克拉克森少將簽署的城堡行動報告如此記錄。「幹得好！」格雷夫斯透過無線電對克勒克說。此時克勒克跟他的隊員還鎖在引爆點二十英里（三十二公里）外的恩尤島掩體內。上午七點〇七分，格雷夫斯首度意識到出差錯了，因為克勒克通知他掩體外的輻射量正持續上升。克勒克隨後又報告掩體內的輻射量也增加了，但格雷夫斯和克拉克森將軍都無法提出解釋。

上午八點，埃斯特斯號的甲板偵測到輻射量不斷升高，其他還留在引爆點周圍五十英里（八十公里）的船艦也一樣。菲利浦號驅逐艦的輻射量達到每小時兩萬毫侖琴，護航航空母艦貝羅科號的讀數更高達每小時兩萬五千毫侖琴。所有在試爆區內的船艦奉命即刻以最快速度離開試爆區，各艦長亦收到「啟動沖洗系統，施行最大傷害管控措施」的指示。輻射雲籠罩船艦，艦上的輻射量直到上午十一點才開始下降。「爆炸當量超出預期，造成相當程度且無法預見的影響。」克拉克森在報告上如此描述。[35]

據克勒克回憶，他大概到了下午三點才重新聯絡上格雷夫斯。三架直升機從指揮艦起飛前往比基尼環礁，準備救回爆破組成員。當克勒克一行人走出掩體，他們身上的蓋格計數器即顯示輻射量達到每小時二十侖琴。這群工程人員以被單裹身，爬上吉普車，驅車前往半英里（〇．八公里）外的直升機停機坪。「我們離開掩體時，直升機在空中盤旋，等我們到了定點才降落。」克勒克憶道。一行人進了直升機便立刻移除床單，登船後立刻淋浴。「我們隔天才知道自己有多幸運。」克勒克回想。「據說掩體外的落塵輻射量高達好幾百侖琴。」[36]

後來他們才知道，這隻小氫蝦搖身變成熱核龍蝦巨怪，威力所及之處全被牠摧毀殆盡。城堡喝彩的爆炸當量原本估計僅六百萬噸，結果超出兩倍有餘，達到一千五百萬噸。當特遣隊船艦於三月二日進入比基尼環礁潟湖區時，發現島上建築和測量站已成一片廢墟，跑道雖安然無恙卻嚴重汙染。據克拉克森的報告所述，他們直到三月十日才將跑道清理乾淨，恢復運作；即使如此也僅限「有條件開放」使用。[37]

儘管爆炸當量超出預期，比基尼環礁的放射性落塵也比原本預估要嚴重得多，但眼下倒沒有任何事件或跡象令克拉克森與格雷夫斯警覺太平洋其他區域也可能遭到輻射汙染。下午近四點左右，兩人在航母埃斯特斯號上拿到的報告顯示，昨晚擔心風向改變而可能引發的問題，結果並未發生。大部分輻射物都被海風帶往原本預估的方向，也就是比基尼環礁東方和朗格拉普、朗格里克環礁北面的海域。一架由B29重型轟炸機改裝的輻射雲追蹤機「威爾森二號」亦未在朗格里克環礁上空偵測到輻射物質。[38]

放射性落塵被鎖進平流層了，看來似乎是常春藤麥克的翻版。下午四點，就在威爾森二號向指揮艦發出那份令人安心的報告後不久，聯合特遣隊輻射安全辦公室派駐埃斯特斯號的聯絡官艾爾・布列斯林旋即收到一份卡普拉爾准尉發來的報告。卡普拉爾是朗格里克環礁的特遣隊氣象站負責人，該站設有一座「健康與安全實驗室」的伽瑪射線自動監測儀，其讀數顯示，島上的輻射量於下午一點過後開始上升；兩點五十分左右，這座監測極限為每小時一百毫侖琴的儀器破表了。這位統領二十八人氣象分隊的准尉立刻發出警報。下午四點，島上的輻射量依然沒有下降的跡象。[39]

布列斯林並未採取行動，他認為卡普拉爾反應過度。健康安全實驗室的監測儀出名的不可靠，經常故障，實驗室的人也不愛用。既然威爾森二號並未在朗格里克上空偵測到輻射，那就表示機器又故障了。然而布列斯林有所不知：監測儀一點問題也沒有，反而是飛機帶回的數據有誤。「由於溝通不良，空軍作戰中心命令威爾森二號延後起飛，導致它在跑道的怠機模式超出預定時間，」輻射安全報告記載，「延誤威爾森二號從核爆投影點展開的逆風分區搜查任務。該機執行的任務區明顯北偏，落在造成馬紹爾群島落塵主要汙染區的後方。」[40]

晚間九點左右，焦急苦惱的卡普拉爾又發了一則訊息給指揮艦，申述輻射監測儀指針早在下午就超出刻度範圍，動不了了。他要求指揮艦回覆確認有收到報告。這回終於有人比較認真看待他的報告了。根據另一架同樣由B29重型轟炸機改裝的輻射雲追蹤機「威爾森三號」的記錄，朗格里克環礁上空的輻射量已達每小時一百毫侖琴。這個數字不算低，但也不太令人意外，因為那天下午在比基尼環礁附近的船艦也受到二次落塵影響，譬如貝羅科號的輻射量仍達到每小時五百毫侖琴；這顯示朗格里克環礁也同樣受到落塵影響。「由於特遣隊船艦有過遠高出每小時一百毫侖琴的經驗，因此他們仍未認真看待那份通報儀器破表的報告。」輻射安全報告寫道。

晚間十點，指揮艦草擬電報，要求卡普拉爾等所有朗格里克氣象分隊人員全部進入室內待命，一如稍早水兵所採取的避難措施。電報指示，若奉行預防措施，應不致實際危害人員健康。鑑於時間已晚，指揮艦並未將這通電報列為優先處理事項，直到三月二日清晨五點才透過無線電將訊息發給朗格里克氣象站。兩架追蹤機亦奉命調查該空域輻射狀況，但同樣不是急件；於是這封要求追蹤機至朗格里克值勤的電報就在埃斯特斯號電報室桌上躺了好幾個鐘頭，然後才發到空軍指揮部。[41]

直到三月二日正午過後，克拉克森和格雷夫斯才發現朗格里克的情況和他們認定的不完全相同。特遣隊輻射監測官克里斯坦森上校奉命前往朗格里克氣象站確認「讀數超過一百」的報告是否屬實。克里斯坦森上校於上午九點四十五分飛抵朗格里克環礁，機上計數器於高度二百五十英尺（七十六．二公尺）處顯示讀數為每小時三百五十毫侖琴，地面氣象站周圍營區的讀數更一舉飆至每小時一千八百到兩千四百毫侖琴，卡普拉爾等人昨晚過夜的營房測到每小時一千兩百毫侖琴。上午十一點三十分，焦慮的克里斯坦森上校命令卡普拉爾等二十八人全部撤離，稍早送上校來朗格里克的馬丁PBM水手飛船亦用於協助海軍氣象人員自環礁撤離。撤離分兩批實施。第一批在下午兩點前離開朗格里克島，第二批於下午四點四十五分登船，因為他們必須等飛船撤離完第一批人員再回來接人。[42]

下午兩點，朗格里克環礁的撤離行動正在進行時，克里斯坦森上校以無線電聯絡空軍指揮官：「建請即刻調查朗格拉普環礁的有人島。必須立即撤離島民的可能性極高。」特遣隊氣象站所在的朗格里克環礁目前無人居住。一九四六年三月至一九四八年三月這兩年間，朗格里克曾是比基尼環礁島民的臨時住所；這群比基尼住民被迫離開世居的島嶼，以便美國於一九四六年七月進行十字路口行動。後來這群島民遷往吉利島重新安置，幸運避開這次災難；但距離朗格里克約四十三英里（六十九・二公里）的朗格拉普環礁始終有人居住，克里斯坦森上校急著要撤離的就是這些島上居民。

克里斯坦森上校請求撤離朗格拉普住民的電報來到克拉克森少將這一關。收到朗格里克發來的第一份報告後，少將立刻召集聯合特遣隊的主要幹部舉行會議，評估情勢並研擬行動計畫。事實擺在眼前：當初他們決定實施試爆所憑藉的氣象預報有誤。後來，少將在城堡行動的某支影像報告中坦承，預報所預測的風向跟實際差了十度。這個數字仍在誤差範圍內，但事後發現主要合成風向比預期的更靠近朗格里克環礁和有人居住的朗格拉普環礁。

晚間八點半左右，追蹤機帶回朗格拉普上空的樣本，顯示該區輻射量約為每小時一千四百毫侖琴。克拉克森下令撤離環礁上的所有人員及居民。原本看守「危險區」的菲利浦號驅逐艦奉命支援，於晚間九點四十五分啟程前往朗格拉普環礁，隨行的還有另一艘驅逐艦倫肖號。兩位艦長下令於破曉時分展開撤離行動，即試爆後四十八小時。[43]

＊　＊　＊

一九五四年三月一日，朗格拉普環礁上的住民共計有八十二名馬紹爾男女與孩童。馬紹爾人口粗估有一萬五千人，他們的祖先在三千年前從東南亞來到太平洋的這一端。二十世紀中期，馬紹爾人大多住在群島上的「馬久羅」和「伊拜」兩市區，但仍有為數不少的人口散居在一千座以上的大小島嶼上。[44]

朗格拉普環礁島民即屬後者。這座環礁由六十一座小島組成，環繞面積約一千平方英里（兩千五百九十平方公里）的潟湖區。島民世代皆以捕魚維生，幾乎都早起，有些人甚至親眼目睹當天早上六點四十五分出現在環礁西面九十四英里（一百五十一公里）外的爆炸情景。「那天早上『炸彈』爆炸時，我已經醒了，正在喝咖啡。」朗格拉普治安官約翰・安傑說。「我以為我看到日出，方向卻是西邊。那顏色真的非常多變、非常漂亮，有紅有綠，還有黃色，我覺得好驚奇。沒多久太陽就從東邊出來了。」接著有煙飄來，然後是一陣強風，最後才聽見聲音。「過了幾個鐘頭，朗格拉普就下起灰粉來了。」安傑憶道。[45]

遭輻射汙染的汽化珊瑚礁落塵於試爆當日上午十點出現。十一點半左右，當地學校教師比耶・艾德蒙決定讓學生下課。他還記得，當時他一走出教室，「灰粉狀的粒子撲面而來，落在地上。」但村莊內無人驚慌。曾經造訪過日本這個前強權帝國的島民們則把落灰比作下雪：「我們邊喝咖啡邊聊天，雪一樣的玩意就這樣不斷落下，量也愈來愈大。」艾德蒙憶道。這些「雪」一下子就把綠葉催白。到了傍晚，好玩的心情轉為苦惱。「原本無害的灰粉突然起了變化，害大家難受得不得了。」艾德蒙說。「那是一種不尋常、又癢又刺且非常痛苦的感覺。成年人因為年紀大所以不好意思哭，小孩子直接放聲大哭；他們拚命抓、又踢又扭又滾的，但我們拿不出任何辦法。」46

十四歲女學生蕾繆．阿波也是那晚痛苦扭滾的孩童之一。她回憶說，儘管天空落下奇怪粉末，但村裡的作息仍如常進行。那天下午，她和表兄弟姊妹一起去採發芽的椰子，在回家路上遇到這場「雨」：樹葉突然覆上一層神祕物質，迅速變黃。「你頭髮怎麼回事？」蕾繆剛進家門，爸媽劈頭就問；她答不上來。蕾繆記得，她的頭髮「看起來像用肥皂粉搓過一樣」。她又說：「那晚我們根本沒辦法睡。身體癢得受不了，腳底也像被熱水燙傷。雖然我們會指著彼此大笑著說『你變成光頭了！好像老人喔！』但其實我們心裡很害怕，很難受。」47

在得不到任何外界資訊、外人亦不知曉島民遭遇的情況下，朗格拉普的城堡喝彩實施日就這麼結束了。對馬紹爾人來說，那天不尋常的亮光、聲響、強風與雪一般的碎屑依舊成謎，有人懷疑碎屑來自當天他們看見的幾架飛機。翌日，也就是三月二號一早仍無消無息，沒有任何解釋，然而到了傍晚五點左右，有兩名美國軍官帶著輻射計數器來到島上：他們在村民家測到的讀數極為驚人，高達每小時一．四侖琴；可是在他們測量的那個當下，朗格拉普島民待在輻射區內的時間已經超過一天了。美國軍事人員當年的最高容許接觸劑量為每次行動，或每季三．九侖琴，島民接觸的劑量已是這個數字的好幾倍了。48

軍官指示島民先把身上的落塵沖掉，待在室內，等候安排離開。島民禁止飲用水井或蓄水池的水，但島上沒有其他飲用水源。撤離行動於隔天（三月三日）早上七點三十分開始，馬紹爾中央政府派代表並由瓜加林的一位翻譯人員陪同，飛抵朗格拉普協助仲裁，治安官安傑負責執行撤離行動，他就是記得城堡喝彩試爆宛如太陽打西邊出來的那位。他選出的首批撤離人員包括十五名孕婦、幾位病人和長者，他們直接搭乘護送官員與翻譯前來的飛機離開朗格拉普。一行人在上午十一點左右抵達瓜加林環礁，落地後立刻沖洗除汙。

半小時後，其餘共四十八名、包括男女孩童在內的島民亦乘坐捕鯨船抵達菲利浦號。撤離過程順暢有序，原因即如後來的輻射安全報告所言：「撤離前，所有出門工作的島民皆已返家，為的是討論不尋常的光亮和震響。」只有十七位漁民（克拉克森的報告為十八名）行船至鄰近的艾林吉納埃環礁捕魚，下落不明，於是菲利浦號直接開往艾林吉納埃海域，順利找到這群漁民。艦上軍官清點的總撤離人員為「十七名男性，二十位女性，十五名男孩與十四名女孩。全員登船後立刻接受沖洗除汙並安排用餐。」晚上八點三十分，菲利浦號抵達瓜加林環礁，島民折騰一天的安置過程終於結束，但他們對抗輻射效應的折磨才正要開始。[49]

三月三日，朗格拉普環礁的居民才剛撤離至安全地點，聯合特遣隊輻射監測官又發現位於比基尼環礁東方約三百英里（四百八十二．八公里）、比朗格拉普更偏遠的烏蒂里克環礁也可能受輻射汙染威脅。當地測到的輻射量已達每小時一百六十毫侖琴。監測官推測，若不及時撤離，島民的累積暴露量可能達到五十八侖琴，差不多是當時容許劑量三．九侖琴的十五倍，於是倫肖號官兵迅速於三月四日前往撤離烏蒂里克島民，但這次任務比前一天的朗格拉普行動難度還高：水道太淺，驅逐艦無法進入潟湖區，而環礁外圍的礁石則讓船隻無法順利靠岸。

後來他們花了兩小時，好不容易把所有人全部接到倫肖號上：男性四十七人，女性五十五人，男孩女孩各二十六人，合計一百五十四人。島民先搭充氣救生艇到沙灘外五十碼的接駁船，接駁船再將島民送往倫肖號。下午近一點鐘，也就是試爆後七十八小時，烏蒂里克島民順利撤離至安全地點；他們身上的輻射讀數也從每秒五十毫侖琴降至七毫侖琴。體檢顯示，島民的頭髮和頭皮是全身影響程度最大的部位，馬紹爾人習慣用椰子油抹頭髮，而椰子油正好非常容易吸附和蓄留輻射粒子。逃過一劫的島民先飽餐一頓，然後接受沖洗除汙，並於隔天早上轉送瓜加林環礁，加入已先一步安置於此的朗格拉普島民。[50]

相較於烏蒂里克島民的毫髮無傷，朗格拉普島民大量出現輻射造成的各種症狀，其中有四分之一的人（六十四人中的十八名）抱怨噁心、皮膚和眼睛癢，但這還只是開始。接下來的二到四周，他們身上在接觸輻射時沒有衣物覆蓋的部位全都出現灼傷。克拉克森在報告中記述，島民「血球計數短暫降低，零星出現暫時脫毛與多種皮膚病灶」。少將表示，約百分之二到三的島民少量掉髮，百分之五有出血斑，百分之十出現口瘡。「從血液指標來看，朗格拉普的輻射量跟日本廣島、長崎核爆投影點外圍一．五英里（二．四公里）處的輻射量不相上下。」[51]

但本次事件與日本原爆不同的是，爆炸當時這些島嶼與試爆點的距離約莫是一百英里（一百六十公里）。從三月三、四日撤離至瓜加林環礁的受災島民健康狀況研判，輻射傷害程度明顯受風向及其所在地與比基尼環礁遠近的影響。烏蒂里克島民承受的暴露劑量約為十七侖琴，差不多是容許限值的四倍；自艾林吉納埃環礁登艦的朗格拉普漁民為八十侖琴。但爆炸後仍待在朗格拉普環礁的島民則吸收高達一百三十侖琴的輻射量，幾乎是人體可接受量的三十三倍以上。[52]

＊＊＊

三月五日傍晚，待朗格拉普與烏蒂里克環礁的撤離行動告一段落、其餘島嶼和環礁也判定無放射性落塵影響之後，克拉克森與格雷夫斯急著想重新掌控這項稍稍令人氣餒的城堡行動。接下來至少還有六次試爆，而下一場預定於三月十一日在比基尼環礁進行，預估爆炸當量為三百至四百萬噸黃色炸藥。

聯合特遣隊船艦於三月二日即返抵比基尼潟湖區，空軍部門卻直到三月十日才展開比基尼機場跑道除汙作業，因為居高不下的輻射量和城堡喝彩試爆造成的破壞皆嚴重影響後勤補給工作。島上營房同樣因爆炸毀損，無法使用，害得克拉克森少將無法即刻安排一千四百多名工作人員返回比基尼準備下一場試爆，只能讓他們進駐泊於潟湖區的船艦上。三月十一日，少將與格雷夫斯執行原定為第六次測試的試爆計畫：他們把裝有新引爆裝置「鬧鐘」的平底船停在喝彩炸出的大水坑中央，減輕對環礁的二度傷害。方法奏效。鬧鐘的爆炸威力達到三、四百萬噸，放射性落塵也低至可忽略程度。53

對克拉克森少將和格雷夫斯博士來說，一切似乎重歸正軌，試驗繼續，應該也能按計畫在四月底前全部完成。諷刺的是，三月十一日，當克拉克森進行第二場，也是整個城堡行動最具挑戰性的一次試爆的同一天，城堡喝彩試爆的「政治落塵」也出現了。美國原能會發出一篇新聞稿，承認美國軍民及馬紹爾居民撤離受放射性落塵影響的幾座環礁，總計有二十八名美國軍人和兩百三十六名馬紹爾原住民接觸輻射；原能會也同時安撫社會大眾，輻射並未危害接觸者身體健康。「沒有人因此灼傷，所有人員均回報良好。」新聞稿陳述，三月一日的爆炸屬於「例行核試驗」。[54]

這儼然是一場災害管控試煉。幾天前，辛辛那提的某家報社才刊出一篇讀者投書，撰文者是駐紮在瓜加林的海軍下士唐・懷塔克，文中描述他親眼所見的爆炸實況；沒多久，同一家報社又刊登懷塔克的另一篇文章，敘述撤離人員抵達瓜加林環礁的情景。美聯社盯上這則報導。兩封投書皆被視為違反安全規定的重大違紀行為。誠如克拉克森在報告中所言，「瓜加林駐地指揮官已通令全營，務必將此次撤離視為保密行動。」懷塔克的投書也在國內引發軒然大波，國會因此介入調查。[55]

原能會跳出來擋子彈，再度試圖安撫大眾，表示這次試爆並無特別狀況發生。對政府較友善的幾名記者也出手相助，有位美聯社記者甚至做到「懷疑放射性落塵的危險性被嚴重誇大」的程度。他重述當年記者受邀參加內華達試爆的往事：「儘管儀器顯示在場人士都接觸到些許輻射，但沒有人因此感到不適」，並表示以往四十幾次核試驗皆未造成人員損傷。《紐約時報》轉載這篇報導，後來更登上國際版面。「唯有一事例外：一名男子撿拾帶有輻射的石頭，手指輕微灼傷。」然而不管是試爆本身或放射性落塵對健康的影響，該美聯社記者皆竭力掩蓋真相。報導陳述「這場引發爭議的試爆並不是氫彈試爆」。[56]

當時正值冷戰高峰，掩蓋消息的手法除了隱匿事實、誤導性陳述，甚至還包括公然撒謊。到了三月十六日，美國境外意外揭露的新事件致使這場風暴徹底引爆。兩天前，也就是三月十四日，長二十五公尺、總重一百四十噸的日籍鮪釣漁船「第五福龍丸號」返抵本州太平洋岸的燒津港。二十三名船員一個多月前出海前往馬紹爾群島海域捕魚，此番平安回家當然好，不過大夥兒實在高興不起來，他們沒有多少漁獲可炫耀，但曲折的故事倒是不少。[57]

第五福龍丸號打從一開始就運氣不佳。當時年僅二十二歲的年輕船長笠井太吉雖經驗不足，卻很有企圖心。珊瑚礁岩害他們損失至少一半的釣線，漁獲寥寥，但笠井拒絕就這樣回家，他決定脫離船隊，前往其他船隻不願冒險進入的馬紹爾群島海域試運氣。雖然那邊的情況也不好，但笠井豁出去了。最後他確實也沒釣到幾條魚，水和食物也即將見底。三月一日，在海上待了好幾個星期之後，船長決定賭上他所有的運氣，再試最後一次，把釣線拋進海裡；就在他們等著要拉回釣線時，遠遠看見西邊的天空驟然發亮。[58]

年方二十的大石又七後來把這段經歷寫成《太陽從西方升起的那天》一書。「那道光持續了大概三到四分鐘，說不定更久。」大石描寫他和夥伴在那天早上目睹的景象。「光的顏色從微微的淡黃轉為橙黃，再變成橘、紅、紫色，最後漸漸消褪，平靜的海面再度變暗。」但一陣雷鳴般的聲響迅速打破這份平靜，大浪緊接而來，讓這些討海人以為海床爆炸了。然後海面再次平靜下來。數小時後，天空莫名降下白灰，覆滿第五福龍丸號甲板，船員個個困惑不已。後來媒體稱這些白灰是「死亡之灰」。[59]

第五福龍丸號和核爆投影點的距離超過七十英里（一百一十二・六公里），也在美國海軍巡邏的危險區的二十五英里（四十・二公里）之外。試爆前巡邏該區的美國軍機並未發現這艘漁船，試爆後為了輻射控制而升空採集空氣樣本的巡邏機同樣也沒看到它。試爆開始時，第五福龍丸號的位置在比基尼環礁東方、朗格拉普環礁北方約二十八英里（四十五公里）處，因此船員接觸的落塵與輻射或多或少與朗格拉普島民相當，惟兩者最主要的差異在於：三月二日傍晚，朗格拉普環礁居民已收到示警，要求不得使用島上水源並待在室內，並於次日撤離至其他島嶼；但直到返抵日本，第五福龍丸號全員才知道他們曾經暴露在輻射區內。[60]

回到燒津港，並且在距離船身九十八英尺（三十公尺）處測得輻射反應後，當局下令該船停靠在碼頭最遠的區域，隨後亦檢出船身的伽瑪輻射達到每小時四十五毫侖琴。其他幾份報告也指出，遲至一九五四年四月中旬，第五福龍丸號甲板的輻射量仍高達每小時一百毫侖琴，粗估船員身上累積的輻射少說也有一百侖琴，超過全年容許限值的二十倍。（美國訂定的職業輻射容許吸收限值為每人一年不得超過五侖目，相當於四．四侖琴的輻射劑量。）如果從朗格拉普環礁的情況，以及幾艘軍艦在試爆後測得的輻射值明顯超過每小時四十五毫侖琴推斷，這群日本漁民實際暴露的輻射量可能比估計數字還要高。[61]

曾經治療廣島、長崎兩地「被爆者」的日本醫師在這群漁民身上看到類似症狀：噁心、頭痛、發燒、眼睛癢、灼傷、皮膚腫脹和牙齦出血，白血球及紅血球數值偏低且持續下降；甲狀腺放射性碘指數偏高，顯示他們曾食用遭輻射汙染的食物，此外就連肝、腎等造血器官也受到影響。全體船員就跟他們的漁船一樣，都被隔離處置：當局將他們送往市郊院區繼續觀察，給予輸血等積極治療。當第五福龍丸號受到汙染的消息傳遍這座漁港小鎮，曾經接觸過這群船員的居民都忐忑不安。最先尋求醫師協助的是妓女，因為漁民們一靠港上岸便立刻奔向她們的懷抱。[62]

船員在船上吃到的輻射食物有一部分是自己捕來的魚，因此燒津市民很快就意識到，第五福龍丸號帶回的零星漁獲也被汙染了。市民用蓋格計數器檢查當地市場的魚肉，發現有兩尾來自第五福龍丸的大鮪魚不僅已賣出一部分，也被吃下肚了。更可怕的還在後頭：不只第五福龍丸號，其他漁船從太平洋帶回來的漁獲也都遭到汙染。截至該年（一九五四）年底，當局至少銷毀七十五噸的鮪魚漁獲，但「乾淨」鮪魚的價格並未因此上漲，因為根本沒人要吃鮪魚了。這個以魚類海產為主要飲食的國度陷入恐慌，幾乎每個人都相信輻射會傳染，來源是人是魚都一樣。[63]

現在美國政府要處理的是場國際醜聞，這樁醜聞不僅威脅馬紹爾群島試爆計畫的續存，也危及美國自身的形象。一九五三年十二月，也不過就是城堡喝彩的三個月前，艾森豪總統才在聯合國大會發表「原子能和平用途」演說，承諾他的國家會以和平方式發展核能，結果現在呢？而且這次就跟一九四五年一樣，受害者又是日本人。一九五四年三月十七日，也就是日媒揭露第五福龍丸號事件翌日，美國國會議員，同時也是當時國會原子能聯合委員會主席斯特林．科爾宣布，國會將針對城堡喝彩試爆展開調查，並聲稱第五福龍丸號當時正在管制區內從事間諜活動。此番言論不僅無法平息日媒的騷動，也未能阻止國際的進一步關切審查。[64]

三月二十四日，艾森豪總統不得不站出來親自回應。他承諾會和美國原能會主席，司特勞斯合力調查此次事件，後者也是最早提倡研發氫彈的人之一。一周後，三月三十一日，司特勞斯甫自太平洋試驗場視察城堡行動試爆歸來，立刻在白宮召開的簡報會議上對媒體發表談話。這回他不再堅持原能會三月初的說法，指稱城堡喝彩乃例行核試驗。相反的，他表示此次太平洋之行的調查目的是熱核武器試驗。提及城堡喝彩時，司特勞斯也坦承該試爆當量「大約是原本估算的兩倍」。但他駁斥媒體關於試爆失控的說法。司特勞斯聲明：「爆炸威力極強，但自始至終沒有一刻不在我們的掌控之中。」

司特勞斯也承認有放射性落塵一事，也提及策劃單位所犯下的錯誤。「實際風向與預報不符。」他表示。風向往南偏移，將落塵帶往朗格拉普、朗格里克和烏蒂里克環礁。所幸自朗格拉普撤離的美方人員皆安然無恙，而兩百三十六名島民「在我看來也很好，心情不錯。」其中只有一男一女兩名老者身體不適，但一人患有糖尿病，另一人則是關節炎。對於有人懷疑「容許落塵飄向有人島是否也在計畫許可範圍內」，司特勞斯嚴斥這是「錯誤、不負責的說法，對所有參與這項愛國行動的人員來說都是非常不公平的」。

關於第五福龍丸號，司特勞斯表示他們並未在危險區內偵測到這艘「日籍拖網漁船」，但該船「當時顯然在危險區內活動」。司特勞斯盡力平息各界對日籍漁民健康狀況的擔憂。「漁民皮膚損傷乃是汽化珊瑚礁化學效應所致，並非輻射造成。」主席表示。至於受汙染漁獲，他也端出同一套說詞：「只有開放式魚艙的漁獲受到影響。」司特勞斯向媒體保證，美國政府將會對日本漁民蒙受的經濟損失提出補償辦法，具體金額將與美國駐東京大使商討後確定。司特勞斯亦引述美國食品藥物管理局的意見，表示供應美國市場的太平洋漁獲安全無虞。[65]

司特勞斯竭盡所能安撫日本及美國民眾。他向日本人民保證，輻射波不會觸及該國領土，也向美國人民保證美國境內實施的熱核試驗沒有放射性落塵問題。但這場記者會不但沒能安撫美國民眾，反而讓他們嚇壞了。司特勞斯在會中回答記者提問時，表示氫彈的威力足以夷平一座城市。當記者再問有沒有可能是紐約這樣的城市時，司特勞斯態度肯定，並追加說明是整個「大都會地區」。這番即興發揮的言論讓全美譁然。《紐約時報》的頭條是「司特勞斯於試爆後表示：氫彈可摧毀任何一座城市」。至少在美國境內是如此，社會大眾對城堡喝彩放射性落塵的關注迅速轉移至氫彈的破壞威力。城堡行動獲准按計畫繼續進行。[66]

美國原能會主席「第五福龍丸號在危險區內接觸到放射性落塵」的陳述，以及國會議員科爾主張該船當時正在刺探美方活動，雙雙在東京引發強烈反彈。一九五四年四月十二日，在華盛頓的日本駐美大使發表公開聲明，反駁司特勞斯指稱第五福龍丸號曾進入危險區的說法。美日兩方的醫師在接觸、評估受害者以及決定最佳治療方法等各方面始終爭執不下，再加上美國因擔心他國可能破解炸彈基本設計，而拒絕向日方透露放射性落塵的同位素成分，皆使得城堡喝彩行動無法在短時間內落幕，延宕數十載。[67]

* * *

一九五二年秋天，在常春藤麥克氫彈試爆的影像報告中，畫面一開始克拉克森少將就表明常春藤行動是一項「成就」；然而在城堡行動影像報告的開場白中，他提到「有失敗也有成功」，並強調在行動實施期間，他的「想法改變了」。他對於日媒大肆報導〔第五福龍丸號〕事件很不滿，因為那些報導大多「含混不清、錯誤百出，〔並且〕對美國政府造成很大的困擾」。[68]

城堡喝彩也直接衝擊整個行動的後續執行作業。「結果證明，」克拉克森在報告中陳述，「巨大當量的海面引爆作業會在實施區域周圍造成輻射汙染。程度嚴重的範圍至少一百二十英里（一百九十三公里），明顯或相當程度汙染範圍約達兩百五十英里（四百〇二公里）。」有鑑於此，試爆「危險區」大幅延伸至一百四十海浬（兩百五十九公里）。定義也進行適度修正，如果說「危險區」最初的意義等同於「保密範圍」，現在則調整為「安全範圍」。此外，行動策劃人員也大幅修改氣象與風況的預報方式。克拉克森寫道，「新標準的嚴格限制，深深影響了城堡行動及其過程的後續效應，也不可諱言地對接下來其他測試行動產生決定性的影響。」藉由擴大危險區和導入新的氣象預報標準，克拉克森得以進一步避免預料之外的放射性落塵，以及人員、生態和公共災難。[69]

格雷夫斯也學到了他的教訓。城堡喝彩試爆釋出的當量顯示，乾式氘彈的效果極為致命。常春藤麥克使用的液態氘已棄置不用，而城堡行動原本要測試的液態氘彈亦取消試爆。但城堡喝彩的爆炸當量仍指出一個問題：在預測乾式氘彈當量這方面，負責製作炸彈的洛斯阿拉莫斯國家實驗室可說是極不準確。三月二十七日，城堡羅密歐在原能會主席司特勞斯坐鎮指揮下進行，結果實際產生了一千一百萬噸的爆炸當量，幾乎是洛斯阿拉莫斯預估的三倍。其實在羅密歐行動正式開始前，洛斯阿拉莫斯才把預估當量從四百萬上修至八百萬，結果還是不正確。五月五日試爆的洋基二號，其當量達到一千三百五十萬噸，遠遠超出最初預估與後來修正的八百萬噸和九百五十萬噸。[70]

這使得洛斯阿拉莫斯的科學家們不得不回到白板前從頭重新研究。他們很快就發現原本的計算錯在哪了：原來是他們沒弄清楚「鋰7」的作用行為。炸彈所使用的鋰有百分之六十屬於這種放射性同位素，科學家原本預期它是惰性物質，從頭到尾不參與氘－氚聚變反應。但其實不然。聚變產生的高能中子炸開了鋰原子核，鋰核裂解成氚和氚；氚的數量明顯增加，其引發的裂變反應成為爆炸當量的最主要來源。一旦了解鋰7的作用，實驗室預估的氫彈當量立刻變得十分可靠，解決了這個最棘手的問題。[71]

至於城堡喝彩的放射性落塵，就如同它巨大的爆炸當量一樣，同樣也是一次「從失敗中學習」的機會，惟結果有好有壞。據克拉克森少將報告，為朗格拉普環礁氣象站建造的輕建築，確實能顯著減少站內駐紮美軍人員的暴露輻射量；壞消息是，這群美軍氣象人員接觸的伽瑪輻射粗估達七十八侖琴，幾乎是規定容許限值三．九侖琴的二十倍。克拉克森抱怨：「這個規定是為一般實驗室或工業從業人員設計的，要求試爆人員遵守同樣的輻射標準根本不切實際。」為了完成試爆行動，他請求上級長官授權他可以不遵守這項「不切實際」的規定。[72]

自一九四五年以來，這是醫師和軍方行動策劃人員首次面對如此大量遭輻射傷害的民眾。在此之前，研究放射醫學的專家只能仰賴他們在廣島、長崎災民身上所觀察到的結果；現在他們可以研究這些離核爆投影點數百英里遠，卻依然暴露於輻射中並身受其害的病例。克拉克森少將為此設立「四．一專案」，專責研究「高當量武器落塵所產生的大量貝他與伽瑪輻射對人體造成哪些影響」。該計畫的目的並非治療暴露於高量輻射的馬紹爾人，而是要知道大量接觸輻射的後果。[73]

這項計畫由華府的美國海軍醫學研究院的醫師團隊主導，於一九五四年三月八日，也就是城堡喝彩試爆一周後，於瓜加林環礁的美國海軍基地正式展開。「研究人員頻繁且定期的採血驗尿，同時進行另外多項觀察。」克拉克森在報告中寫道。醫師把受輻射汙染的島民血液樣本和「對照組」（即居住地離朗格拉普環礁四百英里（六百四十三公里）遠的一百一十五位馬紹爾人）互相比較，另外也使用一種有助於偵測放射性同位素的試劑。「這項研究對治療本身並無可預期的助益，顯然是以研究為主要目的，藉此評估接觸輻射的影響。」美國能源部報告做出上述結論。[74]

負責觀察朗格里克撤離美軍的醫師，記載了病例明顯接觸過量輻射，徵狀包括皮膚病變、掉髮脫毛、白血球數偏低和貝他輻射燒傷引發的皮膚不適，建議將病例送至華盛頓特區的沃爾特里德陸軍醫療中心進一步觀察；但這群官兵最後被送往夏威夷火奴魯魯，因為海軍不希望在城堡行動落幕前有人離開這座太平洋劇場。鑑於部分行動已經曝光，一切必須以保密為最優先考量。城堡行動於一九五四年五月告一段落，四．一專案也隨之結束。「五月初，」克拉克森的報告寫道，「所有曾接觸輻射的海軍及美方人員皆明顯康復，未留下嚴重後遺症。」[75]

一九五四年六月，司特勞斯也迫切希望將城堡喝彩這件事拋諸腦後。原能會官員與海軍指揮部齊力合作，準備送島民回家。相關人員調查了朗格拉普和烏蒂里克兩處環礁的放射強度，確定後者已復原到可以接回住民的程度，旋即於當月安排島民自瓜加林出發。但後來他們發現，島民回到烏蒂里克之後，他們接觸的輻射量似乎增加了：如果烏蒂里克島民最初暴露的輻射量約是朗格里克島民的十分之一，返家後粗估上升至三分之一。[76]

朗格里克的汙染情況比烏蒂里克嚴重多了。喝彩試爆後一周的輻射調查顯示，該環礁土壤中的讀數高達每小時二．二侖琴，淡水則是四百毫侖琴，因此不可能安排島民立即返家，必須另覓地點長期安置。一九五四年四月初，朗格里克島民們的健康狀況明顯好轉，血球數值開始上升。到了六月，他們被認為已經健康到可以離開瓜加林了；但軍方並未將這群島民送回朗格里克，而是轉移至馬久羅環礁，克拉克森少將及聯合特遣隊籌資在那兒蓋了一座新村，供他們暫住，並計畫於一九五五年九月再讓他們重回朗格里克環礁；不過四．一專案的醫師認為，這群島民在未來至少十二年內都不應再暴露在高量輻射下。一九五七年六月，朗格里克島民重返家園。而這片海域的核試驗則持續至一九五八年才結束。[77]

＊＊＊

馬紹爾人不甘白白淪為放射性落塵的受害者，有些人決定挺身反擊。一九五四年五月六日，城堡行動仍在進行中，一群島民向聯合國託管理事會提交請願書，聲明核試驗不符合美國託管規約。鑑於核試驗加諸於該地區的危險性，以及「愈來愈多居民離開原本居住的島嶼」，這群馬紹爾人要求立刻終止核試驗。身為美國核武競賽主要競爭對手的蘇聯也同時出手，聲援馬紹爾的要求，確保這項請願不會被聯合國的官僚文化給搓掉或包庇。令美國政府難堪的是，結果確實如前二者所願：聯合國接受島民請願，並於同年夏天舉行聽證會。美國代表宣稱馬紹爾島民皆已完全康復，實在沒什麼好擔心的。[78]

但聯合國內外開始出現許多反對的聲音。當時去殖民化運動正席捲亞洲與非洲，城堡喝彩遂成為必須要推翻的帝國主義與殖民主義的象徵。一九五五年二月，一群亞洲律師在印度加爾各答集會，聆聽日本同行針對廣島、長崎和比基尼環礁事件的專題報告。莫斯科《真理報》撰文報導這場演講，批評美國人跑到別人家去做核試驗，並表示除非明文禁止所有原子彈與氫彈「試驗」，否則以受害者的角度來說，所謂「補償」永遠沒有結束的一天。那個時候，蘇聯還未做出威力足以匹敵城堡喝彩的氫彈。[79]

一九五五年四月，當時的印度總理尼赫魯和印尼總統蘇卡諾在萬隆舉行的「亞非會議」上，要求美國與蘇聯停止核試驗，此次會議也為後來的「不結盟運動」奠定基礎。與此同時，西歐和美國國內也出現類似運動，並逐漸加快腳步。一切始於一九五四年十一月和一九五五年二月發表在《原子科學家公報》上的兩篇文章。這兩篇文章的作者是曾參與過曼哈頓計畫的美國物理學家拉爾夫・拉普，他以城堡喝彩的放射性落塵為據，言明氫彈產生的放射性落塵不會只影響局部區域，而是全球性的問題，把試驗場從內華達搬到太平洋並不會讓美國人民更安全。另一份報告隨後證實了拉普的結論，提出這份報告的不是別人，正是美國原子能委員會。[80]

一九五五年七月，多位聲望卓著的科學家聯名發表公開信，認為核戰必將危及人類存續，簽署人包括早期曾支持原子彈計畫的愛因斯坦和英國數學暨哲學家羅素。信中特別提及城堡行動試爆，而這封信後來也成為著名的《羅素－愛因斯坦宣言》。「現在我們知道，尤其是在比基尼試爆之後，核彈造成的破壞會逐漸散布開來，比原先預期的範圍還要大上許多。」宣言陳述。這群權威人士表示，當前的科技所能製造出來的核武器，其威力相當於摧毀廣島之原子彈的兩千五百倍，這種炸彈如果在近地或水中爆炸後，會將輻射粒子送往高空，然後再以塵埃或降雨的方式逐漸落回地表。日本漁民及其漁獲沾染的就是這種致命塵埃。[81]

＊　＊　＊

一九五七年，即朗格拉普島民重返家園的這一年，城堡行動的科學主任格雷夫斯出席美國國會原子能聯合委員會，作證陳述放射性落塵的危險性。當被問及輻射是否致癌時，格雷夫斯回答：「輻射並非絕對致癌，輻射的危險性是它可能致癌。這種可能性不是非常高，但依舊偏高。」格雷夫斯本人並未死於癌症，但多次接觸或暴露於輻射的後果還是在八年後找上他了。他於一九六五年七月以五十五歲之齡過世。「他增生的甲狀腺萎縮到幾乎難以辨認。」後來有一份醫學報告如此描述。[82]

第一件與城堡喝彩放射性落塵直接相關的死亡案例發生在一九五四年九月二十三日，死者是第五福龍丸號無線電機務長久保山愛吉，得年四十。直接致死原因是肝硬化，但美日兩邊的醫師為其潛在致死原因相持不下。日方醫師主張，肝硬化可能是體內輻射曝露的結果；美方醫師則認為久保山和其他許多遭輻射汙染的漁民一樣，都因為日方不必要且有害的輸血治療而感染C型肝炎，導致肝硬化。雖然住院治療的第五福龍丸號成員確實曾為C肝所苦，不過除了久保山以外，其他人全都熬過這場苦難，逐漸康復，並於結束治療後重返社群。但由於日本社會對輻射的恐懼，以及一九五〇、一九六〇年代的輻射汙名，後來幾乎查不到第五福龍丸號成員的壽命或健康狀況等相關資料。[83]

一九九四年，當時的美國總統柯林頓成立了「人體放射性實驗咨詢委員會」；委員會認定，當年受災的環礁島民亦受惠於最初在馬紹爾進行的輻射影響研究。然而隨著證據逐一浮現，顯示實情並非如此，而且就如同馬紹爾人所宣稱的，他們其實是人體輻射實驗的「白老鼠」，為的是評估核戰中的輻射衝擊。在朗格拉普居民返回環礁後，美國當局蒐集了他們暴露於低劑量輻射的數據資料，並祕密保存了數十載，不讓蘇聯及捍衛自身權益與美國對簿公堂的馬紹爾人民知道。[84]

這些研究朗格拉普島民的祕密研究資料顯示，即使在事件發生許久之後，島民仍因攝取遭輻射汙染的食物而無法擺脫輻射影響。另一項祕而不宣的發現則與孩童有關。幾乎所有曾暴露於城堡喝彩放射性落塵，且當時未滿十歲的孩童，最終都會出現甲狀腺問題，從功能低下到腫瘤都有。這群孩子中有百分之七十七有甲狀腺腫瘤，未接觸輻射的同齡對照組則僅有百分之二．六。已出生的孩子因甲狀腺問題而生長遲緩，就連試爆當時還在媽媽肚子裡的胎兒亦深受其害。在試爆後不久出生的三名嬰兒中，有兩人明顯生理異常：一名患有小頭症，另一名則有甲狀腺腫瘤。[85]

雷可．安傑是朗格拉普治安官約翰．安傑的兒子，試爆時只有一歲，十二歲那年被診斷出甲狀腺腫瘤。雷可的手術很成功，卻在幾年後突然患上急性白血病，轉送美國治療後仍於十九歲過世。曾有報告指出，馬紹爾群島居民罹患甲狀腺癌的病例有百分之二十一跟核試驗有關；如果把範圍縮小到朗格拉普和烏蒂里克環礁，關聯比例更飆高至九十三和百分之七十一。當時暴露於城堡喝彩落塵的島民大多並未因此罹癌，但放射性落塵明顯提高罹癌機率，並降低了癌後的存活率。[86]

包括朗格拉普治安官安傑在內的許多島民都認為，放射性落塵是美方的故意行為，而他們全都是原能會的實驗白老鼠。數十年來，美國政府一直試圖透過金援等交換條件來擺脫這種尷尬處境：當初聯合國將這些島嶼交給美國託管，為的是協助他們準備獨立，華盛頓卻拿輻射對待他們。核試驗不僅毀了島民生計，也讓他們賴以維生的海產及蔬菜水果全都不能吃了。

美國多年來亦不斷掏錢來解決困擾倖存者的醫療、社會、經濟等問題。一九五六年，被迫遷離埃內韋塔克和比基尼環礁的島民獲得了兩萬五千美元的補償金，每年還可領取十五美元的信託基金收益。十年後，美國國會向朗格拉普居民支付了九十五萬美元，差不多是一人一萬一千美元。一九七六年，美國撥款兩千萬美元清理埃內韋塔克環礁的輻射廢物，翌年又撥出一百萬美元給朗格拉普與烏蒂里克居民，輻射受害賠償金每人一千美元，因輻射罹患甲狀腺癌者另補償兩萬五千美元。一九七九年，美國成立一筆六百萬美元的信託基金，用於當初撤離並安置他處的比基尼環礁島民。[87]

一九七九年，馬紹爾群島共和國終於盼到期待已久的自治政府；三年後，他們以獨立國家的身分和美國簽訂自由協定。根據「自由聯合協定」，馬紹爾將提供領土及海域供美國使用，以換取美國在該國遭遇緊急情況時必須要提供防衛等協助。美國國會一方面同意這項協定，另一方面也對馬國的索賠申請施加限制（當時累計金額已達數十億美元），最後決定成立一個一億五千萬美元的信託基金來支付核試驗的受害賠償金，並於一九八八年成立「核試驗求償特別法庭」，專責審理索賠案件。只不過，在二十一世紀的第一個十年即將屆滿之前，這筆信託基金就用光了。[88]

核試驗影響人類生活，傷害自然環境，而城堡喝彩仍是至今最廣為人知的核試驗案件。比基尼環礁試爆喚醒了全世界，迫使世人認清「氫能時代」的現實。圍繞它的宣傳引發的反核運動也應運而生，並且讓世界各國硬起來，禁止在大氣層進行核試驗。一九六二年，由於美、蘇雙方皆意識到核戰將導致兩敗俱傷，這在城堡喝彩試爆後已成為公領域問題，這讓甘迺迪與赫魯雪夫成功避免一場極可能在古巴引爆的世界大戰。一年後，兩位領導人簽署了一項條約，禁止在大氣層、外太空及水下進行核試驗，將試爆規範只能在地下實施，這意味著放射性落塵有希望走入歷史。假如城堡喝彩對人類與環境的衝擊至今仍未公開，氫彈也在國際社會渾然未覺的情況下進入國際舞臺，那麼我們很難想像，今日世界是何模樣？

第二章

北極光：克什特姆事故

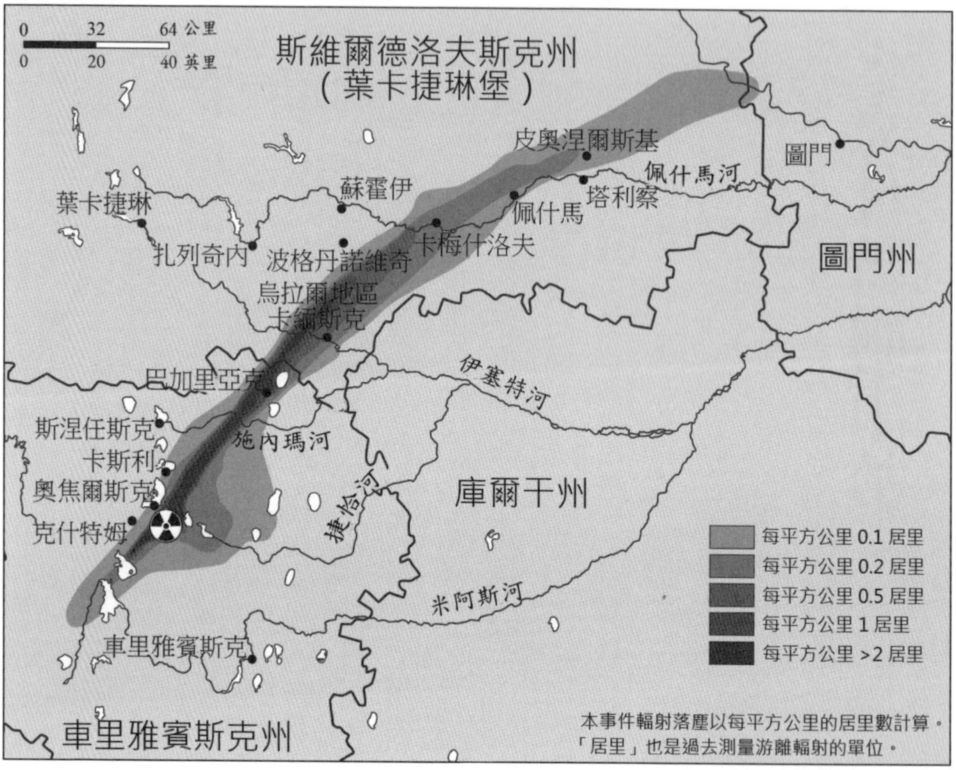
0 32 64 公里
0 20 40 英里
斯維爾德洛夫斯克州
（葉卡捷琳堡）
皮奧涅爾斯基
圖門
佩什馬河
蘇霍伊
塔利察
佩什馬
葉卡捷琳
扎列奇內
波格丹諾維奇
卡梅什洛夫
圖門州
烏拉爾地區
卡緬斯克
巴加里亞克
伊塞特河
斯涅任斯克
施內瑪河
卡斯利
奧焦爾斯克
捷恰河
庫爾干州
克什特姆
每平方公里 0.1 居里
每平方公里 0.2 居里
每平方公里 0.5 居里
每平方公里 1 居里
每平方公里 >2 居里
米阿斯河
車里雅賓斯克
車里雅賓斯克州
本事件輻射落塵以每平方公里的居里數計算。
「居里」也是過去測量游離輻射的單位。

蘇聯領導人從未針對城堡喝彩試爆或該試爆造成的放射性落塵災難發表過任何評論。蘇聯既未揚言要製造或引爆威力更強的炸彈，也不曾拿比基尼環礁的災情讓美國難堪。因為蘇聯意識到自己處境微妙。不到一年前，蘇聯才搶先宣布擁有氫彈，因此這會兒得謹慎行事才行。

一九五三年八月八日，接替史達林掌舵職位不到五個月的蘇聯總理馬林科夫在對蘇聯議會演說時，突然語出驚人地表示：「不是只有美國會做氫彈。」消息迅速傳開，讓全球幾家歡樂幾家愁。馬林科夫急欲確立自己作為「蘇聯最高領導人」的地位，而走了一步險棋。他說的「氫彈」還未經試驗，實際試爆時間在四天後，也就是八月十二日；不過要特別說明的是，這顆炸彈的預估當量僅四十萬噸，以原子彈等級來說相當不錯，若是氫彈的話就只能算中等了，尤其是跟一九五二年十一月常春藤麥克的一千萬噸相比，更是小巫見大巫。[1]

在洛斯阿拉莫斯，科學家們迅速做出判斷，認為馬林科夫所宣稱擁有的氫彈並非一般認知的氫彈，理由是源自聚變反應的爆炸威力僅占兩成。美國原能會主席司特勞斯據此發表正式聲明，而蘇聯第一大報《真理報》也在同一天報導，他們已在蘇聯境內試爆一款氫彈。不過蘇聯領導階層卻未置一詞，他們還有很多進度要趕。[2]

在一九四五年秋天、廣島和長崎遭轟炸以後，蘇聯才開始認真投入原子彈計畫。他們參考了蘇聯間諜所竊取的曼哈頓計畫資料，設計出第一顆國產原子彈；後來史達林決定把蘇聯核子計畫全權交給左右手兼國安頭子，喬治亞人拉夫連季·貝利亞，而美方機密資料流入蘇聯科學家手中的速度也愈來愈快。若說曼哈頓計畫由軍方所主導，那麼蘇聯的核子研究便是掌握在直接聽命於史達林的祕密警察手裡。國安局特務把偷來的設計圖和數據都交給該計畫的科學首腦，時年四十二歲的伊戈爾・庫爾恰托夫。[3]

庫爾恰托夫從二戰前即投入核研究，不過他和同事們直到一九四五年秋天才受到國家關注與資金挹注。幸好現在這兩方面皆極為可觀。庫爾恰托夫眼前的當務之急是搞清楚這些特務偷來的雜亂、沒有條理的機密究竟意味著什麼，判斷這些資料能不能用和該怎麼用。有人認為，美國故意餵給蘇聯錯誤的資訊；而立場偏向庫爾恰托夫及蘇聯核子計畫的史學家則普遍認為，這些資料反而讓庫爾恰托夫避開錯誤，確定自己走在正確道路上。即使蘇聯的資料幾乎全是「借來的」，資訊量仍相當龐大，這替他們省下了大把的時間與金錢，正好當時蘇聯兩樣都缺。[4]

庫爾恰托夫的首要任務是建造一座能把天然鈾變成鈽的反應爐，接下這項造爐重任的是四十六歲的工業鍋爐設計師尼古拉・多列扎爾。多列扎爾讀到一篇一九四五年甫於美國發表、沒多久即譯成俄文的原子彈計畫論文，首次接觸到反應爐的設計概念。庫爾恰托夫既能參考曼哈頓計畫公開資料，又能透過原子間諜取得內部文件，遂於莫斯科先造了一座小型實驗爐，並建議多列扎爾拿一九四四年九月、首度於美國華盛頓州漢福德正式運轉的「石墨水冷式反應爐」作樣板。多列扎爾接受建議，但他稍微改了一下漢福德的反應爐設計，把爐內水平放置的燃料棒和控制棒改成直立式——這項改變對蘇聯核子計畫及後來的核能工業影響深遠，也是一九八六年車諾比核災的重要起因之一。[5]

蘇聯時代的地圖完全找不到該國第一座反應爐與鈽原料加工廠的建造地點。這在當時可是最高機密設施，起初僅以識別代號「八一七」稱之，後來才有了「馬亞克化學綜合廠區」的名字（馬亞克意指「燈塔」）；環繞廠區的城鎮一開始叫「車里雅賓斯克－四十」，後改為「車里雅賓斯克－六五」，最後才變成「奧焦爾斯克」。這個從無到有、建於烏拉爾山區的核化廠及附屬小鎮，距離該區首府「車里雅賓斯克」約一百公里，自建城以來，它的名字幾乎都用來指稱那座祕密城市。不過在車里雅賓斯克興起之前，離廠區最近的村落其實是克什特姆，是居民不到三萬、名列十八世紀俄國冶金工業發源地之一的小城。帝俄時代的地圖上始終有克什特姆這個地方，到了蘇聯時期亦不曾將其抹去。一九五七年，這個名字因為一場事故變得舉世皆知；不過為了方便敘述，本章使用「馬亞克」為核化廠的代稱，而廠區周圍的小鎮則以今日之名稱為「奧焦爾斯克」。[6]

克什特姆附近的核工事起建於一九四五年秋天，主要由貝利亞的「古拉格勞改營」負責；在這群成千上萬的勞改工人中，有不少人來自二戰時期的德國蘇俄占領區「伏爾加河地區」。一九四六年，多列扎爾版的漢福德反應爐基礎工程大致建置完成，代號「A－1」，小名「安努希卡」（俄文「安娜」暱稱）。可惜安努希卡生來虛弱，經常發生血管不通的毛病，燃料匣動不動就塞住。莫斯科方面下令，安努希卡每個月必須萃取出二．五公斤的鈽；但由於「冷卻劑不足」導致故障頻傳，達成這項產能目標遂變成一大挑戰。冷卻劑不足肇因於鋁管品質不佳、經常漏水，導致燃料過熱，直接在匣內爆炸並卡住管道。蘇聯科學家稱這種情況為「卡山羊」：*為了要把「山羊」從燃料管裡抓出來，得先關掉反應爐，再鑿通整條卡住的通道。處理事故除了耽誤時間，還會洩漏輻射物並延遲造彈

＊譯注：「山羊」有替罪者或壞蛋的意思。

計畫。[7]

一九四八年六月，安努希卡才剛趨向臨界*沒多久，第一頭山羊，或者說燃料匣阻塞，就出現了。七月又發生一次類似故障。但接下來，直到十一月他們將鈾礦輻照以產出足以製造一顆鈽彈之前，都沒有再發生任何事故。不過，就在他們準備移出用過核燃料†時，反應爐再次故障，但這回不是卡山羊，而是反應器爐體卸載專用的平臺竟然壞了，工人必須把卸載平臺切開再分批移走。由於現場沒時間訂製新的卸載平臺，工程師和廠區工人被迫進入高輻照量的空間內徒手移除燃料匣。根據廠區安全規範，每人每年容許的輻射接觸劑量為二十五侖琴，比美國訂定的標準高出六倍多（這也是克拉克森少將在意與抗議的重點），而這群蘇聯人在一、兩天之內就壓線了。為了能持續把人送進去工作，又不致違反安全規定，廠區經理要求工人進入輻射區前先摘掉輻射計數器。工人只得照辦。[8]

整個行動在馬亞克廠區總工程師，五十歲的葉菲姆·斯拉夫斯基監督下進行。這位來自烏克蘭、人高馬大的前裝甲部隊軍官總是以身作則，跟其他人一樣進入輻射區工作。當輻射安全官表示不允許他再進入輻射區時，斯拉夫斯基要他閃一邊去：「你不准進去，但我可以。我批准的。」此等風範激勵了其他夥伴。這群工程師與工人冒著極大風險在巨大的壓力下作業，但他們要應付的危險情境可不只幫安努希卡燃料卸載這一樁。一九四九年一月，斯拉夫斯基的頂頭上司兼蘇聯核子計畫奠基者庫爾恰托夫來到馬亞克廠區，親自檢查從安努希卡卸載下來的燃料匣並確認有無毀損，卻因此受到了高劑量的輻射。他當時配戴的輻射計數器現今仍保留在馬亞克化學綜合廠博物館中，顯示單次接觸劑量達四十二侖琴。[9]

馬亞克啟用運作的頭一年，累計接觸劑量達一百侖琴的職工約占百分之六十六，更有百分之七超過這個劑量。庫爾恰托夫和斯拉夫斯基之所以願意拿健康冒險，部分原因是他們不想付出失去自由的代價：貝利亞要求務必盡快製造出鈽，並讓這兩個人必須為結果負責。「我們成天提心吊膽。」斯拉夫斯基回憶。但他們也體認到，這不僅是愛國者應盡的義務，也是身為共產主義份子的責任，因為這場致命武器競賽的對手「美帝」已握有終極武器，隨時準備拿來對付他們。在他們心中，這是一場戰爭；庫爾恰托夫告訴年輕的同志們，大家都是上場作戰的士兵。斯拉夫斯基回想庫爾恰托夫堅持親自檢查輻照過的燃料匣，並因此接觸高劑量輻射的那幾天：「簡直恐怖到極點！」他說。不過，這群共產主義者的祈禱在一九四九年八月二十九日那天得到回應：蘇聯成功引爆他們的第一顆原子彈，驚撼全球。雖然這一天在廣島、長崎原爆後四年才到來，卻比曼哈頓計畫的眾領導人所預估的整整早了十五年。[10]

現在，貝利亞、庫爾恰托夫和斯拉夫斯基再度接下新任務：氫彈。主導這項計畫的是一位年輕的物理學家安德烈．沙卡洛夫。沙卡洛夫在一九四八年開始參與熱核反應研究，據他猜測，蘇聯的熱核

＊ 編注：核子反應爐達到臨界狀態，是指其消耗的中子數等於核分裂產生的中子數，因此有足夠的中子繼續核分裂反應形成核連鎖反應。如果消耗的中子數小於核分裂產生的中子數，叫「超臨界」。在此狀況之下因為中子數隨核分裂反應變多，核反應愈演愈烈，是原子彈的爆炸原理。

† 編注：用過核燃料（irradiated fuel）又翻譯為「乏燃料」，指受過放射線照射、被使用過的核燃料，通常由核子反應爐產生。

研究其實是美國原子間諜所提供的資料下才快速啟動的；只是在做出原子彈以前，蘇聯領導人對熱核反應並不熱中，也因此漏失了情報內一些跟氫彈有關的重要線索。沙卡洛夫幾乎是一個人獨力搞懂了氫彈的作用原理。他先交出一份「千層蛋糕型」的鈾氘彈設計圖，而史達林的繼任者馬林科夫卻宣稱它是氫彈，並且在一九五三年八月完成試爆。但沙卡洛夫心裡明白那才不是氫彈。他和其他同志繼續研發真正的「純」氫彈，最後終於成功了：一九五五年十一月二十二日，這顆純氫彈在哈薩克草原進行試爆，爆炸當量達一百六十萬噸，成果相當不錯。同月，蘇聯新任領導人赫魯雪夫在印度演說，再度宣稱蘇聯已成功引爆「威力空前強大」的核武器。畢竟，蘇維埃可不能二度表示自己成功研發「第一顆」氫彈。[11]

只不過，這顆氫彈卻是時年三十四的沙卡洛夫在核武領域的最後一項重要成就。他對蘇聯的核武計畫和整個政權愈來愈失望，於是在一九六〇年代立場丕變，成為異議份子領袖。雖然沙卡洛夫同情也理解美國氫彈之父泰勒的鷹派立場，但他自己的人生和職涯卻更接近歐本海默：歐本海默因反對研發氫彈而備受譴責，甚至還被懷疑向蘇聯洩漏核子機密。沙卡洛夫於一九八〇年遭到蘇聯當局內部流放，後於一九八六年被戈巴契夫釋放，並加入後者的改革計畫。一九八九年十二月，政治與民間聲望雙雙達到高峰的沙卡洛夫告別人生舞臺。[12]

沙卡洛夫曾在回憶錄中描述他設計的第一顆「純」氫彈的試爆過程，說他難忘當時看見「黃白色球體」的興奮悸動；不過，他也寫下試爆對當局劃定的「安全區」內外所造成的破壞：不少人因此受傷，甚至還死了幾個人，包括一名士兵和一名女孩。沙卡洛夫完全沒提到放射性落塵，若不是蘇聯從未監測，就是他對此一無所知。鑑於爆炸波確實造成人員受傷和建物受損，包括位於安全區外的一間醫院，可以想見當時的放射性落塵量肯定相當驚人。[13]

＊　＊　＊

隨著蘇聯的核武野心日益膨脹，馬亞克核化廠的規模也愈來愈大。安努希卡只是廠區的第一座反應爐，另外五座於一九五〇年至一九五五年間逐一啟動運轉，其中三座同於一九五一年達到臨界。

產量壓力仍在，不過讓管理階層忽視自身及人員安全，只為產出足以做出第一顆鈽彈燃料的第一階段已逐漸褪入歷史；反應爐剛啟用那幾年經常發生的大規模過量輻射曝露事件也成為過去。機器仍不時故障，只是頻率沒那麼高了。一九五三年三月，一場自續連鎖反應事故造成廠區人員受到輻射汙染；一九五五年十月，一場爆炸導致建物部分受損；一九五七年四月，廠區某設施的六名操作員不慎暴露於高量輻射中，劑量從三百到一千侖目不等，其中一名累積劑量達三千侖目的女性不幸死亡。照例，所有意外事故皆歸咎於人員並未遵守安全規範，只不過（若真有其事）官方有時也很難說清楚員工到底違反了哪條規定。[14]

一九五〇年代初期，發生事故及輻射汙染的主要源頭不再是馬亞克反應爐，而是放射化工廠。製造原子彈需要鈽239，而鈽239必須透過化學方法，從反應爐產生的同位素及其他物質中分離出來，這就是放射化工廠要完成的任務。分離作業消耗並汙染了大量的水和化學物，如何處理這些必須丟棄的核廢料遂成為一大難題，但那些只關心鈽產量、不計代價也要做出原子彈的人卻低估了事情的嚴重性，將廢料倒進附近的河川和湖泊，直接解決這個問題。

雖然新建的核化廠與附屬工業鎮離大都市有一大段距離，而克什特姆周圍地區雖人煙稀少卻絕非無人地帶。有不少俄羅斯、韃靼及巴什基爾村莊沿著河岸與湖泊零星分布。此區湖泊眾多，當局遂將地名從「車里雅賓斯克」改為「奧焦爾斯克」，意即「湖畔小鎮」。最初之所以選擇把核化廠蓋在這裡，主要原因之一就是取水方便，不論冷卻系統或化製過程都需要大量的水。附近面積最大的克孜勒塔什湖權充冷卻水蓄水池：湖水經抽取進入開放循環系統用以冷卻反應爐，然後再泵送回湖中，儘管已遭到嚴重的輻射汙染。小一點的湖泊命運更慘：如卡拉恰伊湖就直接被當作核廢料棄置場。當時總計有一億居里的核廢料被扔進克什特姆地區的大小湖泊中。

時間回到一九四八年十二月。由於當時還沒有廢棄物儲存容器，當局決定把輻射化學廢料倒入附近的捷恰河，沒多久這條河就變成一條輻射排水溝。剛開始工廠只傾倒低至中度的液態放射性廢料，但是在一九五〇和一九五一年發生一連串技術事故後，就連高放射性廢物也統統往河裡扔了。捷恰河原是數萬村民賴以維生的乾淨水源，但自一九四九年至一九五一年為止，廠區排入捷恰河的廢料放射強度竟高達兩百七十至三百二十萬居里。在梅爾蒂諾這個小村落，全村一千兩百人飲用、烹煮、洗澡洗衣的水全都來自捷恰河，導致每人每小時的接觸劑量竟高達三·五至五雷得。全村居民不得不於一九五一年舉家撤離。截至一九五六年為止，捷恰河流域直接受汙染廢棄物影響的人數達兩萬四千人；其中有五百八十七名男女於一九五三年接受檢查，結果顯示有兩百人出現輻射中毒症狀。部分婦女的骨骼驗出鍶90沉積，腹中胎兒也因此受輻射影響。[15]

一九五三年，長期受輻射汙染之苦的克什特姆居民終於盼到好消息。在一九五一年以前大多排進捷恰河、一九五一年後倒入卡拉恰伊湖的輻射廢料終於改為地下儲放，放在一個個設計工程師與操作員暱稱為「罐頭」的廢料桶裡。每顆「罐頭」可容納數百噸高輻射核裂變廢料，上方再覆蓋一百六十噸混凝土；每二十個罐頭劃為一區，囤放在二十七英尺（八．二公尺）深的地洞裡。不過這一排排罐頭仍須嚴加看管，因為裂變產物會在桶內持續衰變，釋出熱能，若不善加調控，光是一天下來就可能使溫度升高至少華氏十．八度（攝氏六度）。因此，這批罐頭不僅有專屬的水冷及通風系統，另加裝監控設備，隨時追蹤桶溫與內部反應變化。[16]

輻射廢物的處置問題終於得到控制，接下來的工作就只剩維護監控設備正常運作、保持水與空氣順暢流通；雖然這些廢料桶仍不時出點小問題，但無人將其視為優先處理事項。廠區繼續增建新的化學設施，而運作中的設備則以達到目標產量為第一要務，這是馬亞克在一九五七年九月二十九日以前，資金人力投注的焦點，直到編號十四號、面積二千六百九十平方英尺（兩百五十平方公尺）、儲放高輻射物的廢料桶變成炸彈為止。那次爆炸把一百六十噸的混凝土轟上七十五英尺（二十公尺）的高空。兩旁的廢料桶混凝土圍體亦遭破壞，並且將含有鍶90及銫167在內、強度高達兩千萬居里的輻射物質送進大氣層。輻射雲在東烏拉爾地區形成一條重度汙染的軌跡，覆蓋土地面積達七千七百七十二平方英里（兩萬平方公里）。這起悲劇以「克什特姆事故」之名被載入史冊，但克什特姆僅是地圖上唯一找得到且最靠近核化廠區的地名罷了。[17]

＊　＊　＊

瓦列里．科馬洛夫是馬亞克化學綜合廠地下廢料儲放場C區的當值領班。他注意到地下坑道入口的建物冒出黃煙，心知大事不妙，立即衝過去查看狀況，卻發現煙霧濃得根本進不去。科馬洛夫聯絡了幾位上級。那天是一九五七年九月二十九日星期天，時間接近下午四點。

兩名電子技工很快現身，檢查電路。兩人拿著手電筒，一路摸索進入地下儲放場，設法找到電路板。電線正常，沒看到火花。但他們也得到了壞消息：身上的輻射計數器一舉超標。科馬洛夫稍早目睹、此刻兩人吸入的黃煙帶有輻射。技工們拔腿奔向衛生站淋浴換裝，科馬洛夫則再次聯絡各部門上司報告事況最新進展；其中一位承諾會盡快趕到，親自評估狀況。

掛斷電話後，科馬洛夫決定再去查看一次煙霧狀況。「但我連地下通道入口的門都還沒完全打開，」科馬洛夫憶道，「整個人突然就被抬起來、轉了幾圈，然後被甩在地上。」然後他聽見爆炸聲，旋即一蹦而起，奔向對面出口；來到屋外，他看見「一團黑色雲柱遮蔽整片天空」，彷彿他們一直以來都在做準備的那場戰爭真的開打，美國真的扔下核彈了。然而科馬洛夫隨即有了另一個想法：原子或核子彈爆炸照理說會有閃光，但他身旁四周卻是一片漆黑。直到這時候，他才把地下儲放場冒出的黃煙和剛剛把他抓起來往地上甩，同時將一柱黑色塵埃炸上天的大爆炸串連在一起。

科馬洛夫衝出地下儲放場入口，首先看見的是剛走出加壓站的技工尼古拉．奧瑟托夫。奧瑟托夫滿臉疑惑，因為用來打水冷卻廢料桶的幫浦不知為何停擺了。「把東西扔了！我們快離開這裡！」科馬洛夫大喊，兩人拔腿狂奔。當科馬洛夫再次回望儲放場，他簡直認不出來了。原本覆蓋地下儲放場的長草坪整片消失，爆炸使得眼見所及之處全覆上一層土。而依附在幾棟建築旁的木造建物，連同數座木造瞭望塔（瞭望塔串起了環繞整個最高機密廠區的帶刺鐵網圍籬）全部都不見了。戍守塔頂的士兵也被爆炸震飛，摔落地面。

科馬洛夫、奧瑟托夫和其他當值組員繼續跑向相對安全的衛生站。不到半小時前才進入地下儲放場的兩名電工還在裡頭，拚命洗掉身上的放射性塵埃。科馬洛夫等人也加入沖洗行列。但是光用水無法有效沖掉這些塵埃。「我們花了很久的時間想清除輻射汙染，但結果不如人意。」科馬洛夫回憶。[18]

另一名年輕技師瓦蓮蒂納・切列芙科娃聽見爆炸巨響時，正身處距離核廢料儲放場約三百二十八英尺（一百公尺）的值班辦公室。她記得震碎的玻璃「宛如陣雨」傾瀉而下。切列芙科娃望出窗外，目睹一團塵土衝向天空，那形狀令她想到駱駝。「你還站在那裡幹什麼！快去衛生站！」切列芙科娃對她的頭兒大喊。跟那些未直接參與鈽原料製程的平民百姓不同，切列芙科娃和上司深知爆炸產生的輻射有多危險。醫療站的年輕護士瑪莉亞・哲金納當時也在爆炸現場附近，爆炸把窗子炸飛後，她直到下班前都在清理飄進辦公室的碎片和灰塵。「我們在民防演習時都有學到，萬一被美國原子彈轟炸該怎麼做。」哲金納後來抱怨道。「但他們顯然不知道發生這種意外時該怎麼自我防護。」[19]

附近警衛營的鐵門被炸開，營房的玻璃窗也碎了。這群訓練有素士兵們的第一個反應是衝向武器室：他們大多以為廠區受到了攻擊。一等兵佩特連科那天站營區管制哨，他躲進一旁的人孔後，詢問長官是不是開戰了。幸運的是，那天的輪值指揮官碰巧是伊格爾．謝羅夫中尉，他的專長正好是化學防禦。謝羅夫無法確定爆炸起因是破壞行動或意外事故，但他認為不管怎麼樣都會發生輻射外洩。他囑咐佩特連科戴上防毒面罩，並返回檢查站。

接下來，謝羅夫要求所有因爆炸驚嚇而衝出營房的士兵返回營區。他指示眾人用木板封住破損的窗戶，灑水清除地面塵埃；他也關閉食堂，下令將所有食品密封包好，因為他認為已經受到輻射汙染。謝羅夫採取的一連串措施若再晚一點就來不及了。灰黑色雲霧沒多久即遮蔽太陽，密布軍營上空。狗兒低嗥，天空看不見一隻鳥。駐紮在隔壁營區的是工兵部隊，謝羅夫發現他們似乎不知該如何反應：他們衝出營房，把帽子扔向天空，口中大喊一些他聽不懂的句子。

謝羅夫回頭守住自己的職責。他叫來輻射量測兵，後者取得讀數後告訴中尉說他必須撤離營兵，但謝羅夫無權做此決定，就連包括部隊指揮官伊凡．普塔希金在內的幾位上級長官亦無權下令，必須得等到莫斯科批准才能撤離。於是他們把自己鎖起來，耐心等待。九月三十日上午，撤離令終於批下來了；但在離開之前，士兵奉命射殺營區內的所有動物：克難農場裡為了給貧乏的伙食加菜所養的幾頭豬、協助運輸的馬匹，與守衛廠區周界、愈來愈受士兵疼愛的狗兒皆無一倖免。這是一項不可能的任務。一位士兵冒險救下他心愛的馬「憂鬱」；然而不出幾天，馬兒瘦得只剩影子。「憂鬱的鬃毛全部掉光，皮膚潰爛。」謝羅夫回憶。那匹馬受到高量輻射汙染，甚至成為輻射源。他們不得不送牠上路。

清晨兩點多，部隊開始撤離。有些人搭乘軍車，有些人則沿著放射性塵土瀰漫的道路徒步離開。

一抵達特設衛生站，所有士兵奉命交出全身衣物，衣物被扔進壕溝、注水再以泥土覆蓋。下一步則是清理和保養軍械。「木質的部分必須刮到見白，」謝羅夫猶記，「金屬部分盡可能用砂和砂紙打磨。」但這些都沒用。由於這些步槍「不乾淨」，軍械庫拒絕收回貯放，士兵們只好繼續扛在肩上。軍械庫判定槍枝太髒而不願收回，卻容許士兵帶著槍枝到處跑。他們只把汙染最嚴重的槍用油紙包好，放進木箱，埋在某個祕密地點。結果至少有一千名士兵的輻射接觸量超過容許限值，其中六十三人達到五十侖琴，另有十二人出現輻射中毒症狀，入院治療。

全員撤離後，謝羅夫中尉在營區多待了一天。他負責監管部隊武器和設備的移交作業，也就是說，他在爆炸現場附近總共待了三十小時。中尉送醫時已開始吐血。醫師為他洗胃，他要求檢驗抽洗液是否具放射性，但院方拒絕了。[20]

除了警衛營士兵，首波遭爆炸輻射衝擊的還有當初負責建造馬亞克廠區、目前正在興建新設施的古拉格勞改隊。囚犯居住的營區四周圍了一圈帶刺鐵絲網，外加幾座瞭望塔，塔身緊鄰爆炸的廢料桶，所以最先炸飛的就是瞭望塔。照理說，此刻通往自由的道路可說是暢通無阻。一名從塔上摔落並倖存的士兵奔向半毀圍籬就地掩護，眼前卻沒有半個囚犯從營區逃跑。當時該區輻射量已達每小時三百侖琴。[21]

時年二十七歲的勞改囚犯格奧爾吉．阿法納希耶夫，被爆炸從雙層床上給震下來。他從炸爛的營房窗戶望出去，看見「迅速擴散的蕈狀火球」，沒多久便遮蔽了太陽。阿法納希耶夫不曉得那是什麼東西，他和獄友只知道他們在核化廠區工作；他們戲稱穿白衣的廠區人員為「巧克力人」，因為聽說那些人每天都能得到一公斤巧克力以抵銷輻射的有害影響。然而阿法納希耶夫等人從沒想過，輻射也會越過圍籬，找上他們。[22]

爆炸後三十分鐘，落塵以「黑煤煙」的形式降臨，眼見所及之處無不覆上一層一・五英吋（三到四公分）厚的汙塵。「大家用抹布、廢紙或外套袖子反覆擦拭，但黑灰還是不斷落下。」阿法納希耶夫憶道。他和囚友設法把桌面和長凳清乾淨，勉強坐下來吃最後的晚餐。不過阿法納希耶夫等人當時並不曉得營區的輻射量已非常非常高，光是餐盤上的一片麵包每秒就能釋出五十毫侖琴的輻射。

直到爆炸翌日清晨兩點，他們才奉命離開營區。莫斯科下令部隊撤離時，也決定一併撤離勞改營囚犯。當時參與任務的年輕輻射量測員樹門・奧索丁也是勞改營撤離小隊的一員。他還記得泥土路髒到沒辦法走，他們只好鋪上木板，讓囚犯行軍上路。但由於隊員手上沒有落塵範圍圖，他們將囚犯轉移到另一地點，其汙染程度其實比原本的營區還高，輻射量達到每秒一百五十至兩百毫侖琴。直到那日近午，這群囚犯終於再往原本所謂安全地點〇・二英里（半公里）的地方。[23]

奧索丁與小隊成員搭了兩頂帳篷，命令囚犯脫個精光進入其中一頂，以消防水龍的冷水沖洗後再發給新的乾淨衣物。囚犯換下的鞋測得輻射值為每秒十到二十五毫侖琴，衣服也有五到十五毫侖琴。阿法納希耶夫也是奧索丁及其量測小隊負責的囚犯之一，他還記得，他們拿儀器掃描他全身上下，得到的數字是八百。這群囚犯後來被發配到不同勞改營，服滿刑期後獲釋。「我們沒理由抱怨。」阿法納希耶夫憶道，「大家都覺得，要是這種事發生在史達林時代，我們大概老早就被槍斃了。」[24]

儘管整座廠區已進入緊急狀態，卻無人通知不在廠裡的下班員工和奧焦爾斯克市民已經大難臨頭。弗拉基米爾．瑪迪希金是廠區技工，年紀尚輕的他那天下午在市區體育館看當地的兩支足球隊的比賽。他在下午四點二十四分聽見爆炸，但並沒有想太多，因為市區內外時不時就有爆炸聲：廠區正在擴建蓋新設施，工人常用炸藥來爆破岩石或挖通渠道。但這回比較不尋常的是，坐在前排夢幻位置觀戰的市府官員竟紛紛起身離席；不過瑪迪希金並不以為意，因為比賽仍繼續進行。

傍晚，瑪迪希金陪妻子到巴士站，那晚她在馬亞克某作業區輪值夜班。這對年輕夫妻察覺天空異常燦亮：顏色從粉紅、紅色再變成鮮紅，然後又變回粉紅，煞是美麗。這場奇觀還伴隨幾聲巨響。後來瑪迪希金回憶道，那聲音聽起來像折斷乾柴的噼啪聲。送妻子上了巴士，瑪迪希金一路欣賞著絢爛夜色返家。他倒頭就睡，因為他早上還得上班。那晚讓瑪迪希金夫妻深深著迷的多彩雲朵含有大量輻射粒子，一連三晚，克什特姆地區居民都能看見這場由馬亞克化學綜合廠獻上的北極光秀。[25]

＊　＊　＊

從管理角度來看，這場爆炸發生的時間點非常糟糕：那天不僅是星期日，馬亞克化學綜合廠主任米哈爾．迪米安諾維奇碰巧去莫斯科洽公；部會官員找到了正在欣賞馬戲團表演的迪米安諾維奇，後者才得知廠區發生意外。事發當時同樣不在廠內的還有第二十五號化學廠主任阿納托利．帕許申科，爆炸的核廢料儲放槽就位在這座工廠範圍內。[26]

當時人在奧焦爾斯克的三十九歲馬亞克副總工程師尼古拉．謝米諾夫只好坐鎮指揮，他也是安努希卡反應爐的前任總工程師。爆炸後不到二十分鐘，他把主要管理人員全部叫到廠內集合，當務之急是確認輻射量。他把量測員分成幾組，派至廠區各處測量輻射；然而，光是召集人員就花了不少時間，以致當他們真正出發測量時，廠區和市區已是一片昏暗。首要原因是爆炸的烏雲遮蔽了陽光，其次是秋天天色暗得快。為了要看清儀器讀數，量測員先用火柴照明，火柴用完改用車燈。謝米諾夫遲至晚間十點左右才拿到第一批調查結果。[27]

情況極為嚴峻，爆炸現場周圍及鄰近廠區的輻射量極高：距爆炸中心三百二十八英尺（一百公尺）處的伽瑪射線強度達到每秒十萬毫侖琴，在超過一英里（二．五至三公里）以外的區域也還有一千至五千毫侖琴。當時廠區規定的暴露容許劑量是每秒二．五毫侖琴，即便如此，一個人在汙染區的停留時間不得超過六小時。量測員確認了寬度約五百二十五英尺（一百六十公尺）輻射軌跡的起點，所幸是它往遠離市區的方向飄移。清晨五點，廠區設立輻射管制哨，防止受放射性落塵影響最大的車輛及人員離開該區。這項措施正好趕上早班交接：馬亞克的早班時間即將到來，市區和廠區之間的人員與車輛流動也即將開始。[28]

九月三十日星期一，抵達廠區的早班人員對爆炸事件或他們即將面臨的致命危險幾乎一無所知。那天他們奉命清理爆炸區域和鄰近建築內帶有輻射的碎片。當時還很年輕的設計師斯莫克．伊利亞索夫對這一天的場景記憶猶新。爆炸的儲放槽就在他工作的化學廠內，他受派擔任小隊長，隊員有四男一女，全是工程師，他們偕同其他類似小隊負責清理一棟受爆炸影響且堆滿輻射殘骸的大樓。上頭發給他們鏟子、掃帚、手推車但沒有防護裝備。伊利亞索夫不太確定他們有沒有拿到防毒面罩，但他記得面罩不夠用。工作結束後，他們在衛生站淋浴間使勁刷洗皮膚，搓到穿衣服的時候都會發疼。當時公認的有效辦法是把手放在淋浴間的水泥地上來回搓磨，磨到像煮熟的小龍蝦一樣紅為止。[29]

對於剛從學校畢業的電工阿納托利・杜博夫斯基和他的朋友們來說，這天也是他們到廠就職的第一天。他們對前一天的爆炸事件一無所知。那天在杜博夫斯基身上發生的事，活像某種怪誕開工儀式：他和朋友被要求戴上防毒面罩、穿上防護衣和橡膠靴，然後聽從一名配戴輻射計數器的男人指揮，清除工廠辦公大樓前的花圃灌木叢。原來那裡是個輻射熱點。清理完畢後，來了一輛消防車，司機直接拿水龍帶沖洗他們全身。那位始終和「花園小組」保持五公尺距離的量測員，叫這幾個年輕人把靴子和衣服埋好。「所以我們也要一起被埋了嗎？」杜博夫斯基問道，他這才意識到情況有多嚴重。[30]

幸好杜博夫斯基和他朋友並沒有被埋起來，而是被送去衛生站洗掉身上沾染的輻射。兩人盡全力把自己洗乾淨，然後去見工頭；工頭拿酒給他們喝。當時大家都以為酒精能袪除輻射，但實情並非如此：杜博夫斯基下班離開廠區時，在管制哨被輻射安全官攔下來，命令他回去沖洗。他再一次使勁清洗身上的輻射物，但讀數依舊居高不下；最後安全官不得不放棄，讓他離開。杜博夫斯基和朋友飢腸轆轆地衝向員工食堂，卻又再一次被量測員擋下來：輻射超標。兩個年輕人最後只能頂著頭痛、餓著肚子回到宿舍，直接上床睡覺。數十年後，杜博夫斯基認為自己的諸多健康問題都是在馬亞克上班第一天留下的後遺症。[31]

追查事故原因與究責機制同樣也在爆炸隔天，即九月三十日啟動。依然由謝米諾夫負責，他找來了事發當時的輪值領班科馬洛夫，他是第一個通報看見核廢料儲放場冒出黃煙的人。謝米諾夫要他交出輪值紀錄，然後出言攻擊。「他用各種想得到的字眼罵我，說我要為爆炸負責，完全不給我機會開口。」多年後，科馬洛夫憶道。「每次我試著想說點什麼，他就立刻打斷我，叫我閉嘴。」憤怒發洩完畢之後，謝米諾夫這才有心情聽別人說話。科馬洛夫還記得，「他問了我一大堆、各式各樣的問題，態度有夠輕蔑，給我一種我真的非常差勁，必須為整起事件負責的感覺。」他從頭到尾不曾反駁過謝米諾夫一句話。

「找人來罵」是蘇聯管理文化的一部分。不會罵、罵不好的人不只會被拔掉職銜，還可能會失去自由，因為史達林時期的蘇聯管理階層經常因為「縱容工業事故在其看管下發生」而受審，遭指控且定罪為破壞份子及間諜。所以他們的生存策略是把責任推給下屬，並且在自己受罰之前先懲罰他們。謝米諾夫深諳遊戲規則，且是箇中高手，不出幾年便被拔擢為馬亞克廠區的總主任，最後於莫斯科以副部長之位為其職業生涯畫下句點。

當眾訓斥科馬洛夫只是謝米諾夫為了應付莫斯科高官而預做準備的一部分。既已找到代罪羔羊，他就能把事故責任從設計與管理高層轉移至個人身上。科馬洛夫變成眾矢之的、罪魁禍首：「過了一段時間，大家真心認為是我的錯，而且就只有我一個人有錯，只有我必須為這起事故負責。連事發當時和我一起在工廠值班的同事也深信不疑。」32

＊　＊　＊

馬亞克爆炸的消息，讓該廠前任總工程師斯拉夫斯基大感震驚，他不久前才獲派接掌蘇聯中型機械製造部，這名稱一看就知道是個幌子，實際上就是直接延續了貝利亞的原子彈計畫。現在蘇聯的核子相關研究及生產完全由部長斯拉夫斯基統領負責，從製鈽、造彈、試爆等等全部包含在內。反應爐和輻射廢料桶照理說應該不會爆炸，但既然廢料桶爆炸事故已經發生，眼前就看斯拉夫斯基要怎麼處理這樁足以令他經歷過的所有核子事故相形見絀，也是他職業生涯中最嚴重的緊急事件了。

就斯拉夫斯基印象所及，在他首次收到奧焦爾斯克傳來的事故消息後，他和副手們立刻開會評估情勢。由於初步報告並不完整且令人疑惑，與會者只能假設他們最害怕的情況已然成真：核化廠內發生核爆。斯拉夫斯基必須向克里姆林宮報告這個壞消息。當時，新任領導人赫魯雪夫才剛挺過一九五七年由幾位史達林的老副手企圖發動政變的七月黨爭，確立其唯一領導人的地位，此刻他正在外地度假。兩天前，也就是九月二十七日，才在一九四五年的雅爾達會議地點接待來訪的美國第一夫人愛蓮娜·羅斯福。此刻坐鎮克里姆林宮的是斯拉夫斯基的前老闆阿納斯塔斯·米高揚。二戰期間，斯拉夫斯基曾在米高揚手下工作，後來才加入原子彈計畫。說來也算斯拉夫斯基運氣好，他不需要應付情緒反覆無常的赫魯雪夫，只要向冷靜、脾氣通常還不錯的米高揚報告最糟糕的可能後果。他告訴米高揚，他會親自走一趟事故現場。[33]

但斯拉夫斯基在即將啟程離開莫斯科前，還是沒能躲過赫魯雪夫的電話。據消息人士指出，赫魯雪夫氣炸了，聽不進任何理由。他威脅要把斯拉夫斯基給「埋了」，一如貝利亞過去曾說過「要把科學家都變成監獄裡的塵土」。多年後，赫魯雪夫當時說過的話言猶在耳：「你在搞什麼？裝傻嗎？再過一個月就是十月革命的十四周年紀念日，全世界的賓客都會到莫斯科來，然後這就是你為我準備的驚喜？你馬上給我飛過去，立刻向我報告這件意外的清理結果，或是你打算怎麼善後。」電話掛斷前，赫魯雪夫又吼了一句：「顯然你沒有從六月的全體會議學到教訓！」這句話是在威脅斯拉夫斯基，暗示他會開除斯拉夫斯基，就像一九五七年七月他驅逐黨內主要對手一樣。這些對手包括那個在蘇聯真正做出氫彈前就先行宣布已成功引爆氫彈的馬林科夫。[34]

不知為何，斯拉夫斯基遲至十月二日（危機發生整整三天後）才抵達奧焦爾斯克和馬亞克。那天跟赫魯雪夫極不愉快的對話內容想必還留在斯拉夫斯基耳際，令他心亂如麻。謝米諾夫和事故第二天就從莫斯科趕回來的化學廠主任迪米安諾維奇，在馬亞克迎接斯拉夫斯基。斯拉夫斯基狠狠飆罵下屬。「蘇聯氫彈之父」沙卡洛夫非常了解斯拉夫斯基，也對他的性格做了一番透澈評論：「冶金工程師出身，善於組織籌劃，工作勤奮，性格果斷大膽，聰明，心思縝密，不論什麼問題都一定要找到明確的答案。」沙卡洛夫還在回憶錄寫道，「但他也很固執，常常聽不進別人的意見。他可以很紳士、彬彬有禮，有時候卻極為粗魯。斯拉夫斯基在政治及道德上都算是實用主義者。」[35]

斯拉夫斯基罵髒話和訓斥下屬的功力赫赫有名，部屬間流傳的恐怖傳聞更是不勝枚舉。有一回，部內官員曾試圖在三個不同場合向斯拉夫斯基解釋事件原由，但每次都因為老闆罵個不停，導致他還沒機會開口就被趕出辦公室。斯拉夫斯基通常會命令在場的女士先離開，然後才展現他深厚的俄文髒話底子，對下屬毒舌開罵、猛烈抨擊。斯拉夫斯基承認他這種辱罵的行事風格直接承襲自蘇聯核子計畫首腦貝利亞。「我全是跟貝利亞學的。」一九五三年，貝利亞遭驅逐後，斯拉夫斯基如此告訴下屬：「你們該親眼瞧瞧他是怎麼對我們的！」[36]

撇開斯拉夫斯基的管理風格不談，他與貝利亞截然不同。事實上，對謝米諾夫及馬亞克化學綜合廠的每一個人來說，由斯拉夫斯基而非黨祕書處或中央委員會官員來主導事件調查委員會，無疑是好事一樁。因為調查他們的不是黨領導階層或祕密警察，而是自己人，這個人曾經在馬亞克廠區服務，知道這一行有多危險，也曉得操作新技術又不能出意外實際上有多困難。雖然斯拉夫斯基嘴巴不饒人，但他從不記仇，大體上是個會保護助手和下屬的人。

＊　＊　＊

斯拉夫斯基從莫斯科帶來的調查委員會成員包括了科學院、核子事務相關部門及衛生部的幾位高官。眼前情勢險峻，斯拉夫斯基最擔心的是發生新的爆炸。這次的十四號桶爆炸不僅損及儲放場，也把其他廢料桶的冷卻水管和換氣設備給炸壞了。若冷卻系統無法運作，場內其他廢料桶遲早也會爆炸。除非斯拉夫斯基能設法將水和空氣送進這一區，否則若按照他擔憂的情況發展，至少還會發生十九次爆炸，而且隨時都可能發生。他正在跟時間賽跑。[37]

但他得先知道現場的輻射外洩程度有多糟。幾天前，化學廠的機械組副主任尤里．奧洛夫才不得不鑽進T－34坦克，開著它進入爆炸中心測量輻射量，二戰時他也曾駕駛過同型坦克作戰。奧洛夫測到的數字十分嚇人：在開往受損廢料桶的路上，計數器顯示為每秒一千毫侖琴，已達緊急作業規範的四百倍。即使如此，斯拉夫斯基仍有意派人進入爆炸點，那裡的粗估劑量可達每秒十萬毫侖琴（規範上限的四萬倍）。這麼做根本是送死，不僅毫無意義，斯拉夫斯基甚至不確定底下的人會不會抗命，因為有些人跟他一樣了解情況有多糟糕。[38]

這下該怎麼辦？有人建議蓋一條可通往爆炸現場的安全通道。但另一方則質疑主要輻射源其實是受汙染且被炸飛四散的泥土。如果再覆上一層乾淨泥土以降低輻射量？斯拉夫斯基喜歡這個點子。十月二日，也就是他抵達馬亞克的當天，部長本人下了一道命令，同時述及他的搶救計畫：他們要在化學廠的一棟建築護牆外，也就是整個廠區輻射最低的地方（每秒約一百毫侖琴）開一條路，直通爆炸現場。路基會再鋪上一碼深的泥土，降低地面輻照強度。斯拉夫斯基給下屬兩天時間備妥築路所需的機具設備，調來的五輛挖土機也「穿上」了最厚達二英吋（二至五公分）的鉛板。[39]

斯拉夫斯基還得找一群敢死隊，設法激勵他們願意走進地表最危險的地點。十月二日的命令給予工程師和一般工人百分之二十五和二十的加薪獎勵，這是斯拉夫斯基依據蘇聯法令，針對執行特殊危險任務者所能給予的最大額度。此外，他還允諾發給兩倍月薪紅利。但斯拉夫斯基明白，要對付這場災難，他需要的不只是工人和工程師。於是人力充足、紀律嚴謹的軍隊再次派上用場。十月三日，斯拉夫斯基的指揮權限擴及廠區軍事單位，他下令成立兩個營部，每營各兩百人；他們必須支援事故清理作業，每人累積接觸劑量達二十五侖琴才能離營，且離營後即獲准返家，這對強制服役三年的士兵們發揮了巨大的激勵作用。[40]

斯拉夫斯基一邊推動築路準備作業，一邊派遣偵查員想辦法把其他廢料桶最迫切需要的水和空氣引入儲放場。十月五日，工事展開數日後，工兵在儲放場外圍一碼厚的混凝土牆體上炸開了一個洞，將兩名輻射量測員送進事故區。較資深的雷特溫斯基原本在地下廢料儲放場工作，後因輻射曝露過量而轉任其他安全職務；現在上頭又把他調回來，並讓年輕同事葉夫根尼．安德烈夫從旁協助。這回出勤堪稱是自殺任務，安德烈夫也為此留下了回憶錄。

兩人在微雨的秋日傍晚動身。他們朝著爆炸的廢料儲放場短暫衝刺了約一百碼，避免沾染輻射，雖然目的地就是本次輻射汙染源頭。進入儲放場後，他們其實並不知道下一步該做什麼。「前方有什麼等著我們？」安德烈夫回想起當時的念頭。「也許是哪裡破壞受損，引發爆炸，然後情況說不定已經糟到其他廢料桶也隨時會爆炸的地步了。」最後他倆控制住情緒，朝地下走廊邁出第一步。但「震耳欲聾的嗶嗶聲旋即響起，」安德烈夫寫道，「伴隨嗤嗤嚓嚓、沙沙的雜音；地上東一片、西一片防鏽鋼板，強化混凝土塊及大量碎屑四處散落。」安德烈夫感覺「一股冷汗滑下背脊」。兩人稍事休息，繼續前進。

「快點測完吧。」安德烈夫和雷特溫斯基測量受損廢料桶輻射，安德烈夫不斷在心中催促自己。四周一片漆黑，他倆得開手電筒才能看清讀數；突然間，他們瞄見甬道盡頭似乎有光，但不是他們希望的那種。兩人移步查看，「夜空赫然出現在頭頂上。」安德烈夫憶道。他們瞥瞥計數器，數值顯示為每秒十萬毫侖琴。兩人掉頭朝對向的洞口狂奔，鑽出地下區再跑進旁邊的大樓，重回安全地帶。他倆立刻進入衛生站並花費了極長的時間沖洗；鑑於他們才剛從輻射量極高的地方回來，此舉不只是為了盡可能沖洗乾淨，也有助於穩定心緒。但兩人終究完成了這趟任務：進入爆炸廠區，帶回輻射讀數。[41]

問題是下一步該怎麼走？發生爆炸的甬道碰巧是整個地下廠區最重要的一條通道，供應其他儲放槽的通氣及冷卻系統管線都架在這裡；從計數器測到的結果來看，這條通道顯然是不能用了。來自列寧格勒、當初設計這個地下儲放場的工程師們齊聚馬亞克，提出替代方案：從外部引入水和空氣冷卻其他未遭破壞的儲放場，各區獨立供應。斯拉夫斯基同意了。他們把克拉斯諾亞爾斯克地區興建地下軍事設施的鑽孔設備運到馬亞克，也把當初用於建造莫斯科地鐵系統的隧道潛盾機一併送來。蘇聯的計畫型經濟在調配資源方面很有一套，斯拉夫斯基也知道該怎麼利用這項優勢。[42]

工人要先用潛盾機鑿穿十碼厚的混凝土牆，一切準備就緒即開始作業。結果眾人費盡千辛萬苦才鑽出第一個洞，因為牆體用鋼筋做了強化處理，但設計師卻忘了說。而且這個洞竟然還白鑽了，因為他們鑽錯通道。原來是安裝鑽孔設備的工程師測量失準。承受巨大的心理壓力，又在過熱的地下通道工作，人人都急著想盡快完成工作。工程師重返現場，修正錯誤，第二個洞終於按計畫完成。有了成功經驗，現場管理人奉命叫大家繼續鑽，不管發生什麼事都不許停手；他們一天要報告兩次進度，報告直通克里姆林宮，由赫魯雪夫本人親自聽取。[43]

「事故現場的作業條件糟得像是地獄。」參與爆炸中心清理及建造工事的一名員工如是說。「大面積汙染、高輻射，包括輻射煙氣，還有機具過熱產生的高溫、溼度高，照明不足，並且時時刻刻都得擔心那些『罐頭』廢料桶隨時可能因冷卻不足而爆炸。」地下廢料儲放場通道的溫度超過華氏一百二十七度（攝氏五十三度），因工人穿著幾近不透氣的沉重防護衣工作，體感溫度更高。鑽孔作業每班進行二十分鐘，中間休息一小時。

由於環境輻射量太高，安全官一方面限制工人待在作業區的時間，一方面設法降低接觸量，但效果不彰，因為管理階層希望工人能在現場待久一點；從這點來看，「管理」這一仗可說是輸定了。規範的累積容許限值是二十五侖琴，但現場有不少人已經超過四十侖琴。不僅如此，能派上用場的人力也快要用光了，尤其是鑽孔師傅，於是軍方再度及時救援。士兵被要求就地訓練操作潛盾機，然後直接送進爆炸現場。士兵順利完成任務後，焊工與管路工人接著組裝新管和通氣系統，設法在任何一座廢料桶爆炸之前供應冷卻水。斯拉夫斯基終於可以暫時喘口氣了。[44]

斯拉夫斯基的團隊要面對的下一項重大挑戰是除汙，範圍包括馬亞克廠區，和周圍被爆炸釋出的一千八百萬至兩千萬居里輻射所汙染的土地。政府派來的調查委員會認為，馬亞克廠區約有三成面積遭到嚴重汙染；爆炸吐出的「輻射毒舌」寬幅達六百碼，計數器讀數則高達每秒六百毫侖琴。待量測員畫好落塵範圍圖，工作人員立刻從外圍朝源頭逐步清理路面。載有化學溶液的消防車抵達現場協助除汙；從他處運來的怪手則沿著鋪設的柏油路面，刨除旁邊八英寸（二十公分）的土壤。穿越重輻射區，工人前往工作的所經道路已經清理乾淨。他們不需要輻射計數器，光用肉眼就能看出哪邊受災最嚴重：汙染區內的樺樹林樹葉全部掉光，松針則是變橘再脫落。看在即將上工的工人眼裡，這片死寂森林令人鬱悶不已。[45]

爆炸廢料儲放場緊鄰一棟尚未完工的建築：雙B化學廠。這座廠房原本計畫用來取代現有的化學廠，爆炸發生時也已排定啟用時間表。由於廠區汙染的情況非常嚴重，斯拉夫斯基不知道究竟是除汙比較簡單，還是乾脆整棟拆除？他徵詢廠區經理的意見，起初沒人敢答話：情勢確實極度危急，但他們花了那麼多心血和時間建造新廠，要說放棄實在很難。負責執行這項任務的建設工程營幾乎清一色是年輕士兵，營部頭頭彼得・斯特凡擔心手下安危，但雙B廠主任米哈爾・格拉迪舍夫則希望能盡快行動；他提議先蓋一座可供輪班工兵和廠區工人沖洗的衛生站，然後立刻展開除汙作業。[46]

斯拉夫斯基批准了。他想省錢同時節省時間，要求除汙後立刻啟用廠房，但軍方工程單位拒絕進駐新廠所在的高汙染區。「這無疑是必然的結果。」格拉迪舍夫回憶道：「工兵拒絕進入待清理區。他們默默站在原地，不執行命令，就連指揮官也沒開口下令要他們行動，因為他們自己也怕死了。」格拉迪舍夫和安全管制官只好搞點小把戲：他們相偕走進汙染區點菸，閒話家常，向工兵暗示「汙染區其實很安全」，結果奏效了。格拉迪舍夫回憶：「慢慢有人走過來，動手工作。一開始要克服恐懼真的很難，後來就容易多了。」[47]

爆炸後一周內，估計有多達一萬人在現場善後；有些幫忙引水給廢料桶降溫，有些參與除汙。不過當真明白自己置身險境的人其實不多。一名年輕的經理尼古拉・寇斯塔夏就記得，火車站某座磚造建築的輻射強度達到三、四百毫侖琴，但他們「竟然只用粗鐵鍬、斧頭和簡單的槓桿設備就把它給拆了。打掉的磚塊碎石也隨便埋進一個大坑裡」。寇斯塔夏隸屬爆破小隊，負責拆除高汙染建物，木造建築則是直接燒掉。廠區當地猶如一處核子火葬場，將放射性塵埃送進大氣層，大氣再把輻射線帶到原本未遭爆炸汙染的「乾淨」區域。[48]

＊＊＊

奧焦爾斯克，或是當時的「車里雅賓斯克－四十」，這個地名以往從未在地圖上標註。萬一發生最糟狀況，也就是整座城汙染太嚴重，必須燒燬，那麼這個保密區以外的人將永遠不會知曉其存在。幸好不用走到這一步。爆炸當時，風向剛好朝奧焦爾斯克的反方向吹，使得市區相對是「乾淨」的；不過這裡的輻射量依舊往上飆：阿法輻射是正常值的四十倍，貝他輻射讀數更高出一千兩百倍。[49]

當時還年輕的鮑里斯．謝莫夫是馬亞克化學綜合廠的輻射量測員。爆炸發生時，他正好出門度假，和妻子在黑海畔索奇的馬亞克員工專屬度假區享受溫暖天氣。謝莫夫從爆炸發生後不久抵達度假區的同事口中得知廠區發生事故，覺得同事的反應很奇怪：「他們剛到的時候不知道為什麼一副嚇壞了的樣子，或者是閉口不言，最後倒是全都說了。」謝莫夫憶道。「消息實在太可怕，廠區竟然發生大爆炸，而且顯然有大量輻射物被釋放到空氣中了。」

謝莫夫等人憂心忡忡。原本即將返家、銷假上班的人猶豫是否真該回去，考慮把機票給退了，並在原地多待幾天；既然這裡就有現成的專家，大家都想聽聽謝莫夫的意見。他向剛抵達度假區的同事詢問爆炸當日風向，結果那天的風是往廠區方向吹，而非吹向市區，謝莫夫據此判斷回家應該不會太危險。他和妻子沒多久即搭上原定班機，返回該區首府車里雅賓斯克，再從那裡開車回家。「回家路上可能會碰上哪些事，我們心裡差不多都有底了。」謝莫夫回憶。「第一個驚喜在管制哨，例行檢查項目多了『引擎輻射檢查』；以往髒兮兮的街道也都用水沖洗過了。」[50]

該市啟動了輻射檢疫措施，謝莫夫也立刻上工，負責檢查進入市區的車輛輻射量。輻射「汙泥」的源頭是核化廠區，所以他們的任務是防止汙泥進入市區。所有在受放射性落塵影響之工業區內上班的人，必須按規定在輪班前把自己的衣服鎖進置物櫃，換穿工作服才能進廠，待下班時再換上自己的衣服回家。這對許多人來說都是新鮮事，尤其是那些坐辦公桌、沒有特定制服的人。此外，淋浴也成為進出汙染區的強制措施，但淋浴設施明顯不足，管理部門遂將增建淋浴間列入首要辦理事項。[51]

九月三十日，奧焦爾斯克設立第一個輻射管制點；十月初，監測小組撈到最大的一條「輻射魚」。當時部長斯拉夫斯基剛離開廠區，正要返回市內，檢查員照例攔下座車，請部長下車並量測他腳上那雙橡膠靴的讀數。數值顯示靴子「很髒」，檢查員請部長到旁邊沖洗一下。斯拉夫斯基不發一語，並未照辦，而是直接脫下靴子往路邊一扔，然後上車，命令司機開車。部長在哨口的遭遇和「光腳走進辦公室」的謠言立刻傳遍全城，卻也提醒大家情勢有多嚴峻。[52]

然而，設立輻射管制哨並不能解決圍困了這座核子城的所有問題。大家沒多久就發現，不論投入再多時間和力氣去沖洗或清潔，都無法徹底清除廠區巴士和貨車上的輻射粒子。於是大家想出一套新辦法：汙染區的車輛留在汙染範圍內，工程師與工人先搭乘乾淨的巴士抵達哨口，再轉乘髒汙的巴士前往各自在廠區內的工作地點；下班時，乾淨的巴士會從哨口接他們返回市區。有些巴士或車輛的汙染狀況實在太嚴重，迫使乘客才搭一趟就得扔掉身上的衣服；有人甚至因為頭髮測出過量輻射，還得當場把頭髮剃掉。[53]

又過了幾周，監測小組意識到城裡最髒，也是最主要的汙染源竟然是輻射管制哨本身。從骯髒車輛沖下來的輻射粒子都留在哨口附近，大家在哨口換車回家時，也會踩到地上的輻射汙塵，把汙塵帶上車再帶回家。挖土機再次出動，將車輛沖洗區的表土刨除，並送至附近壕溝掩埋。但挖土機依舊解決不了城市本身的問題，全城最髒的區域竟是「列寧街」，管制哨在這裡，大部分高官也住在這裡。於是他們把整條列寧街和鄰近道路用特殊溶劑洗過一遍，而覆蓋路面的積雪也有助於降低輻射量；然後量測員再進入街區各大樓，逐一檢查每間辦公室、每戶公寓的輻射讀數。

監測小組也在當地銀行的中央分行檢查盧布紙鈔，發現汙染最嚴重的是流通最頻繁的小面額鈔票。除了銷毀這些紙鈔，他們也在分行設立了特殊的輻射管制站。至於一般公寓，監測小組會檢查家具與個人物品，結果他們在某間公寓發現一張高度汙染的嬰兒床，組合成床架的廢金屬管是屋主在爆炸前好幾個月，或甚至好幾年前從鈽工廠偷出來的，這是蘇維埃經濟體長期物資短缺的另一鐵證。睡過那張嬰兒床的娃娃死了，照顧娃娃的母親也早就不在人間，做父親的則已奄奄一息。[54]

輻射管制站愈設愈多，愈來愈多的量測員奉命在街角，或甚至進入民宅檢查，政府要員想盡辦法讓奧焦爾斯克維持在「相對乾淨」的程度，只不過他們用的仍是行之有年的老招，處處保密，不解釋現況、不提供官方說法；沒多久，民眾漸漸開始不信任領導階層和政府組織了。近三千名工程師與技工集體離職，約莫是核化廠總勞動力的十分之一，他們收拾了行李，攜家帶眷離開奧焦爾斯克，其中不乏共產黨員。當黨內高層命令他們留下，一些黨員交出了黨證，不只離開這座城市、揮別其他人夢寐以求的體面工作，更捨棄了「共產黨員」這個在蘇聯體制內飛黃騰達的必要條件。[55]

「在城裡散布恐慌的人不配做黨的一份子。」一九五七年十月八日，事故發生不過區區十日，就有一位領導人在黨代表大會上聲色俱厲地表示。但民眾卻置若罔聞。當局甚至必須得想辦法阻止人口外流。爆炸發生兩個月後，他們決定跟那些留下來的人談一談。政治宣傳人員挨家挨戶上門拜訪，一方面承認爆炸事故，一方面也要大家安心：沒有人因此喪命，繼續住在城裡也不會有危險。不過，造謠及發表相反言論將一律視為叛國行為。當局認為事故的做法收得成效，安定民心，最後順利遏止這場失控的逃難潮。隨著冬季來臨，大雪覆蓋了汙染的土壤，市府宣布他們終於打贏了這場對抗輻射汙染的戰役。[56]

這場事故儼然成為保密城市奧焦爾斯克的公開祕密。不過，祕密留在這裡就好，不必外傳。地區或國家媒體從未提及此事。蘇聯當局認為沒道理要這麼做。輻射有害但看不見，要假裝輻射汙染不存在根本不難。眼前只剩下一個問題：爆炸當時釋出的數十億輻射粒子逸入大氣，包括首府車里雅賓斯克在內，附近地區一連數夜看見天空出現鮮紅閃光者粗估有六十五萬人。這些亮光像極了北極光，這正是蘇聯官方對外使用的說詞。

同樣也是在一九五七年十月八日，當地報紙《車里雅賓斯克工人報》報導，「上周六傍晚，不少市民目睹了一場異常燦爛的夜光秀。這種光在我們這個緯度實屬罕見，但其特徵完全符合北極光的定義。這一道道強烈冷光不時改變顏色，時而淺粉，時而淡藍，覆蓋區域相當大，從地平線東南方一直延伸到西南方。」看在知情人士眼裡，報導最後一句教人背脊發涼、不寒而慄：「這場北極光秀還會在南烏拉爾山脈一帶持續上演好幾天。」[57]

最高機密單位「馬亞克核化廠」的這場鈽工廠的爆炸意外，最後被列為國家機密，任何傳布、分享資訊的行為皆會受到法律制裁。到了一九五八年底，雖然法令稍微鬆綁，但討論馬亞克事故仍有可能被監禁。爆炸發生後不久，伯涅夫斯基一家就從奧焦爾斯克搬到列寧格勒；他的妻子在面試工作時曾向列寧格勒的黨部祕書提起爆炸事故，因此遭到警告。[58]

＊　＊　＊

這次爆炸釋出約二千萬居里的輻射。其中一千八百萬落在廠區內，剩下的兩百萬大多被風帶走，朝車里雅賓斯克－四十的東北方移動，降落地面，形成一片稱作「東烏拉爾放射性殘跡」的帶狀遼闊區域。不過在那段期間，北大西洋公約組織的專家們並未在歐洲或亞洲區域測到輻射信號高峰。

蘇聯當局派出量測員探查奧焦爾斯克周圍的輻射量，並於十月初收到第一份汙染擴散評估報告。汙染最嚴重的是森林樹木和地表深度約一英吋（兩公分）左右的土壤。根據量測員帶回的首批數據，影響區域的汙染程度不一：有塊地區居民約一萬人、面積約三十九平方英里（一千平方公里），平均輻射量為每平方公里兩居里。然而，該區卻有一處地方的放射強度高達每平方公里一百居里，而且那裡住了兩千人。後來又有其他研究顯示，這塊重汙染區的面積遠比早先估計的還要大，差不多覆蓋了七千七百二十二英里（兩萬平方公里）的土地。[59]

斯拉夫斯基和助手們其實已經有一套參考範本可以用來處理馬亞克周邊高汙染區，那就是重新安置受影響的村鎮。這套政策就是一九五一年大量高汙染廢物被排入捷恰河後，當局對梅爾蒂諾周邊城鎮採取的相關措施。斯拉夫斯基的角色，就如同一九五四年在馬紹爾群島善後的克拉克森少將，只不過烏拉爾地區因受落塵影響，必須遷出的人數遠遠超過受試爆影響的環礁島民，主政當局也花了更多時間釐清事故的來龍去脈，評估輻射散布程度並撤離民眾。

當輻射安全監測官來到位於落塵區內的貝爾迪亞尼什村時，全村五十八戶共五百八十位居民仍照常度日，並沒有收到爆炸事故可能危及他們自身與環境的任何警告。量測員伊林看見孩子們在街上玩耍。「這臺機器能告訴我你們誰吃的麥片粥最多喔。」他走上前，一邊對孩子們這麼說，一邊將輻射計數器貼向孩子們的小肚腩。讀數達到令人驚駭的每秒四十至五十毫侖琴。其他監測官在村裡尾隨四處游走的鵝群，牠們隨地落下的糞便也有每秒五十至七十毫侖琴輻射。地面測到的平均數值為每秒二至一百居里，但仍有少數地區高達每秒四百毫侖琴。[60]

監測官向馬亞克化學綜合廠主任迪米安諾維奇回報量測結果。一開始迪米安諾維奇幾乎不敢相信自己的耳朵，再次確認後證實數字為真。不過量測員還發現一些情況更糟的村落：譬如規模比貝爾迪亞尼什大一倍的加里凱渥，其輻射讀數高達每秒一百一十居里；至於幅員較小、僅四十六戶、居民三百人的薩爾特科沃，同樣測到每秒二十至三百一十毫侖琴不等的輻射劑量。任何成年人若在村裡連續待上一個月，他身上累積的輻射劑量極可能達到危及性命的程度。儘管重新安置居民在理論上可行，但當局目前沒有可安置撤離居民的現成住屋，也來不及蓋。

這次的居民重新安置計畫由斯拉夫斯基親自監督執行。他在抵達廠區的首日（十月二日）即做出最初幾項決策。但由於當時資訊並不完整，導致調查委員會對預期的改善程度過度樂觀。由斯拉夫斯基領導的委員會一開始的計畫是：在冬雪徹底覆蓋汙染土壤以前，暫時撤離薩爾特科沃的村民，待春天再返家。然後，這三個村的村民將永久安置在馬亞克工事組蓋在「乾淨區」的房子裡。幾天後，委員會掌握到更多資訊，決定永久撤離三村居民。撤離居民先住進乾淨區的集體農場和工業設施營房裡。[61]

斯拉夫斯基回憶道，當時之所以做出重新安置村民的決定，是因為他們得知多數汙染區內的牛隻已出現出血症狀。然而，這次撤離對村民來說，卻是一次痛苦難忘的經驗。整個行動都在保密氛圍中進行，村民被迫簽下保密協議，並且被威脅說若有誰膽敢討論重新安置的原因，就會被判入獄。斯拉夫斯基曾親自前往這幾處村落巡視，卻試圖隱瞞身分。當時有一名巴什基爾婦女問他是誰，以及來做什麼，他閃爍其詞；於是她向村委會舉報，這才揭穿他的身分。但婦女自覺受到冒犯。「您為何要騙我？」她問。[62]

斯拉夫斯基答不上來。一般來說，由於韃靼人和巴什基爾人通常並不懂俄語，必須透過字彙有限的翻譯來溝通，所以他覺得這些村民比俄羅斯人更好處理。這似乎跟美國人在太平洋試驗場的境遇相似。因為語言和文化的關係，當地的原住民似乎更聽從中央政府命令。這兩個超級強權不僅同樣對國內大興口水戰，也在自家核子後院大玩殖民手段，占盡便宜。

薩爾特科沃的村民於十月五日啟程上路。三天後，貝爾迪亞尼什的撤離令也簽核下來了。村民被裝進卡車，抵達目的地後，他們身上衣物隨即就被收走，並發給他們新衣。他們此生再也見不到自己的家園。村民飼養的牲畜留在村裡交由士兵看管。士兵們後來發現，所有牲畜中「最髒」的動物是牛，因為牠們吃下大量受汙染的青草；這些牛一頭頭被推進壕溝射殺，澆上煤油直接焚化。待士兵工作完成後，馬亞克善後小組隨即接手評估廢棄的村屋和農舍，計算賠償金額。然後同一組人馬把房舍全部燒掉，一方面防止前屋主偷溜回來，另一方面則是為了徹底清除這些高汙染建築。[63]

年輕技師根納蒂．西多羅夫是車里雅賓斯克－四十的新住民，一九五八年初成為馬亞克火燒隊的領班。那年二月，他們先從薩爾特科沃開始焚燒。第一步先確認風向：如果那天的風往遠離市區的方向吹，小隊成員會一間一間點火燒掉農舍或木屋。「我們工作到很晚才離開。」西多羅夫憶道。「熊熊火焰襯著夜空，好幾公里外都看得見。」處理完薩爾特科沃，接下來是貝爾迪亞尼什和加里凱渥。照理說，這群執行焚燒作業的人理應穿著護具，但西多羅夫記得他們什麼防護裝備也沒有。大家心裡都在猜自己到底吸入了多少放射性物質，燒掉屋舍時又幫忙散布了多少。[64]

一九五八年二月，也就是西多羅夫和隊員們忙著燒掉三座村落的同時，當局決定擴大汙染區撤離範圍。馬亞克工事部門奉命建置更多帳篷營地，讓居民暫居度過夏天，並趕在秋天來臨前蓋好可永久居住的房子。西多羅夫及隊員被派到新的村莊去協助撤離，但村民不信任當局，拒絕離開。西多羅夫描述他在俄羅斯卡拉波卡村和一名老人的對話。「孩子，跟我說實話，這到底是怎麼回事？」老人問他，「而且我的親人都在那座墓園裡。」西多羅夫試著解釋這塊區域受到汙染，他用的詞是「很髒」，但老人不信。老人說：「我覺得應該是發現鈾礦了。再過不久，這兒就會蓋工廠、圍上鐵絲網，到時候如果我還沒死，我會回來看一眼的。」

老人猜的幾乎完全正確。他因為一場事故被請出祖先落腳的村莊，而這場事故確實跟鈾直接相關。幾天後老人就過世了。西多羅夫還記得另一位死去的村民，一個有三個孩子的年輕媽媽，她在火燒隊判定她家必須燒掉後不久就死了，死因不明。前來調查的地方檢察官認為，她的死毫無疑問是核子事故造成的，說不定是強制搬遷導致心理壓力過大所致。有些村民說什麼也不願離開。有人拿獵槍威脅西多羅夫和火燒隊員，有人則是揮著斧頭想趕走拆除大隊。俄羅斯卡拉波卡村的居民都是俄羅斯人。他們跟韃靼、巴什基爾的村民不同，他們滿心認為自己總有一天能再回來。65

關於重新安置，政府給村民兩種選擇：一是直接搬進專為他們而建、蓋在乾淨區內的房子，二是領取房屋財產補償金，然後在國內選擇自己想住的地方。雖然資產評估人員相當大方，但這些村屋的價值本來就不高，因此要想以馬亞克的補償金搬家著實困難，尤其是搬進大都市。二十八歲的韃靼青年札吉特．亞馬洛夫是加里凱渥村民，他的房子經評估值六千七百二十七盧布又十四戈比。依當時蘇聯官方匯率計算約為一千七百美元，黑市匯率則落在三百五十美元左右。這個數字算估得很慷慨了，不僅把老屋當新房估價，折舊、修繕等費用通通撇去不算。但即使如此，如果亞馬洛夫想要搬去奧焦爾斯克，這一點點錢根本不夠。受派至加里凱渥調查輻射量的量測小組主任光月薪就有兩千五百盧布，另外還有一份危險勞務獎金，算一算，亞馬洛夫唯一的財產竟然只值都市人兩個半月的薪水。66

斯拉夫斯基和他的部門最後花了兩億盧布重新安置汙染區內七個村的居民。當時約有超過一萬人被迫離開家鄉。不論是協助村民撤離的士兵或馬亞克員工，或者住在鄰近村落、獲准留下的其他當地人，大家都很同情這群村民的遭遇。但數十年後，有些村民已不太介意搬遷這件事了。相較之下，車里雅賓斯克－四十的工人沒有一個拿到政府發的補助或賠償金，參與救災的部隊士兵也沒資格獲得跟災民同等的權利，因為軍方不會提及部隊在核災區待了多久時間，兵役紀錄也不會出現這一條。保密優先。

然而，下場最悲慘的要屬那些獲准留下的鄰近村落及其村民，他們被判定沒有受到嚴重汙染，不足以證明重新安置的合理性。譬如韃靼卡拉波卡村。這群韃靼人的命運跟鄰居俄羅斯卡拉波卡的村民截然不同，他們從未被重新安置。數十年後，村民紛紛將各種病痛，包括多起癌症病例，歸咎於那場事故釋出的高量輻射。二〇〇〇年代初期在韃靼卡拉波卡及附近村落所做的輻射研究顯示，這些村落的輻射汙染情況確實比當初估判的要嚴重許多。政府甚至必須在事故發生四十五年後，派遣輻射專家回到這些地方清理輻射熱點。根據隨行記者報導，幾乎每一戶人家都有至少一人罹癌，而且因為穆斯林反對屍體剖檢，癌症死亡的數字更是嚴重低報，無法釐清病因。[67]

時至今日，韃靼卡拉波卡村民仍懷疑，當局犧牲他們為了保全俄羅斯人，即已撤離並重新安置的俄羅斯卡拉波卡村民。儘管沒有明確跡象顯示蘇聯政府傾向撤離俄羅斯人、留下韃靼人或巴什基爾人，卻有大量證據指出，韃靼卡拉波卡村民在事故發生後的居住條件確實有害健康。一九五八年十月底，一個政府委員會為汙染區內的八十幾座村落制定了「緊急輻射規範」，新規範的容許限值明顯比標準規範高出許多。村民們繼續仰賴這片高汙染土地營生，以這片土地餵養的動物為食。政府禁令沒有發揮作用，形同虛設。一九五八年冬天，斯塔里科沃的集體農場將總重五百八十噸的汙染草料拿來餵牛，因為農場已無乾淨的乾草了。這座農場甚至還以史達林的教名命名呢。[68]

奶、肉及其他動物產品，包括了牛馬糞肥，將輻射帶到放牧區域以外的地方，進一步擴大了汙染範圍。這是事故發生五年後（一九六二年），某委員會在諾戈爾尼調查高度輻射的原因。這個離馬亞克化學綜合廠約七公里的小鎮，多年來受到廠區輻射物的摧殘。輻射讀數最高的地點不在街上或建築物裡，而是鎮民私有土地的土壤中。全鎮約有六千居民，大部分的糧食仰賴這些土地生長，肥料則來自附近集體農場的糞肥。鍶90的放射強度一般為〇．二居里，而鎮民菜園裡的土壤卻高達〇．七四居里，於是當局建議村民深耕，將深層土壤翻上來使用。[69]

* * *

爆炸是怎麼發生的？這是一九五七年十月二日，斯拉夫斯基抵達奧焦爾斯克時心中諸多疑惑的關鍵問題之一，但當時情況太複雜，無法在數日內釐清。十月十一日，斯拉夫斯基還在忙著找水給爆炸的廢料桶降溫、進行廠區除汙作業和重新安置村民時，當局即成立專責委員會來調查事故起因。

針對事故起因，委員會提出三種不同見解：其一是核爆，也是斯拉夫斯基等人一開始的想法；其二是氫氣與氧氣結合，導致爆炸；第三種則是硝酸鹽溶液（硝酸銨與醋酸鹽混合）分解造成的。第一項推論在分析報告出爐後即遭排除，因為調查人員分析爆炸釋出的放射性同位素，確認並非核爆。第二項推論也被推翻，理由是氫氧氣爆不太可能把一百六十噸的混凝土蓋轟到半空中。所以只剩下第三項推論，最後也成為最被普遍接受的一套解釋。[70]

但導致爆炸的硝酸銨和醋酸鹽從何而來？支持第二或第三推論的調查委員都發現了同樣的問題：

核廢料桶過熱。斯拉夫斯基的救援措施就是按這套理論推想出來的。他盡力將水和空氣導入因十四號桶爆炸，導致冷卻系統失靈的其他廢料桶。委員們推斷，廠區員工於九月二十九日下午目擊的黃色氣體，應該就是槽內水汽蒸發導致硝酸鹽衰變分解所產生的。

十四號桶所在的儲放場建於一九五三年，但監控桶內水位和溫度的設備沒多久就壞了，因為這些裝置本來就不是為了這種極端作業條件所設計的。由於廠方找不到更好的儀器設備，再加上廢料桶密封不當，時常滲漏，輻射外洩問題嚴重並可能危害健康，因此並未派人修理。當儲放場供水系統在一九五七年四月的某天故障，但現場缺乏監控系統顯示某個廢料桶的溫度正逐步升高。據調查人員估算，在缺乏冷卻劑的情況下，十四號桶內的冷卻水應已完全蒸發；當溫度上升至華氏六百二十六度（攝氏三百三十度）以上，桶內的硝酸銨（有機肥）和醋酸鹽產生作用，合成爆炸物質，一旦到達臨界量，桶子就爆炸了。[71]

對於那些嚴重程度遠遠低於馬亞克事件的一般技術事故，蘇聯政府的懲處方式通常是把負責人送去坐牢，但令人意外的是，沒有一個人因為此次爆炸事故而吃牢飯。核廢料廠區主任葉夫根尼・伊爾霍夫被處申誡，卻幸運地保留工作；後來他提出解釋：爆炸發生前幾個月，他至少兩次寄信詢問上司是否該修理地下廠區的監控系統。但馬亞克化學綜合廠主任迪米安諾維奇卻根本沒向唯一有決策權的中型機械製造部提交伊爾霍夫的請求。迪米安諾維奇因此遭到解職，但由於他和斯拉夫斯基交情匪淺，故僅調任他廠，繼續擔任工廠主任一職。[72]

原本被抓來當代罪羔羊的科馬洛夫則未受到其他責罰，但輿論仍一面倒地認為他應該為這起事故負責。科馬洛夫的故事或多或少解釋了其他「罪魁禍首」如何，或甚至何以能逃過懲處。科馬洛夫的上司奉命開除他，但隔天卻打電話叫他回來上班。因為廠區仍有可能再發生爆炸，必須嚴加防範，但了解廠務運作又能協助危機處理的人手卻極為有限。管理高層也同樣人力短缺：核化廠需要高層協助，眼前還有誰比斯拉夫斯基更了解現場狀況？顯然，斯拉夫斯基也認為不需要太過苛責管理階層，大家同在陌生水域航行摸索，發生事故在所難免，即使嚴重如九月二十九日的爆炸事件亦然。

儘管科馬洛夫最後重獲清白，被確認並無失職，然而當班期間發生重大事故的驚嚇卻對他產生了深刻影響。多年來他經常做惡夢，夢見那場並非由他而起的大爆炸。數年後他曾如此描述：只要一閉上眼睛，當年宛如核子末日的場景總是一再浮現眼前，「爆炸撕開了地表，露出底下赤裸裸的泥土地，沒有一座建築物是完整的。斷垣殘壁。一幢幢沒窗沒門的大樓就像一座座孤島，看不見半個活人。向晚薄暮，一片荒涼。」他以一句話總結這段描述：「太可怕了。」[73]

＊　＊　＊

斯拉夫斯基一直主掌著蘇聯的核子計畫直至一九八六年車諾比事件為止。他把馬亞克事故當作一次學習機會，藉此了解製鈽和低劑量輻射如何衝擊人體與環境。

斯拉夫斯基和當年成立「四．一專案」研究人體對輻射反應的克拉克森少將受到同一股力量驅使，亟欲學習跟輻射有關的一切。就這兩起事件來看，受害者的健康狀態頂多只是次要的考量：他們兩人都在為一個輻射受害者達數百萬計的時代做準備，勢必不能錯過任何的學習機會，就算只能從自己所犯的錯誤中學習。相較於克拉克森少將的計畫僅限於他正執行的試爆行動期間，斯拉夫斯基倒是把握住機會，成立了常設研究機構。事故發生後不久，當局即於莫斯科近郊成立了輻射生態學研究所，研究低劑量輻射的衝擊，並在烏拉爾輻射餘跡帶的汙染區內設置研究站。[74]

蘇聯的醫師與研究人員亦持續追蹤事故前後出生的三萬多人，時間長達三十多年，最後得出的結論是「長期輻照的主要來源是食物」。事故發生後的頭四年內，所有個案的鍶90年攝入量全部超標；事發八年內，人體內的鍶90殘留約有一半來自牛奶。三十年後，隨食物攝入的鍶比一九五七年少了一千三百倍，比一九五八年少了兩百倍。到了一九八〇年代末，所有接受追蹤觀察的人皆未表現出急性輻射的症狀；若從輻射曝露對健康的影響來看，受影響組與未受影響組並無實質差異。

與馬紹爾群島的島民相比，烏拉爾地區村民的輻射曝露劑量較低，但持續時間較長。然而兩起事故對兒童的影響有其相似之處：烏拉爾山區受輻射傷害最大的孩童，大多住在事故發生後數周內即重新安置的村落，這點跟馬紹爾群島的情況很像。根據葉卡捷琳堡（斯維爾德洛夫斯克州）的輻射安全委員會所做的研究，這幾個村落中七歲以下兒童承受的輻射劑量平均為一西弗（一百侖目）；一到兩歲的孩童也差不多，依重新安置的時間而有高低不同。率先於一九五七年秋天撤離的三個村落、超過一千位村民，當時每人承受的劑量達到五十七釐西弗（一釐西弗相當於一侖目）。一九五八年夏天撤離的兩千八百位村民累積承受了十七釐西弗輻射，最後在接下來幾個月陸續撤離的七千餘人，每人約承受六釐西弗的游離輻射。

葉卡捷琳堡的科學家於一九九〇年代又做了其他研究，顯示出五十歲以下村民在罹癌率方面，不論是受放射性落塵影響的烏拉爾地區，或其他作為對照組的地區，兩者並無明顯差異；但五十至六十歲組的烏拉爾居民則比對照組民眾高出一．五倍，六十至六十九歲組更提高至兩倍。這些病例以肺癌、消化道癌症為主，落塵影響組的五十五至五十九歲婦女出現乳癌和婦科癌症的機率也比對照組來得高。不過，在評估輻射對人體影響時，醫療研究組和事故受害組的結果卻顯現出極大落差：韃靼卡拉波卡的村民就認為，他們的罹癌率比一般人高出五至六倍有餘。[75]

汙染區研究站的科學家則廣泛研究了放射性落塵對於環境的衝擊。首先，量測員和研究人員都發現輻射會影響樹木的生長發育，尤其爆炸中心方圓約八英里（二．五公里）範圍內的松樹幾乎盡數變黃，最後死亡；而在此範圍以外的松樹則呈現各式各樣的畸形發展。

汙染區內並無任何鳥類或動物因沾染輻射而死亡。事實上，由於受汙染的土地無法農耕使用，並遭當局封鎖，動物族群反而因此持續擴張。自一九五七年至一九五八年的秋冬期間，樹冠中累積的輻射少了十倍，讓秋季遷徙來此的鳥兒不會在春返時帶走大量輻射。不過，當鳥類開始以自高汙染土壤中生長結出的漿果為食時，牠們也漸漸受到輻射影響。魚類受影響的程度比陸生動物嚴重。事故發生後最初幾年，鯉魚和鯽魚幾乎不見蹤影；這些魚整個冬季都被埋在湖底爛泥裡，結果竟成為高輻射汙染源。[76]

這片曾於一九五七年受到放射性落塵汙染，爾後有許多科學家投入研究的區域，在一九五九年底被蘇聯宣布為禁區，一般民眾不得擅入。當局於禁區邊緣設置告示牌，並由當局負責監管。一九六〇年代末，這片區域升格為自然保留區。不論官方賦予的正式名稱是危險區還是自然保留區，對一般大眾來說，此區被劃定隔離的理由始終成謎，直至一九八九年七月才解密。當時，車諾比事件引發的反核運動方興未艾，一九五七年的馬亞克爆炸意外被媒體首度揭露，這才首度在蘇聯最高權力及立法機關「蘇聯最高蘇維埃」討論克什特姆事故。與事發當時的一九五七年秋天相比，儘管「自然保留區」內部分區域的輻射量已下降數百倍有餘，但至今仍有約百分之八十五的面積屬於「生態災難區」。[77]

蘇聯解體後，俄羅斯修法扶助克什特姆事故受害者，給付國家補助津貼。然而這項保障並未擴及一九五七年參與除汙，並於法令生效（一九九三年）前死亡的工作人員之配偶及遺孤。當時曾暴露於高量輻射的人鮮少活到一九九三年。二〇一五年，奧焦爾斯克市民納德茲妲・庫潔波娃成立了一個非政府組織，協助事故受害者配偶及後代在俄羅斯法院捍衛自己的權利，後來卻遭官方媒體指控為「商業間諜」而被迫逃離俄羅斯。[78]

俄羅斯官方想方設法要擺脫克什特姆地區輻射曝露的事故責任。然而既悲傷又諷刺的是，儘管一九五七年的爆炸釋出了約兩千萬居里的輻射，但這個數量卻只占馬亞克化學綜合廠至今排出的總輻射量的六分之一：自一九四九年起，馬亞克化學綜合廠便持續排放會長期釋出輻射的放射性物質，粗估累計達一億兩千三百萬居里。[79]

第三章

英倫失火：溫斯喬火災

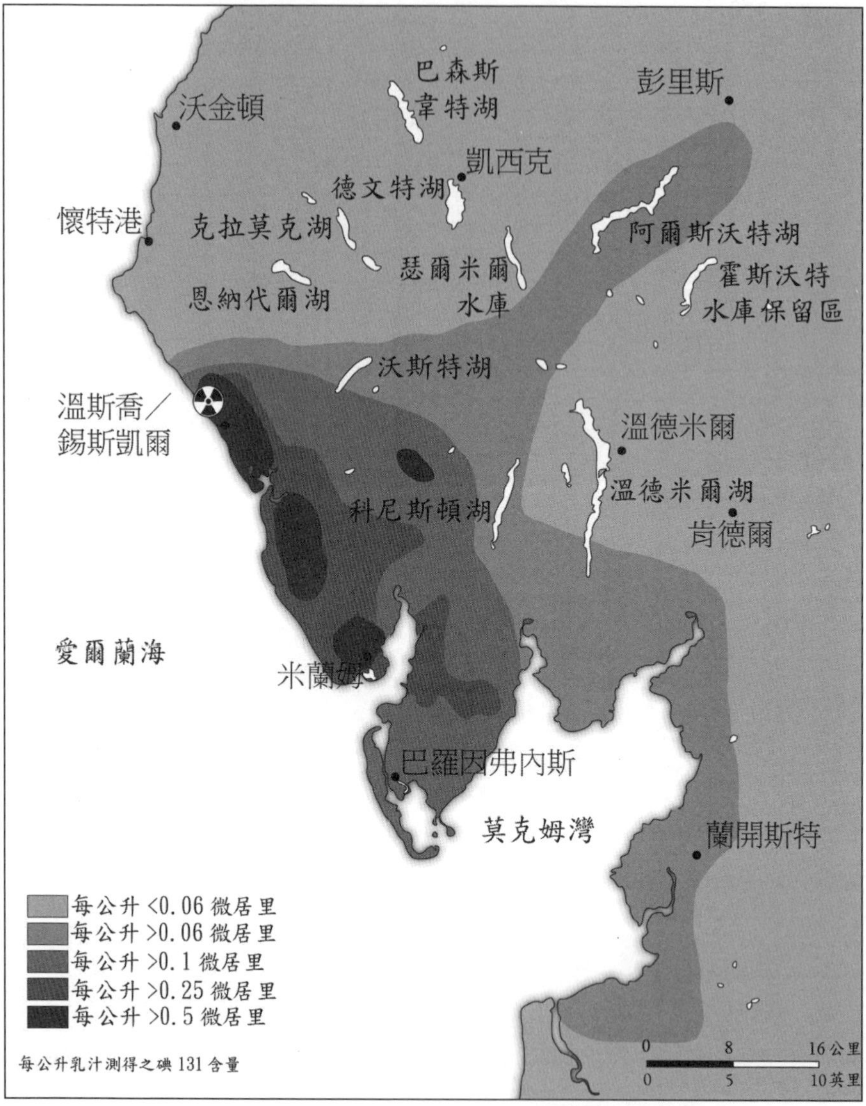
巴森斯
韋特湖
彭里斯
沃金頓
凱西克
德文特湖
懷特港
克拉莫克湖
阿爾斯沃特湖
瑟爾米爾
水庫
霍斯沃特
水庫保留區
恩納代爾湖
沃斯特湖
溫斯喬／
錫斯凱爾
溫德米爾
溫德米爾湖
科尼斯頓湖
肯德爾
愛爾蘭海
米蘭姆
巴羅因弗內斯
莫克姆灣
蘭開斯特
每公升<0.06微居里
每公升>0.06微居里
每公升>0.1微居里
每公升>0.25微居里
每公升>0.5微居里
每公升乳汁測得之碘131含量
0 8 16公里
0 5 10英里

一九五七年十月十日，時年六十的英國首相哈羅德・麥米倫致函美國總統艾森豪。他想詢問這位夥伴兼盟友的問題大體上不脫「我們該拿這群俄國人怎麼辦？」這封信指涉的與烏拉爾地區的核子事故無關（當時兩人還不曉得出事了）。而是幾天前，莫斯科歡天喜地與全世界分享的好消息：十月四日，當斯拉夫斯基正焦頭爛額、傾全力防止廢料桶繼續爆炸時，莫斯科廣播電臺宣布蘇聯成功發射第一枚人造衛星「史普尼克」。[1]

俄文意義為「衛星」或「旅伴」的史普尼克瞬間紅遍全球，成為家喻戶曉的名字。史普尼克在西方的權力走廊中撒下了驚慌的種子，尤以美國為甚。儘管蘇聯一再強調這趟太空之旅的和平意圖，但他們擁有彈道飛彈，並且很快就能用馬亞克製造的鈾和鈽製作原子彈攻擊美國，卻也是不爭的事實。這使得這個以海洋阻敵於境外的國家一時處境堪憂。關於史普尼克，莫斯科廣播電臺所言真假根本不重要，衛星發射後三個月，只要天色一暗，任誰都能看見那顆人造衛星繞著地球轉動；甚至在前三個星期，光是打開收音機就能聽見它傳送訊號的嗶嗶聲。[2]

英國因地緣關係，長年受蘇聯的核攻威脅，於是麥米倫決定趁機趕進度，利用史普尼克發射所帶來的契機來重建英美的核子夥伴關係。這層關係始於邱吉爾和羅斯福，並於曼哈頓計畫達到高峰，最後卻因為美方在戰後片面宣稱原子彈及其製造技術完全為該國獨有，導致雙方分道揚鑣。英方始終認為自己的研究成果和投入心血全被美國騙走了。英國明明就比美國更早展開原子彈研究，甚至在美國於一九四二年啟動自己的研究計畫前就慷慨分享了他們的知識；不少英國科學家也實際來到洛斯阿拉莫斯國家實驗室，協助美國造出第一顆原子彈。然而，從另一個角度來看，這群英國科學家也是蘇聯間諜亟欲拉攏的對象，因為他們能取得曼哈頓計畫的關鍵資料。[3]

二戰後，從艾德禮、邱吉爾、艾登再到現任的麥米倫等歷任英國首相無不堅信，英國若想維持霸權、重啟跨大西洋核子合作，必須先發展自己的核武實力；唯有如此，英國才能擁有貨真價實的核武威懾力以對抗蘇聯。英國能夠自製出原子彈無非就是向華盛頓證明，他們能夠提供一些東西以換取美方的專業知識，鞏固彼此的夥伴關係。英國於一九五二年成功製造出原子彈，此刻正緊鑼密鼓地研發氫彈。然而，研製氫彈卻是一項非常燒錢的計畫：二次大戰後，英國失去了絕大部分的海外領地，失去領地支持的英國幾乎無力負擔與美蘇兩國的全面核子競賽，是以英國希望能恢復與華盛頓的知識與技術共享協議。[4]

衛星史普尼克給了麥米倫一次機會，讓他能重建與美國的核子夥伴關係。麥米倫在寫給艾森豪的信上提到，「這顆人造衛星讓我們清楚看見這群俄國人有多難對付，以及他們可能對自由世界構成多大的危害。」麥米倫建議雙方整合資源，共同領導自由世界對抗新威脅。「關於資源整合，」麥米倫繼續寫道，「我腦中第一個蹦出來的念頭就是核武、彈道飛彈、反飛彈防禦系統和反潛武器這一類的合作。」首相坦承，「目前，西方世界的資源和成果大多掌握在貴國手中。」但他確信英國定能貢獻一己之力：「英國這邊也有幾個大型團隊，如果能和貴國合作，我相信我們一定能做出非常實際的貢獻。」最後他以一句話總結這次核武合作請求：「現在不正是你我雙方展開合作的好時機嗎？」[5]

* * *

英國原子彈計畫的起點和蘇聯差不多，都是在廣島、長崎之後才啟動的大規模工業計畫。兩國的計畫有迥異之處。首先，英國的物理學家雖然對曼哈頓計畫的成功做出了重大貢獻，不過英國卻少了幾項重要環節的第一手知識，尤其是建造反應爐和製造裂變燃料。此外，共享知識意味著英國也得借助美國之力。從這層意義來看，英國的戰後核子計畫跟蘇聯一樣，不僅相當程度地受益於美國，也在美國的陰影下辛苦掙扎。不可諱言，英、蘇兩國仍有一項根本上的不同：蘇聯的資料是偷來的，英國則是在與美國政界、科學界達到部分共識的前提下借來的。

二戰後，英國分階段啟動，或更確切地說，重啟本國的核子計畫：先建造研究用基礎設施，產製裂變燃料，最後才是製作炸彈。英國之所以採取這種做法乃是因戰爭對英國造成嚴重衝擊，導致英國政府不論在政治或經濟上都不願傾全力投入計畫，反而期望透過英美兩國的夥伴關係促成合作，共同研發核武。在政治方面，包括內閣本身在內的英國工黨，其親共黨員與二戰時期的親蘇聯份子強烈反對原子彈計畫；在經濟上，英國早已破產，無力從海外領地取得經濟利益，整個大英帝國亦處於傾覆邊緣。一九四五年十二月，部會審理兩個方案：第一案是建造兩座反應爐，造價三千萬至三千五百萬英鎊；另一案則是建造一座反應爐，要價兩千萬英鎊；為了減省開支，他們只批准了後者。一九四五年的兩千萬英鎊相當於今日的九億英鎊，差不多是十二億七千萬美元，確實不是個小數目。[6]

一九四五年十月，英國跨出復興核子研發主權的第一步：時年四十八歲的考克饒夫正式接下哈威爾的「原子能研究院」院長一職，他是核子物理先鋒，有望憑藉一九三二年核分裂研究而獲得諾貝爾獎殊榮。一九四六年一月，供應部提出濃縮鈾和濃縮鈽製造計畫，並交由四十四歲的辛頓督導。二戰期間，辛頓曾負責軍工廠的建造工程，而他的新職銜「原子能生產副總監」不言自明。到了一九四六年底，該部又新設「軍備研究總所長」一職（英文縮寫CSAR，音近「凱撒」），拿到這個職位的是當時年僅三十七歲的數學家暨物理學家威廉．潘尼，二戰末期率領英國科學團加入曼哈頓計畫的就是他。潘尼的任務是利用考克饒夫的研究並結合辛頓的鈾和鈽，為英國製造出第一顆核彈。[7]

英國決定跨過研究階段，直接生產可用於軍事及和平用途的裂變燃料，朝製造原子彈的方向前進，但這其實是為了因應美國國會一九四六年通過的《麥克馬洪法案》。該法案箝令美國政府不得與任何人分享核子研究祕密，對象包括現任及前任盟友。當時，英國外相貝文在一九四六年秋天的部長委員會上，明白道出英國製造原子彈的動機：「我們現在就得開始幹這件事，不計任何代價。」貝文與美方代表國務卿伯恩斯開完了一場艱難又具羞辱性的會議後，他告訴同事：「我們一定要讓該死的英國米字旗再次飄揚。」後來他解釋，「如果我們不全心投入，重新拿回英國一開始扮演的領導角色，那麼不管是英國的國際聲望，或是鞏固英美合作關係的機會，都將蒙受重大打擊。」[8]

一九四七年一月，當時的英國首相艾德禮和他在內閣的幾名親信做出啟動原子彈計畫的正式決定。英國的核子研發進程主要有「研究、燃料、原子彈」等三大項目，而燃料似乎是最棘手的一環。英國在一九三〇年代雖率先投入原子彈研究，潘尼等人亦暗中參與洛斯阿拉莫斯的祕密造彈計畫，然而在造彈工業基礎建設方面，如芝加哥一號堆、橡樹嶺、漢福德反應爐和華盛頓州里奇蒙的鈽化學工廠，英方卻處處受阻，不曾實際參與。新上任的原子能生產副總監辛頓雖擁有相當豐富的生產製造經驗，但在核能領域卻是一竅不通。辛頓勢必只得從自己的錯誤學習並汲取經驗了。[9]

辛頓人高馬大，用他自傳裡的一段話來描述就是「不論身高、智力和專業度皆凌駕他人之上」。辛頓於一九〇一年出生在一個教員家庭，他和多位英國核子計畫之父一樣並非貴族出身，完全是憑著堅強毅力和決心一步一腳印爬上來的。辛頓家的經濟狀況只夠負擔一個孩子上大學，而這份殊榮歸於他姊姊（當時眾人都覺得姊姊比他聰明）。辛頓一九一七年結束義務教育，成為外科醫師的夢想亦隨之破滅；於是他白天在鐵路局當學徒，晚上讀夜校。二十二歲那年，他拿到劍橋大學的獎學金，主修工程學，並以一級榮譽學位畢業。

一九三〇年代經濟大蕭條期間，辛頓在一家大型化學公司的鹼業務部門工作；由於市場幾乎全面崩潰，辛頓不得不開除一半以上的同事，卻也因此學會如何做出艱難的抉擇。二戰期間，他被借調到供應部門，負責管理多個皇家彈藥裝填廠，並學會製造武器；後來，他受邀主掌英國核子計畫工業製造部，條件是他要完全掌控設計、建造到管理。辛頓以為自己接下的是產製裂變燃料的軍需廠，殊不知他要造的竟是反應爐和核工廠，辛頓權力雖大，但離全盤掌控還是差遠了。

辛頓是個有經驗、邏輯思維很強的經理人；然而在許多人眼裡，他似乎過於仰賴直覺。辛頓不追求受人愛戴，也不太關心職涯前景，或至少從未擺在第一位。他鼓勵大家在做決定之前盡可能辯論討論、交換意見，但他有時也稍嫌情緒化。辛頓事必躬親，親自參與各項重大決策並至少按月視察數不清的建築工地，力求準時完成任務；他偶爾也會設法節省開支，務求不超出預算。[10]

一九四七年九月，辛頓在英國西北方的濱海小鎮「錫斯凱爾」附近著手興建首批的兩座反應爐。這些反應爐建造的確切地點是坎布里亞郡的塞拉菲爾德，過去是皇家軍械廠的舊址，離錫斯凱爾約數英里，新建的核工廠區則取名「溫斯喬」。除了溫斯喬，辛頓還得在反應爐附近的史賓菲爾德蓋一座鈾原料化學加工廠，並且在切斯特附近蓋好鈾金屬廠和鈾精煉廠。辛頓得加快腳步：預期蘇聯很快就能做出他們的第一顆原子彈，因此英國得比蘇聯更快才行。

辛頓的建設專案將英格蘭西北部一舉變成核子重鎮，並徹底改變當地城鎮的地貌與氛圍，其中尤以錫斯凱爾最明顯。自一八四九年鐵路通車以來，這個小農村搖身成為度假小鎮；儘管鎮上有旅店也有民宿，都無法容納辛頓於一九四九年秋天帶進來的五千名勞動人口。當地不僅開始興建反應爐，鄰近地區也蓋起一幢幢新屋。隨著工事逐步進行，建築工人遂成為錫斯凱爾街頭的主要風景。待建築工事接近尾聲，再由科學家和工程師取而代之。村郊農民稱這些新住民為「原子新貴」，並看著巨型煙囪和冷卻塔伸向天際，時而好奇觀察，時而驚恐，但更多時候是驚嘆，以為這群人來到此處只是為了「發電」這個目的。[11]

錫斯凱爾吸引了英國各大學工程及科學學程所能培養出最志向遠大且最積極進取的男男女女。這是一座未來之城。「在這裡，你能切切實實感受到自己似乎是某種新事物急先鋒。」約翰．哈里斯憶道。他於一九五〇年代在溫斯喬擔任科學官一職。當時大夥兒都很年輕，滿腔熱血，渴望拓展知識疆界，同時幫助自己的國家在這場核子競賽中追上競爭對手。不論從年齡、教育程度、愛國情操和樂觀向上等各方面來看，錫斯凱爾的新住民和蘇聯奧焦爾斯克市民頗為相似。一位當時也在錫斯凱爾的科學家回憶，這群原子新貴沉浸在伴隨核子科學而來的威望名聲中，報紙亦經常報導哪位新貴又到哪兒去參加哪場研討會了。[12]

這種曝光度與受尊敬的程度，使得錫斯凱爾原子新貴的生活際遇和他們的蘇聯對手截然不同；後者始終不得表明身分或是透露自己的工作，但保密仍是錫斯凱爾原子新貴日常生活的一部分。他們的工作內容包裹在一層又一層祕密中：錫斯凱爾的雇員往往不了解，且經常被刻意誤導他們自己工作的真正目的，多半都是很久之後才曉得某個代號「LM」的神祕物質實際上是「釙210」，用於觸發原子彈。不論錫斯凱爾員工對自己的工作本質了解多少，官方嚴禁他們與任何人討論工作，包括家屬在內。[13]

英國首座核子原子機構，讓此地儼然成為全國最聰明的城鎮。若以學位來看，錫斯凱爾可說是全英國教育程度最高的地方。聰明人的小孩也聰明，當地學生的成績也是全國最頂尖的。一位曾在當地就學的前錫斯凱爾居民還記得，他們學校甚至徵不到物理老師，因為他們的物理作業程度太高，以致一般水準的物理教師不敢接下這裡的教職。有一班的學生甚至全體通過「11+」考試，順利取得文法學校的入學資格，*追隨他們父母的腳步踏上通往功成名就的坦途。[14]

＊　＊　＊

「溫斯喬王國」中央矗立著兩座反應爐，即溫斯喬一號堆與二號堆，也是溫斯喬存在的主要理

＊譯注：「11+」考試相當於英國的小學升國中「資優班考試」，「文法學校」則類似菁英中學。

由。這兩座反應爐不管從哪方面來看都是全然的英國貨，但實際上其譜系卻是來自美國。

英國科學家們既不是在一九四二年十二月建造出第一座實驗性反應爐「芝加哥一號堆」、由費米所領導的美國團隊的一員，也不是一九四四年在田納西州橡樹嶺與華盛頓州漢福德核能工業區建造製鈽反應爐的團隊。但他們和這群建造反應爐的美國科學家關係良好，得以探知反應爐動力及其主要特色的些許基本原理。美國當時的反應爐有兩種類型，分別是漢福德的水冷式爐與橡樹嶺的氣冷式爐，辛頓團隊決定以後者的「X－10石墨反應爐」為雛型，打造出溫斯喬反應爐。這座爐跟美國當時的所有反應爐一樣，都以石墨為緩和劑，減緩天然鈾裂變射出之中子的飛行速度，讓連鎖反應得以持續進行。這款反應爐不用水，而是藉空氣來冷卻，防止鈾燃料丸熔化，這是X－10石墨反應爐和漢福德水冷式反應爐，還有以漢福德為範本的蘇聯安努希卡反應爐最主要的差異所在。[15]

辛頓之所以選擇X－10，主要有幾個理由。首先，漢福德反應爐每天需要三千萬加侖的冷卻水才能運作，建造商也必須遵守反應爐方圓五十英里（八十公里）內不得有五萬人以上城鎮的規定。英倫地狹人稠，單單一次反應爐意外即可能造成無法彌補的嚴重影響；而遠離大城市及住宅區的地點則相對缺乏冷卻用淡水。基於水資源奇缺，以及冷卻水供應不足可能導致爐心過熱並引發爆炸，英國政府遂於一九四七年否決水冷式設計；另一款相對較安全，但造價更高且建造時間更長的加壓氣冷式系統也沒過關，最後雀屏中選的是不用水的氣冷式系統，其設計簡單且施工期短，似乎也更安全。[16]

這就是溫斯喬反應堆在技術與政治方面的系譜淵源。在設計方面，以最籠統的詞彙來說，美國X－10反應爐原型就是一座側放的石墨圓柱體，總數為一千兩百四十八的成排燃料匣從中穿過，匣內有天然鈾製成的鈾棒（或以鋁護套包封）；鈾棒護套和燃料匣鋁製外壁之間尚有足夠的通風空隙，讓三座工業用鼓風機送來的空氣通過，冷卻燃料棒。

爐體的基本概念很簡單，辛頓和他的英國工程師團隊也都知道，但他們的任務是在不出問題的前提下設法造出「放大版」的橡樹嶺反應爐。橡樹嶺有一千兩百四十八組燃料匣，而溫斯喬則是三千四百四十組，而且每組燃料匣內還有二十一根鈾棒，這使得溫斯喬的燃料元件總數達到七萬兩千兩百四十根。此外，橡樹嶺的反應爐只有三座鼓風機，而溫斯喬則裝了八座主要風機，另外再加裝兩具備用機。

除了上述差異，橡樹嶺和溫斯喬反應爐的運作方式大致相同：爐體幾乎由石墨塊組成，石墨可減緩鈾棒的裂變反應，而表面鍍鎘的控制棒則負責控制並終止反應。由於鎘能吸收中子，若控制棒探得夠深，就能延緩或完全停止反應；移走控制棒則可重啟或加快反應速度。新的鈾燃料從反應爐前端（填料端）送入，再以金屬棒推入燃料通道；經過輻照的燃料棒從反應爐另一端落入下方水槽，然後再收集送至化學廠製成鈽。[17]

雖然美國科學家不被允許分享太多原子機密給英國人，但他們並未完全拋棄這群戰時盟友。美國可不想看見英國反應堆熔毀、爆炸，讓「不自由世界」稱心如意，並損害「自由世界」名聲，故美英雙方經常互派代表往返大西洋兩岸進行事實調查，主動給予建議或尋求意見。一九四八年那次的訪英團讓辛頓得以認識「維格納生長」的現象：該現象以普林斯頓學者尤金·維格納為名，他不僅是芝加哥一號堆的創建者之一，也是橡樹嶺研發主管。所謂「維格納生長」是指構成反應爐主體的石墨塊會因為燃料匣裂變反應而發生質變並膨脹，因此在造爐時必須顧及「維格納生長」效應，在石墨塊之間預留空隙。

此外，英方還學到另一項必須納入考量的「維格納能量」，即石墨會蓄積裂變產生的巨大能量。向辛頓團隊提出警告、建議要正視維格納效應危險性的正是美國氫彈之父愛德華・泰勒：由於石墨易燃，若不及時釋出維格納能量，則可能引燃石墨從而於高溫下失火燃燒。維格納生長和維格納能量的處理方式不同，前者在設計反應爐時略作調整即可，後者必須定期進行「退火」這道特別程序，以釋出多餘的能量：操作員必須在反應爐能量達到臨界值前提高反應程度，繼而提高爐溫，藉此釋出石墨塊蓄積的多餘能量。[18]

問題是，美方提供的知識與建議總是零碎不完整，有時甚至在錯誤都已經發生了才告知英方。「維格納生長」即是一例。英國直到造爐工程中後期才得知他們得在石墨塊間預留空隙，讓爐體有膨脹的空間；幸好英方發現他們使用的天然石墨比美方的合成石墨不易膨脹，免除了這個問題。然而，英國首席核子科學家暨原子能科學研究院院長考克饒夫從美國帶回溫斯喬的另一項建議，則讓英國政府付出昂貴代價。

考克饒夫前往橡樹嶺訪問時，得知X－10反應爐有「口臭」問題：用過且包覆鋁套的鈾棒若因過熱或其他機械因素受損，就可能吐出放射物質，逸入大氣。為此，美國人提供了長島新建的反應爐的改良辦法：加裝能或多或少捕捉放射粒子的特殊過濾裝置。考克饒夫回到英國後也決定如法炮製，在溫斯喬反應爐上方架設過濾器。從建築和工程角度來看，考克饒夫的發現來得太晚，但也沒有引起重大恐慌：排除爐內熱空氣的通風煙囪地基與管壁已建置完成，足足有七十英尺（二十一公尺）高；儘管如此，考克饒夫仍堅持加裝過濾裝置。

由於考克饒夫乃是英國核子研究的奠基者，極具權威、權力極大，他的意見不容忽視。辛頓團隊不得不同意裝建後來被戲稱為「考克饒夫愚行碑」的過濾裝置，可見有多少人對這項設施感到不滿。現在已經太晚了，來不及把濾槽架設在地面上，工程師只好把濾槽改在通風煙囪頂端（高度約四百英尺／一百二十公尺），再設計一座兩百噸重的鋼筋磚柱來支撐它。拔地擎天的高塔頂著巨大過濾槽，這款通風煙囪簡直前所未見。當全世界的核能工業大多以冷卻塔外型為象徵，溫斯喬廠區的剪影卻以一種最出乎意料的方式徹底改變錫斯凱爾的天際線，成為英倫核能工業獨樹一格的視覺符號。[19]

不論考克饒夫愚行碑得追加多少成本，又帶來哪些潛在影響，皆無法動搖辛頓如期完成任務的決心。一九五〇年十月，溫思喬一號堆（一號反應爐）啟動運轉，只比預定期限晚了一周左右。一九五一年六月，二號堆也順利啟動，辛頓於同年受封班克賽德爵士。一九五二年三月，溫斯喬交出第一批鈽原料，並於其後數月陸續產出了幾乎能做出一顆原子彈的鈽；不足的部分則由官方向加拿大喬克河實驗室商借取得。順帶一提，喬克河反應爐使用重水作為緩和劑，而非易燃的石墨塊。[20]

一九五二年十月三日，潘尼在西澳外海的蒙特貝羅群島附近成功引爆英國第一顆原子彈，威力可觀，相當於兩萬五千噸黃色炸藥，並在海床上留下一個深二十英尺（六公尺）、長九百八十英尺（兩百九十八公尺）的巨坑。這片無人居住的群島過去曾是珍珠採集場。潘尼回國後受到英雄式的歡迎，並於同月獲授大英帝國爵級司令勳章。辛頓與溫思喬的兩座反應爐完成了使命，讓英國得到自己的第一顆原子彈，也協助英國維持霸權地位。然而，這場核子競賽離結束還早得很呢。[21]

一九五二年十一月一日，也就是潘尼試爆成功還不到一個月，他在洛斯阿拉莫斯的前同事格雷夫斯成功引爆氫彈裝置，爆炸當量達到一千萬噸。這場在太平洋馬紹爾群島進行的「常春藤麥克」試爆行動的消息傳開，再次粉碎了倫敦當局與美國搭擋合作的希望。現在英國必須獨力研發氫彈，好讓美國認為英國是值得共享祕密的夥伴。當然，蘇聯在一九五三年八月引爆的原子氫彈「混合彈」則是另一項誘因，代表著蘇聯的威脅與日俱增。

對英國政治圈來說，一九五四年三月的城堡喝彩試爆醜聞，以及一九五五年十一月蘇聯「純」氫彈試驗成功，這兩件事都讓英國比以往更加迫切地必須在新開闢的氫彈競賽場趕上對手。溫斯喬的壓力更大了：這兩座爐不僅得產出更多的鈽原料，還得做出新的同位素「氚」。沒有氚，氫彈等於免談。

* * *

辛頓於一九五七年八月離開溫斯喬，接掌新成立的「中央發電局」，負責英格蘭與威爾斯兩地的發電業務。他之所以有資格接下這份職務，部分得歸功於卡德霍爾核電廠新建成的鎂諾克斯反應爐。卡德霍爾算是溫斯喬的延伸，是辛頓在前一年（一九五六）推動營運的商用反應爐。卡德霍爾的鎂諾克斯反應爐比溫斯喬的初代反應爐更安全，也更先進：鎂諾克斯是以天然鈾為燃料的氣冷式反應爐，具有「製鈽」和「發電」雙重用途。已故英國女王伊莉莎白二世曾於一九五六年十月親臨卡德霍爾，主持啟用典禮，宣布英國及全球核能時代已然來臨。卡德霍爾擁有全球第一座可用於發電的大型反應爐。[22]

後來，溫斯喬反應爐成為辛頓口中「初生之犢的無知紀念碑」。曾有文字記錄顯示，辛頓認為這款反應爐「除了比其他型號更快蓋好，其實沒什麼好推薦的」，並反對新建任何同型號反應爐。然而，在即將離開核子研究計畫之際，辛頓卻又變得樂觀起來，甚至在一封寫給溫斯喬管理階層的信中表示：「溫斯喬永遠都是我的喜悅與驕傲，一件管理得當、實至名歸的偉大工事。」辛頓之所以一下子說溫斯喬是無知紀念碑，一下子又說這座紀念碑的管理令他驕傲，其實是有理由的：這些年來，兩座反應爐丟出了一道又一道難題給它們的建造者，逼得科學家與工程師不得不竭盡全力解決問題；然而多虧了他們的技術與知識並輔以幸運加持，才得以一次又一次避開重大意外。[23]

溫斯喬首次出問題是在一九五二年五月，約莫是反應爐剛開始製造鈽原料的兩個月後：二號堆的爐溫突然迅速上升，原因不明，幸而及時以風扇排除。同月底，二號堆停機檢修，工作人員這才發現有數百根燃料棒竟神奇地從燃料匣與爐心中逃脫，有些掛在通道開口邊緣，有些則落入後牆基座水池內，就連池邊的平臺上也有一些。原來是風扇把燃料棒給吹出去了；其中一枚脫位的燃料棒外殼稍有破損，導致輻射經通風煙囪排至大氣層。同年九月，一號堆也莫名升溫，廠方再次使用風扇降溫；不過他們也明白，為使燃料棒降溫而大量朝燃料通道送風，稍有不慎可能引發火災。工作人員鋌而走險，卻也夠幸運，爐溫終於降下來了。[24]

反應爐通風煙囪頂端雖有過濾裝置「考克饒夫愚行碑」坐鎮，意在捕捉破損燃料棒釋出的游離輻射，卻幾乎什麼也沒攔到。這是一群政府官員於一九五五年夏天在該地區進行輻射調查時所得出的結論。他們偵測到好幾處高輻射熱點，其中有些竟已持續累積達六百多天，顯示通風煙囪早在一九五三年就開始洩漏輻射，只是沒人發現而已；至於其他熱點出現的時間則較為晚近。最後，他們總共找到十三枚用過、理應直接進入爐體後方通道卻被吹進排風管的燃料棒。經過進一步調查，他們發現過濾裝置早已故障，無法正常運作，致使鈾氧化時釋出的輻射直接排入大氣。一九五五年秋天，調查人員找到五枚破損的燃料棒及更多輻射熱點。他們移除燃料棒並修補過濾裝置，依舊無法阻絕輻射汙染。廠方於一九五七年一月再度發現數枚受損燃料棒，這簡直是一場沒完沒了的硬仗。[25]

一九五七年夏天，溫斯喬周邊地區做了另一次輻射調查，發現該區家畜乳汁的鍶90含量驟升。儘管並未超出正常範圍，卻已達到嬰兒容許攝取上限的三分之二。農業部門立刻發出警告，但醫學研究委員會的專家開會後認定「極不可能產生任何不良影響」。該份調查結果亦呈報給當時的首相麥米倫，麥米倫下令整起事件必須保密，不得公開。首相最不想看到的就是媒體討論核汙染，因為輿論可能會影響他想盡快做出氫彈的計畫。[26]

麥米倫希望溫斯喬能生產出更多製造氫彈所需的鈽和氚，愈快愈好。負責生產的廠方人士提出對策，透過盡可能移除所有會吸收中子、減緩反應的元素，藉此提高產量，但整組反應元件中唯一可調整的部分只有容納鈾棒的燃料匣。一九五二年八月及九月，廠方曾在反應堆全面運轉前磨掉了匣上的部分散熱鰭；一九五六年十二月，需求孔急，為了增加氚產量，廠方遂為氚靶材「鋰鎂合金」引進新型外匣，鋰鎂合金棒的直徑也從原本的半英寸（一．二七公分）增加至一英寸（二．五四公分）。

為了騰出空間容納變粗的合金棒，廠方決定犧牲包封鈾棒的鋁護套；經此改變，合金棒的輻照範圍變大，但輻射外洩的危險性也相對增加，萬一燃料匣爆開，那就再也沒有任何裝置能緩衝或阻擋輻射擴散了。[27]

一九五七年，溫斯喬廠方人員決定動手排除另一項拖慢鈽、氚生產的因素。為了釋放維格納能量，也就是鈾裂變導致石墨塊蓄積過多能量，必須定期進行「退火」程序。退火能有效防止反應爐過熱、避免石墨著火，溫斯喬也未再發生一九五二年檢測到的爐溫驟升狀況。年復一年，反應爐操作員逐漸累積了相當豐富的退火經驗，但這個程序必須停機進行，從而會減少反應爐的運轉時數並降低產能。

為了供應更多原子彈燃料，溫斯喬的生產壓力愈來愈大，於是溫斯喬技術委員會決定減少退火次數。原本是只要輻照達到三〇〇〇〇百萬瓦日*就要實施退火，現在改成每五〇〇〇〇百萬瓦日才執行一次。反應堆操作員對這項提案感到擔憂，建議每四〇〇〇〇百萬瓦日退火一次；技委會同意了。於是廠區經理把一號堆的下一次退火日期排在一九五七年十月初。這將是一號堆的第九次退火，卻是首度於四〇〇〇〇百萬瓦日，而非三〇〇〇〇百萬瓦輻照日後施行退火。一號堆上次退火是在一九五七年七月，當時幾乎沒釋出多少維格納能量，這代表十月退火要處理多達七〇〇〇〇百萬瓦日的蓄積能量，就時程來看似乎拖得有點晚了。[28]

*譯注：1MWd 相當於 24000kWh（瓩小時）。一瓩小時＝一度電。

* * *

一九五七年十月七日，上午十一點四十五分，溫斯喬一號堆在反應爐物理學家伊恩．羅伯森的監督下展開第九次退火作業。操作員從爐心退出吸收中子的控制棒，當控制棒退出，反應堆的爐溫與輻射應該會立即升高。接下來再利用獨立控制棒將反應堆前下方，也就是蓄積維格納能量的部位，提高其溫度至華氏四百八十二度（攝氏兩百五十度）。十月八日星期二凌晨一點，反應爐開始釋放能量，一切按計畫進行。[29]

從十月七日到十月八日凌晨都在監督退火主程序的羅伯森，這會兒終於可以回家小睡一下了。羅伯森的身體不太舒服，因為他得了所謂的「亞洲流感」，全城甚至全世界都籠罩在這波疫情中。疫情於去年首先在中國貴州爆發，據推測，病原是一種結合人與鵝流感病毒的新型病毒，當時已造成約兩百萬人死亡，這場大流行成為一九一八年西班牙流感大流行後，二十世紀第二致命的流感疫情；截至一九五七年十二月，英格蘭及威爾斯地區已有三千五百人死亡。羅伯森的許多同事及其家人都生病了，但當局並未實施隔離檢疫，大家仍照常上班出勤。[30]

回家休息數小時後，羅伯森於十月八日上午九點再度返回溫斯喬。看來受流感影響的不只有羅伯森，一號堆似乎也不大對勁，爐溫的變化並不如原先預期：蓄積維格納能量的部位不僅未維持在高溫狀態、協助釋放能量，爐心的溫度甚至開始往下掉。反應堆溫度全面下降，代表著維格納能量並未完全釋放。羅伯森和徹夜看守反應爐的幾名助手都認為，他們應該從頭再來一遍：重啟反應爐，加熱反應堆，再次嘗試釋放維格納能量。

羅伯森等人重啟反應爐並操作控制棒，試著將反應堆的溫度拉高到華氏六百二十六度（攝氏三百度）。這回奏效了，然而對部分爐心來說似乎效果太好了：鈾棒（或反應堆）的溫度感應器顯示，有幾處地方的溫度超過原本所期望的數值，其中某個測量點甚至從華氏六百二十六度跳升到七百一十六度（攝氏三百三十度升到三百八十度）。操作員插回控制棒，降低爐溫，但如何讓反應堆維持穩定遂成為一大挑戰：因為爐心對於插入、退出控制棒的反應並不一致，也有一定的延遲。「調整控制棒就跟駕駛鐵達尼號繞過冰山差不多。」美國核子工程師暨作家詹姆斯·馬哈菲如此寫道。[31]

十月八日接下來的一整天，操作員忙著控制反應堆；然而到了十月九日下午，爐溫又開始升高。晚間十點左右，操作員重新打開原已關閉的風扇風門，讓空氣進入爐心，這法子似乎管用，但一過午夜，爐溫又升上來了。最麻煩的是第20－53感應器，位置在從底下往上數第二十排，編號53d，其數值顯示，該處溫度已高達華氏七百五十二度（攝氏四百度），沒多久又上升到華氏七百七十三·六度（攝氏四百一十二度）。操作員再度開啟風門，但幫助相當有限，爐溫依舊過高。

黑夜轉成白晝，操作員持續開啟、關閉風門，如此反覆持續至十月十日午後，情況時好時壞。儘管反應爐已暫時停機，爐溫仍居高不下，更令人擔心的是通風煙囪內的放射強度正節節攀升。他們麻煩大了，但目前還不清楚情況有多嚴重。十月十日清晨，儀器讀數首度顯示輻射量變高；後來在排煙口、氣象站屋頂也都測到高量輻射，不過有人認為氣象站屋頂的輻射並非來自一號堆，而是二號堆。但十月十日下午，一號堆通風煙囪內的輻射開始增強，顯示一號堆毫無疑問就是輻射外洩的源頭。

下午兩點，距離廠區半英里（〇・八公里）的例行空氣檢測，記錄到該處的放射強度已超出一般範圍。這區通常每三小時就會採檢一次，此刻讀數已是正常值的十倍。溫斯喬的職安及健康部門的經理休・豪威爾斯察覺不對勁。他找上了總經理助理，也就是負責這兩座反應爐的湯姆・休斯，然後再一起到一號堆去察看狀況。朗・高斯登是反應爐的經理，他深陷泥沼，仍在設法控制一號堆，但此時他還未將反應堆的問題往上呈報；顯然他自認比老闆們更懂反應爐，也認為他們提不出任何實用建議。畢竟休斯並非反應爐方面的專家，而且才剛接下這份管理職不久，甚至今天還是他第一次造訪反應爐呢。

高斯登告訴豪威爾斯和休斯，反應爐出了大麻煩。他嘗試透過調整風扇降低爐溫，原本預期鈾料溫度會先升再降，後來爐溫確實如預期升高，達到華氏七百五十二度（攝氏四百度）。但問題是溫度降不下來。眼見情勢愈來愈嚴峻，誰也說不出個所以然，亦無法確定反應堆內部究竟出了什麼問題，但不斷上升的放射強度，顯示可能有燃料匣破損。然而到底是哪個燃料匣破了？用來找出破損燃料匣的「破損燃料棒偵檢器」竟無法在如此高溫下正常運作。32

搶救行動持續了一段時間。待豪威爾斯和休斯離開現場，高斯登立刻撥了一通電話給溫斯喬總經理亨利・戴維，告知他「反應爐發生嚴重爆炸，情況不妙」。戴維交代高斯登找出原因，再設法卸載受影響的燃料匣。這個任務落到亞瑟・威爾森的頭上。這名年僅三十二歲的儀器技師自一九五一年起就一直在溫斯喬工作，負責維護及檢修溫度感應器；但這一天，反應爐的狀況使他的例行作業變得極為困難：「星期四早上，」威爾森回憶十月十日的情景，「我們根本沒辦法知道爐溫有多高，因為好幾支感應器都燒壞了。我們試著換裝新感應器，結果新的也燒壞了。」

威爾森回憶當時他們討論接下來該怎麼辦。「有人提議應該要瞧瞧反應堆的實際狀況。」威爾森覺得這主意不錯。他是第一個探看爐口的人。「我心想『活見鬼了！』」他憶道。「我一打開爐塞插栓，就看見反應爐的表面著火了。」反應爐內一般是漆黑一片的，但這會兒每個燃料匣都因為極度高溫而燒得通紅。「當下我的腦子幾乎一片空白，要做的事實在太多。」威爾森繼續說道：「我壓根沒有『喔耶！我找到問題了！』的念頭，只想到『老天，我們完了。』」[33]

高斯登命令屬下再多開幾個爐口檢查，但情景全都跟20－53號匣道一模一樣。反應堆著火了。他們試著用推桿把燃料匣往爐體後方推送，讓它們掉進後壁底部的水槽；但燃料匣已經被火損壞了，整個膨脹卡在通道上，怎麼推也推不動。這就是蘇聯安努希卡反應爐的操作員非常熟悉的「山羊」，當時蘇聯操作員必須鑽孔挖穿燃料通道以排除狀況，但好歹安努希卡沒失火。高斯登必須隨機應變。他決定放棄燃料通道及燃料匣，以滅火和保全反應爐為第一要務。所以，解決辦法是移除著火區的受損燃料匣，清出一條防火線。八名全副武裝、手持竹製通條的工作人員上工，將一組一組的燃料元件推過通道，使其落進冷卻池。

這實在是極其艱鉅又危險的任務。工作人員站在填料平臺上拿著竹條清空通道，但此處溫度極高。風扇將大量空氣送往爐心，雖有幫助但效果有限。站在平臺上的人員個個身著防護衣、頭戴防毒面罩，這些裝備讓他們做起事來更綁手綁腳，也更難忍受環境高溫。眾人深知何以必須穿上防護裝備：輻射持續增加，而他們正直直望進反應爐的血盆大口。威爾森的值班時間早就結束了，所以他獲准下班回家。威爾森一點也不羨慕留下來的人。「我真心為這群可憐人感到難過。他們得進去解決這場混亂。」他憶道。「有些人接觸到的放射量極高，但我敢說，那個時候的紀錄肯定不太完整。」[34]

＊　＊　＊

十月十日下午三點過後，溫斯喬鈽處理廠的總經理亨利·戴維得知廠內發生緊急事件：高斯登通知他反應爐爆炸了。他召集了多名首席工程師和科學家，他們推擬得出的情景冷酷不祥。這群專家擔心爐溫若達華氏二千一百九十二度（攝氏一千兩百度），即可能再次釋出維格納能量，將石墨爐體加熱至華氏一千八百三十二度（攝氏一千度），屆時整座反應爐勢必起火燃燒。如果當真演變至此，數噸放射鈾燃料所產生的輻射將衝出通風煙囪，覆蓋大半個英國。

當爐內部分溫度受到維格納能量的影響，徐徐跨越攝氏一千兩百度的門檻時，他們只能乾等，心知等在眼前的結果，卻無從預防，無法避免災難發生。然而在下屬面前，他們一個個故作堅強，假裝沒事。「管理階層對反應爐可能起火的反應是『別蠢了』。」威爾森憶道，他被搞迷糊了。「我不知道他們到底在期望什麼，」威爾森回想，「這幾天一直都在出錯。」[35]

十日傍晚五點左右，和廠裡還有鎮上許多人一樣都得了亞洲流感的戴維打電話給他的副手，也就是溫斯喬的副總經理湯姆·圖希。圖希當時在家照顧生病的妻子和兩個孩子。「一號堆起火了。」戴維告訴副手。「老天，該不會是爐心吧？」圖希劈頭就問。「對。所以你能馬上過來嗎？」戴維問他。雖然妻子小孩都生病了，但他沒事，他知道自己必須走這一趟。妻子問他，「你什麼時候回來？」圖希沒給答案。除了流感威脅，核子輻射亦虎視眈眈；離去前，圖希要求妻子待在家裡，窗戶關好別打開。[36]

三十九歲的圖希蓄著絡腮鬍、一頭深金色短髮，長相俊俏，他在核能工業或溫斯喬都算資深老手。一九五〇年的八月至九月期間，他和組員徒手修整鋁製燃料匣散熱鰭，磨掉六分之一英寸（〇．四公分），以降低爐心內的鋁含量，從而提升反應速率。一號爐有七萬多組燃料匣，要打磨的散熱鰭多達數百萬片，但這些傢伙竟然在三周內搞定，讓反應爐得以按照計畫時程於一九五〇年十月啟用運轉。一九五二年三月，負責化學工廠的圖希交出英國的第一批鈽原料。「我們做出第一顆鈽丸，小小的，重量一百四十二公克……跟一枚十便士硬幣差不多。」圖希憶道。「我就是用這雙手打開了第一座反應釜，我是親手操作、親眼看見第一份『全英國製造』鈽原料的第一人。」[37]

然而，在一九五七年十月十日那天傍晚，圖希沒時間追憶往事。一來到溫斯喬，他沒去找老闆戴維，而是直接前往一號堆。情勢想必相當嚴峻。事後回想，他當時並不擔心自身安危，但他知道眼前有許多事情要做，而且他也做得到。圖希現身一號堆時，高斯登召集的人馬仍試圖在著火的燃料匣四周闢出防火線；圖希囑咐他們繼續，然後才去見戴維。戴維對於圖希沒先到辦公室見他感到很不高興，但沒多久圖希又返回一號堆。他想親眼確認他們正在對付的是哪一種火災。[38]

工人取下爐口插栓，每個爐口都能看見四條燃料通道。圖希確認受損幅度相當大，約莫一百五十條通道（由長寬約四十條通道所組成的矩形陣列）都著火了。「看起來有點像爐柵裡的火，只不過著火的是石墨和鈾料。」圖希回憶。既已確認著火區，該區周圍也闢出兩三條由燃料通道組成的防火線，接下來的問題是該如何滅火。「要克服的難題很多，其中之一是現階段能取得的冷卻劑只有空氣。但空氣和火湊在一起同樣不好對付呀。」圖希說。「在維格納能量還未完全釋出的情況下，如果不送入冷卻劑，石墨塊的火勢只會愈來愈大。」圖希說明當時的考量。供應空氣會把輻射物帶進通風煙囪，但若阻止空氣流動，僅開啟爐口，填料平臺的輻射濃度勢必上升，將會逼得圖希和操作員不得不拋下著火且情況危急的反應爐，離開避難。[39]

圖希決定拆掉著火的燃料匣，再從通道往後推，讓它們落入底部的冷卻池裡。但這麼做有個問題：操作員常用的竹製通條並不適合推送著火燃料匣，所以他們得盡可能搜刮手邊的鋼條，有些人甚至直接把一旁工地的鷹架拆下來用。「他們一人一根，使勁撐起鐵桿。」圖希表示。這差事實在不簡單：雖然金屬桿不會著火，卻燙得直逼熔化邊緣。

「我還記得，抽回來的鋼條熾熱到發紅。」圖希憶道。石墨槽原本的功能是載放鈾料鋁匣穿過燃料通道，有一回，有根鋼條被用來把過熱的石墨槽反向拖回填料平臺，圖希記得自己「一腳踹開，熔化的金屬也順勢滴下，我想那應該就是鈾吧」。工程師和工人們戴著手套，撿起落在平臺上的石墨碎塊。如果金屬棒熔化，黏住了燃料匣，導致燃料匣隨著金屬棒移出反應爐，他們還得把燃料匣推回去。這工作根本不是人做的，但大夥兒還是拚命推送。「他們沒有一個面露懼色，」首席消防官當時也在現場，「那晚大夥兒都是英雄。」[40]

撇開工作人員的英勇不談，這番努力的結果仍令人絕望。絕大部分的燃料和燃料匣依然卡在通道上，事實證明要把它們推向反應爐的另一端，並落入冷卻槽實在太困難。圖希不得不放棄這個辦法，讓熔化且洩漏輻射的燃料匣繼續留在原位；但他也下令拓寬防火線，再多移除一些著火區周圍的燃料匣。此舉雖能阻止火勢蔓延，卻無助於控制火勢。一號堆的這把火愈燒愈旺。

圖希對現場情勢的了解並非透過感應器的讀數，感應器早就因高溫而燒壞了。他直接爬上爐頂，打開檢查孔，觀察位於反應爐後方的用過核燃料匣排放槽，取得了重要的第一手資訊。他身著厚重的防護衣、揹著三十五磅重的呼吸裝備，爬上八十英尺（二十四公尺）高的扶梯然後再走下來。折騰這一趟著實不易，不過他也因此獲得反應堆現況的重要情報：圖希看得很清楚，他愈往上爬，反應爐的狀況就愈不樂觀。「起初是整條通道映著紅色火光，」他回想，「接著你會看見火舌從後面冒出來，然後熊熊火焰竄起，燒向排放槽再撲向管槽後方的混凝土牆。」[41]

圖希盡力將這些惱人思緒拋諸腦後。他想起曾有土木技師跟他說過，爐溫一旦達到華氏一千一百一十二度（攝氏六百度）就可能導致爐頂崩塌；眼下他沒辦法測量爐溫，但他也看得出來情況不容許他樂觀。反應爐後方竄出的火焰顏色漸漸變了，顯示火焰溫度正在升高。晚上七點三十分，火焰紅亮，八點左右轉黃，八點半時已呈藍色，爐頂隨時可能崩塌。十月十日晚間的夜色愈來愈深，圖希依舊苦無對策。[42]

他們的人力也快要補充不上了。火勢愈來愈大，愈來愈多燃料匣被燒熔，漏出更多輻射。部分輻射被引入通風煙囪，有些則被爐內氣壓推出燃料匣爐口，直接往填料平臺的方向吹送，也就是打火弟兄的所在位置。大夥兒不得不輪流上陣。新組成的打火班主要由緊急召回溫斯喬的反應爐操作員及技工組成，有些甚至電影看到一半就被抓回來：內維爾．拉姆斯登是廠裡的化學技師，原本正在看電影，結果工廠警衛突然出現，要求倒數兩排的廠區員工「自願」回溫斯喬支援。沒人吭聲。溫斯喬有不少人是服完兵役就進廠工作，早已習慣紀律。[43]

奧援抵達，圖希手下這幫人得以縮短輪班時間，但沒人能夠接替圖希本人。他的老闆戴維感冒生病，而且剛過午夜就不得不回家休息了。圖希只得留守。他交出第一條膠片佩章（放射強度測量儀）之後就拒絕再領第二條，擔心有人會拍拍他的肩膀，指指劑量佩章，然後送他回家。根據事後估算，圖希當時在溫斯喬承受的輻射大約是全年容許劑量的四倍。[44]

時間逼近午夜，圖希仍然拿不出解決方法。著火區雖已成功隔離，但範圍卻相當大，而且愈燒愈猛烈。圖希決定試試液態二氧化碳看看能不能把火給滅了，這是卡德霍爾新反應爐所使用的冷卻劑。他們曾試過用液態二氧化碳來撲滅鎂料所引起的火災，卻成效不彰，但眼下圖希也想不出其他辦法了。工廠不久前才進了一批液態二氧化碳，問題是要怎麼把它送上架高的填料平臺？只有搭升降機才能抵達反應爐的填料平臺，如果打火班拽著輸送軟管進升降機，門會關不上；不關門，升降機就無法啟動。最後他們想到從填料平臺的逃生梯拉上軟管，解決了這個問題。[45]

十月十一日清晨四點，儘管圖希本人沒多大把握，但大夥兒終於準備好要嘗試圖希的新點子了。「我安排一組人拉掉插栓再塞入軟管，越過燒得通紅、處處火焰的狹窄間隙。」圖希憶道。他們扭開閥門，液態二氧化碳瞬間直撲燃料匣。這批二氧化碳總重二十五噸，全部用光大概得花一小時。「我等在旁邊看結果。」圖希說。不用說，他又再次暴露於高量輻射。「這麼做實在很不健康，」他喃喃回想，「但除了直接觀察燃料通道，我找不出其他方法能夠掌握最新發展。」圖希最糟糕的預想成真：「結果什麼也沒發生。大火仍開開心心燒得發亮。」他回想。反應爐後方吐出藍色火舌，纏上輸送管壁。

接下來該怎麼辦？戴維離開溫斯喬之前已和圖希達成共識：如果二氧化碳沒用，圖希得試試能不能注水滅火。「手邊唯一能取得，而且量也夠大的只有水了。但這招只能說是最後手段。」圖希憶道。往石墨澆水就等於沒戲唱了：首先，反應爐進水會毀掉反應堆。但另一個非到萬不得已不灑水的理由更具說服力：水一碰到過熱的石墨塊幾乎馬上變成蒸氣，蒸氣與石墨作用會產生氫氣和一氧化碳混合物。這種混合物極可能被高熱引燃，或者更糟糕，與風扇帶入的空氣混合，瞬間爆炸。

圖希明白這是個自殺任務。他只希望灌進爐裡的水不會直接變成蒸氣，但這要怎麼預防？一號堆屬於第一代反應爐，而眼前出了這麼一個未曾想見的麻煩，但不過正因為它是新發明，管理這座爐的都是當初建造它、對爐體設計熟到不能再熟的人。圖希碰巧就是其中一員。他對這座爐瞭若指掌，也因此想出一個不需要直接往過熱石墨塊澆水，也能安撫火神的辦法。

圖希並未把水喉對準燃燒的通道。他請打火班把水龍帶綁在鐵桿上，伸進著火區上方約兩英尺（〇．六公尺）處的燃料通道，用意是讓水從上方相對較低溫的石墨塊間隙緩緩滲進著火區；打火弟兄們盡力達成任務。到了十月十一日上午七點左右，反應爐正面、著火區上方總計有四處填料孔順利綁上了消防水龍，接下來又花了一兩個小時交班，指導接替者如何操作，叮囑大家務必找好掩護。上午近九點左右，萬事俱備，戴維也重返一號堆監督他這輩子的最大一場豪賭。46

這次行動實際上仍由圖希負責。「我要他們給我三十磅水壓，然後坐在載貨升降機門口，仔細聆聽爐子裡有沒有發出怪聲，那是在合理範圍內最靠近填料平臺的位置。」圖希回想。當時也在現場的年輕維修技工傑克．柯爾還記得自己怕死了，當下只想逃跑；印象中，廠長和幾位工程師站在他旁邊，「神情十分憂慮，完全沒有平日趾高氣昂的樣子。」其中一人還跟另一人拿結局打賭。柯爾問他身旁的一名夥伴，整個注水作業大概要進行多久，對方的回答怎麼聽怎麼令人不安：「蠢啊你，誰不想回家？要是這個法子出錯了，你覺得他們會放我們走嗎？」那人答道。「不過要是我們能順利擺平這場火，肯定會喝得醉醺醺回家吧。」[47]

注水作業開始。圖希凝神傾聽，在反應爐樓層的其餘數十名同仁同樣屏息以待。沒聽見怪聲，眾人全都鬆了口氣。於是圖希大膽要求將水壓增強至六十磅，然後再加到一百二十磅，這已是消防車的極限了。反應爐依舊沒傳出任何異常，但是灌進去的水當真發揮作用，把火給滅了嗎？圖希再次費力地爬上了八十英尺（二十四公尺）高的扶梯，來到爐頂，透過檢查孔觀察反應爐後方的狀況。

眼前的景象瞬間澆熄他內心剛剛升起的希望：灌進爐子的水直接流過燃料通道，如瀑布般沖入反應堆後方的冷卻池裡。圖希下令降低水壓，然後再返回爐頂觀察。瀑布不見了，大部分的水似乎也都滲入石墨塊間隙，一如圖希盤算的那樣流向著火區。反應堆通風煙囪上方的熱霧亦顯示，注水確實有助於調節著火石墨塊的溫度。但大火依然滅不了。誠如圖希第三度爬上爐頂所得到的結論：「注水沒有特別明顯的滅火效果。」[48]

圖希想不出辦法了，他決定等待。他等了一個鐘頭，期待注水能澆熄火焰，但卻事與願違。風扇雖能送入空氣，有助於過熱爐心降溫，卻也給著火的石墨塊供應氧氣。這時圖希才意識到：既然他已經用水作為冷卻劑，就沒必要再灌風降溫，就連填料平臺這端也不需要派人守著，橫豎消防水龍已固定在爐口上了。其實，人力早就撤下來了。此時關閉風扇不會造成任何負面影響，相反的，切斷氣流說不定能悶熄火勢。少了氧氣，石墨塊也就燒不起來了。

圖希命人關掉風扇，然後又一次爬上爐頂，觀察反應爐後方的情形，但他的兩隻胳膊似乎沒剩多少力氣了。圖希回想那一刻，「我費了好大的勁才掀開爐頂後方的檢查孔蓋。」但眼前的景象令他振奮不已，「少了風扇挹注，火舌似乎無所不用其極想攫取空氣……效果太驚人了。我親眼看著火勢愈來愈弱，火焰逐漸消失。」他關上檢查孔，也就是這把火最後的氧氣來源，慢慢爬下扶梯，終於帶回好消息。[49]

圖希抹去額頭上的汗水，寬心寫在臉上，圍著他的夥伴們明白他們挺過去了。圖希終於找到解方，原本可能引發爆炸的水，現在成功地冷卻反應堆，把火滅了。近午時分，筋疲力竭的圖希爬上爐頂再看一眼時，反應爐後方通道已看不見火苗了。「在我看來，」圖希回憶，「火已經滅了。」但圖希不敢冒險，仍囑咐打火班弟兄持續注水三十小時。反應爐徹底報銷。[50]

＊＊＊

有道是家醜不外揚，溫斯喬也不例外。在溫斯喬工作的人大都不甚多話。反應爐經理高斯登未於第一時間通報上司，而是拖到十月十日下午兩點，待溫斯喬的兩位高階經理人因廠外輻射升高而有所警覺，親臨反應爐大樓，事件這才曝了光。至於溫斯喬的直屬主管機關「英國原子能管制局」也是到了十月十一日星期五早上九點才得知溫斯喬發生「緊急」事件，即圖希關閉反應爐風扇，撲滅這場火的數小時後。延誤通報的原因和理由很多，但也不全然跟管理階層意欲隱瞞事故細節有關。

研究英國核能發展的史學家羅娜・阿諾探討了溫斯喬「驕傲自恃、堅毅不求人」的傳統。溫斯喬這幫人可說是英國大學系統最優秀的菁英份子，在科學實驗與技術創新的氛圍中成長茁壯；在如此的養成環境中，就算不鼓勵冒險，勇於承擔風險也是意料之事。他們是建造、操作反應爐並產製鈽和氚的第一批人。他們壓根也沒想過這世上還有自己處理不了的問題，也沒想過溫斯喬以外的人有能力提供協助。「溫斯喬，這塊獨一無二、遺世獨立的化外之境發展出一股強大的職場忠誠與驕傲，喚起強烈的鄉土意識，也就是義大利文所稱的『鐘樓主義』（campanilismo）。」*阿諾寫道。[51]

溫斯喬人不願聲張，這點幾乎無庸置疑，但紙包不住火，火災導致的輻射擴散讓事情曝了光。根據溫斯喬總經理戴維與坎伯蘭郡政府於一九五四年十一月簽訂的協議，若發生緊急狀況且「已達需要協助之階段」，戴維必須通知當地警察局局長。協定載明，此文件所述之緊急事件不一定是爆炸這類「非專業人士常想到的意外事件」，也有可能是輻射外洩，後者可藉由警告民眾待在室內或等待撤離等方式處理。不論是爆炸或輻射外洩，都需要溫斯喬的管理階層和郡政府通力合作：溫斯喬必須確認放射性煙流的移動方向，指示民眾待在室內或等待撤離，並提供防護裝備與聯絡人員名單；地方主管機關則負責提供人員與交通運輸工具，以協助警告或疏散、撤離民眾。[52]

溫斯喬的職安及健康部門經理豪威爾斯拿到第一批廠外放射性落塵讀數報告的時間，大概在十月十日午夜前左右。那天下午，他派出兩部車沿著海岸線採集空氣樣本，結果顯示「測到的伽瑪射線最高值達到每小時四百萬侖目」，剛出爐的報告寫道。儘管輻射讀數仍未超過正常值，從外照輻射的角度判斷亦不具威脅，卻仍有攝入食物的危險。一如蘇聯撤離的幾個受放射性落塵影響的烏拉爾村落，在溫斯喬地區，輻射造成的主要危險來自乳牛食入受汙染青草後所分泌的乳汁。所幸這些受汙染的生乳不會馬上進入食物供應鏈，因此豪威爾斯還有時間為任何可能發生的「乳品緊急事件」做好準備。[53]

十月十一日午夜剛過不久，當時戴維可能還在處理廠內緊急狀況、又或者已在回家路上，同樣因為流感而筋疲力竭，當天正好也在溫斯喬的英國原能局工業組營運主任羅斯出手相助。他打電話叫醒坎伯蘭郡警察局長，告知工廠失火，並請局長準備應付突發狀況。警察局長馬上反應過來，為可能的撤離行動調派警力、徵用交通工具，下令員警在家待命並隨時準備支援，而他本人則馬不停蹄趕往溫斯喬廠區成立緊急調度中心。警察局長也聯絡多位郡政府官員，讓巴士和緊急備援火車順利在郡首府懷特港集結，待撤離令一發布即可馬上開始運作。[54]

現在每個人都在等待圖希的滅火結果。戴維與圖希坐鎮反應爐大樓，羅斯則繼續協調溫斯喬與外

＊譯注：campanilismo 衍生自「鐘樓」（campanile）。義大利每個小鎮都有自己的教堂鐘樓，而每個義大利人都覺得自己家鄉的一切（包括鐘樓）是最棒的。這種自發的群體主義經常變成某種狹隘的愛國主義。

界的各種聯絡事項。十月十一日上午九點左右，當圖希持續往反應爐注水時，他擔憂的爆炸也未如預期發生，羅斯立刻發電報給他在原能局的直屬上司，工業組總監李奧納·歐文爵士與原能局主席埃德溫·普洛登爵士。電報內文寫道：「昨日下午四點半，溫斯喬一號爐的石墨格構在釋放維格納能量期間起火。火勢相當猛烈，相關人員徹夜駐守應變；輻射外洩程度不算嚴重，望能繼續維持。目前已改採注水滅火，正在觀察成效。暫時無需協助。」[55]

羅斯只是向上通報，並未尋求協助或建議。很難說這份電文所揭露的訊息在哪方面更令人吃驚，是羅斯的鎮定自若，或是當溫斯喬的經理及眾科學家在向前者、這個在石油界打滾一輩子的核工新手報告反應堆現況時，所展現的剛愎自用與傲慢自大。羅斯發出這封電報時，溫斯喬的火已燒了至少兩天。雖然戴維和圖希是在諮詢羅斯之後才做了「注水滅火」這個可能引發災難的決定，但他們仍未通知原能局。要是羅斯決定再多等一個鐘頭，等圖希決定關閉風扇，悶熄火勢的話，很難想像這封電報會怎麼寫，又或者根本不會有這封電報？

羅斯雖是核子工業的新手，但他對危機並不陌生。被同事戲稱為「阿巴丹的羅斯」的他，在伊朗首度於石油工業嶄露頭角。到了一九五一年十月，他成為最後離開阿巴丹煉油廠的英國公民，該煉油廠是英國最大的海外石油資產，僱用了三千名英國員工。當年稍早，伊朗政府將煉油廠收歸國有；羅斯告訴記者，他認為伊朗應該沒辦法獨力運作煉油廠，或從其他任何地方挖角專家協助。確實如此。伊朗發現經營煉油廠和賣油皆非易事。不到兩年後，一九五三年八月，英美聯手發動政變推翻當時的伊朗政府，將煉油廠的控制權歸還給英國石油及其他幾家西方企業。不過羅斯本人並未重返伊朗，而是進了原子能管理局。冷靜沉著的他此刻正要處理新的危機。[56]

既然羅斯告訴原能局長官輻射外洩情況不嚴重，當局也就沒有對溫斯喬的員工或坎伯蘭郡民眾發布緊急狀況。不過，就在他口述電報內容的當下，圖希團隊往過熱石墨塊澆水所產生的大量蒸汽正好衝出反應堆通風煙囪，令考克饒夫過濾器一時難以招架。輻射粒子逸入空中再落至地面，落點則依粒子本身的重量、風向及風力而定。與溫斯喬隔著卡德河相望的卡德霍爾核電廠受到的影響尤其明顯，但放射性落塵也沒放過其他區域就是了。

＊　＊　＊

隨著火勢漸受控制並且被撲滅，輻射危機隨之上演。這會兒換成職安及健康部門經理豪威爾斯展開行動了。豪威爾斯認為情況嚴重到必須把廠內的建築工人送回家（據媒體報導約有兩、三千人），當地學童也立刻放學回家。留在溫斯喬的人必須依指示留在所屬大樓內，外出時務必戴上防毒面罩。駐守廠區外圍的警衛和巡邏犬也得遵守相同規定，結果有幾隻困惑的狗認不得牠們戴了面罩的主人，竟張口攻擊。[57]

工人與學童一旦回家，接下來幾乎就不太可能封鎖消息，不讓其他居民知道溫斯喬出大事且情勢未定。「昨天早上，『溫斯喬原能工廠有一座反應爐失火』的耳語傳遍整個坎伯蘭。」十月十二日《西坎伯蘭新聞報》如此報導。不過報社記者並未觀察到一絲恐慌的跡象。「在離反應爐兩百碼左右的地方，我看見七十多歲的史丹利太太在小屋前的花園圍牆邊悠閒地種花；六百年來，史丹利家族一直是這一帶的莊園領主。」記者寫道。「我問她擔不擔心原能工廠出的事，她說『我不擔心。幹嘛擔心？如果真有什麼需要擔心的，他們早就通知我了。不管怎麼樣，我的家族已經在這兒住了六百多年，我就待在這兒，哪兒也不去。』」[58]

當地農民泰森・唐森的家離工廠圍牆不到兩百碼（一百八十二・八公尺），他在星期五早上十點半左右注意到工人陸續離開工廠，但沒聽說有任何警報。那天，唐森兩個姊妹的寶寶幾乎都睡在娃娃車裡，而娃娃車就靠在溫斯喬的籬笆外頭。相較之下，錫斯凱爾附近的鎮民就警覺多了：兩名男子沿著鐵軌騎腳踏車進城，立刻被一名拿蓋格計數器的傢伙攔下檢查，結果兩人身上的衣物輻射超標。一名報社編輯的太太稍早和雜貨店老闆聊天，聽說了溫斯喬的反應爐起火，因此不得不把工人趕回家的事，他從妻子口中得知這個消息後，聯絡了在英國國家廣播公司和美國聯合通訊社的同行，大批記者瞬間湧入溫斯喬。「這場火災看起來就像不少人警告過的重大核災事故，」一名記者寫道，「誰也不知道接下來會發生什麼事。」[59]

英國原能局決定在倫敦總部的新聞發布室舉行記者會，由年輕的新聞官羅伊・赫伯特主持。他才剛到任，渴望向前輩學習經驗，但記者會當天他們剛好全部出公差，前往多個國內或國際場合宣傳赫伯特所謂的「原能福音」。唯一留守的只有赫伯特的直屬上司，公共關係辦公室主任艾瑞克・昂德伍。「記者會問你很多很多問題。」那天早上，昂德伍對赫伯特說，然後他警告這名新人：「在你回答任何問題之前，記得先來找我。」昂德伍表情陰沉，語氣匆忙。「什麼樣的問題？」赫伯特設法在昂德伍關門之前開口問他；「抱歉，我不能說。這是機密。」昂德伍回答。[60]

當日午後，機密揭曉：昂德伍發給與會人士一份資料，那是原能局主席埃德溫．普洛登爵士寫給首相麥米倫和農業大臣艾德蒙．哈伍德的備忘錄。這份備忘錄以羅斯稍早發出的電報內容為主，再加上之後陸續收到的部分訊息。不過，羅斯在電報中僅提及廠方往反應爐注水，並未確認其效果；而普洛登的報告卻載明爐溫已開始下降。普洛登爵士公開這份備忘錄時，他其實還不知道火災已經撲滅，所以對普洛登爵士，還有首相及社會大眾來說，這把火還沒燒完。

普洛登備忘錄的重點在輻射擴散，而非火災。他表示，絕大部分的輻射都已被過濾器攔截，僅有「少量」落在廠區內；相關人員皆聽從指示，留在屋內。備忘錄並未提及廠外汙染狀況或輻射對民眾的影響。相反的，普洛登向首相以及社會大眾保證，相關人員正在溫斯喬或「周圍區域」實行輻射監測，目前並無證據顯示「可能對社會大眾造成危害」。至於事故原因為何，普洛登繼續寫道，此刻不僅言之過早，亦無實質理由擔心其他反應爐也會出事，因為卡德霍爾的幾座反應爐與溫斯喬的反應堆設計完全不同。[61]

幾天後，赫伯特自倫敦被派往錫斯凱爾，負責倫敦辦公室和溫斯喬高層之間的訊息協調。近四分之一個世紀後，他回想起當時情景：「溫斯喬的員工一個個掛著黑眼圈、筋疲力竭，流露出某種複雜的情感：一方面為了成功解決火災而驕傲，另一方面則為了終究還是出了事而感到懊惱，就我所知，以及想到接下來要面對訊問、調查、說明、報廢與這場災難所產生的厭煩不耐。」赫伯特的工作是應付湧入溫斯喬的新聞媒體，提供說明，但他幾乎沒什麼資料能轉告這群擠在工廠緊閉的大門口、拿各式各樣問題轟炸他的新聞記者。「那個場面使我聯想到法國大革命：一群暴民在柵門前推擠衝撞。」──赫伯特憶道。62

記者拚了命想要問出事實真相，但得到的答案卻少之又少。攝影記者的情況好一些，他們以溫斯喬的通風煙囪和卡德霍爾的冷卻塔為背景，拍下農莊與放牧牛群的照片。豪威爾斯最掛心的就是牛群和草料，因此他努力蒐集煙流方向的數據，思考該如何處理即將被汙染的牛乳；幸好初步取得的數據令人振奮：當時的風是從溫斯喬通風煙囪朝愛爾蘭海的方向吹，遠離坎伯蘭郡海岸；而錫斯凱爾似乎也和數周前、位於烏拉爾山區的奧焦爾斯克一樣幸運。但豪威爾斯有所不知：高海拔風向與低海拔完全相反，正重演城堡喝彩試爆時所遭遇的情境。十月十一日清晨，坎伯蘭地區刮起強大的西北風，將輻射帶往英格蘭並越過海峽，送進歐陸。63

豪威爾斯的當務之急是決定何時告知酪農停止飲用並販售牛乳，送交報廢。他於十月十日傍晚著手採集乳汁樣本：第一批結果還不錯，並未檢出輻射；但隔天就驗出「碘131」了。碘131是一種半衰期為八天的高能放射性同位素，首次測得的強度為每公升乳汁〇．四微庫倫。十月十二日再上升至〇．八微庫倫。豪威爾斯眼前的難題是他沒有可供依循的乳品安全法規，以規範幼兒與學童的攝取標準；然而豪威爾斯也跟溫斯喬的其他人一樣抗拒求援，不太願意和原能局工業組的夥伴密切合作。

豪威爾斯後來還是跟工業組的同僚聯絡了，不過卻是在總經理戴維的要求之下才這麼做的。小組裡的科學顧問無法馬上回答豪威爾斯的問題，但他們立刻著手研究，而豪威爾斯亦同時派人到鄰近牧場向酪農示警。十月十二日下午兩點左右，有人敲響了唐森家農舍的門：一名員警陪同一名溫斯喬職員前來傳達消息與指示。「他叫我們不可以再喝自家生產的牛奶，還得遵守好幾項預防措施。」唐森回憶。「如果我們喝了牛奶，後果會非常嚴重。」不用說，蔬果也同樣吃不得。「當然啦，我們其實不完全相信他們說的話。」唐森表示，但他「也不太高興。溫斯喬出了這麼嚴重的事，而他們竟然過了快三天才通知我們」。[64]

十月十二日傍晚，原能局工業組的專家們終於做出決議，將乳汁的碘131容許上限訂在每公升〇．一微庫倫。次日，廠區附近的酪農區獲知這項壞消息：溫斯喬周邊兩英里（三．二公里）內的十二座牧場已受到影響。十月十四日星期一，當局建議酪農戶「廢棄」生乳的範圍，擴大到濱海長十八．六英里（三十公里）、寬六至十英里（十至十六公里）的區域。十月十五日，隨著放射性落塵的相關資訊愈來愈齊全，警戒範圍擴大至兩百平方英里（五百一十八平方公里）。[65]

英國牛乳行銷委員會也和溫斯喬廠區人員密切合作，安排酪農參加會議，說明輻射牛乳相關的危險性。事後這群酪農的損失皆獲得賠償，由原能局經牛乳行銷委員會所核發的賠償金總額粗估達六萬英鎊。遭汙染的牛乳統一由集乳車載走運至廢棄處理場。諷刺的是，其中一輛集乳車車身印有「健康一卡車」的標語，但這會兒大家對乳品安全似乎沒多大信心。溫斯喬事件後的數年裡，當地有部分的民眾不喝鮮奶，改泡奶粉。

至於負責監測當地牛乳輻射含量的溫斯喬實驗室，則苦於樣本無處棄的窘境；牛奶變餿的難聞酸臭味數周不散。此外，這些牛奶亦微微發黃，導致記者寫出「牛奶中的碘已達肉眼可見程度」的暗示性報導。但碘131確實已透過牛乳進入人體：當地孩童與成年人甲狀腺的碘放射強度達〇．二八微庫倫，逼近正常值〇・一微庫倫的三倍。這場核子危機迅速演變成公共健康問題，最後成為政治危機。[66]

＊＊＊

十月十三日星期天，首相麥米倫首次回應溫斯喬事件。他寫信給原能局主席普洛登爵士，建議雙方討論「是否需要進行調查」；翌日，普洛登回信稟告首相，表示原能局確實將進行一場調查，並委由工業組負責溫斯喬營運的歐文爵士主持。[67]

十月十五日，當普洛登通知媒體，表示原能局將組成調查委員會之際，委員會有了一位新主席，潘尼爵士，他是英國原子彈之父，後來還做出英國第一顆氫彈。調查工作將由工業組轉移至該委員會，但依然受原能局或英國核子事務機關監督管理。

若是按普洛登爵士原本的設想，將調查權留在工業組，也就是溫斯喬的核工廠營運單位，似乎有些政治不正確；但是完全獨立調查亦有違政治權宜手段。當時，蘇聯的人造衛星史普尼克猶如壓在心頭的巨石，麥米倫早就準備好要針對恢復美英核子夥伴關係，與艾森豪總統進行談判。在這種情況下，麥米倫最不希望看到的就是完全無法預測的第三方調查結果，以及這項結果可能引發的政府醜聞。

潘尼接下了這項任務。身材高大如巨人，腦袋極聰明的潘尼擁有和誰都能打成一片的稀有特質。他和辛頓一樣，出身並不顯赫，卻擁有高人一等的組織技巧與能力。雖然他的外表看起來像泰迪熊，卻一心想打造核武，毫不退卻，他相信英國必須擁有核武才能穩立於世。潘尼在參與美國曼哈頓計畫時，曾建議將廣島、長崎作為首批原子彈的投彈目標；此外，他也研究過美國一九四六年在比基尼環礁首次使用原子彈轟炸海軍作戰目標的成果。戰後，當歐本海默等老一輩同行開始懷疑原子彈用途，亦反對研發熱核武器時，潘尼挺身而出，帶領英國科學家實現這兩項目標。[68]

就英國核能工業來說，比起反應爐，潘尼對炸彈更感興趣。一九五七年十一月，英國即將進行首次氫彈試爆，為此潘尼整個十月都在做準備，故他希望能盡快總結調查，讓他能早日回歸例行任務。不管是誰提名潘尼擔任調查委員會主席，應該都曉得他的行事曆排程是何等光景，但顯然迅速調查似乎符合原能局和首相辦公室雙方的利益。十月十七日，潘尼與委員會成員抵達錫斯凱爾。他給自己和夥伴五天時間，預定在十月二十二日晚上彙集調查報告；後來他們又多花了四天，遲至十月二十六日才交出報告，但這也是他們拚死拚活趕出來的。

調查委員會總計調閱了七十三份資料，包括報告、圖表、會議摘要及其他文件，另外還約談了三十七名參與處理事故的員工，有些是應委員會的要求而來，有些則是自願作證。委員會成員也得克服一些工作上的阻礙：有些關鍵文件尚無法提供檢閱（這也導致媒體漸生憂慮），還有不少人一開始抗拒作證，擔心自己可能被究責。幸好在委員會再三保證其任務是調查事實真相，不會追究個人，這才順利化解了員工的顧慮。[69]

在正式展開調查程序前，潘尼先述明本次約詢目的：調查溫斯喬事故的起因、相關應變措施及其結果。詢問全程錄音，其中潘尼聲線冷靜、清晰可辨。一名溫斯喬的化學技師彼得·簡奇森被傳喚到委員會來作證，他記得剛走進那間坐滿部會頂級大人物的房間時，內心惶恐不安。他們有些是「個頭大」，譬如潘尼，簡奇森記得他「塊頭真的很大，但他非常風趣、誠懇，而且……十分客氣。」潘尼將事件目擊者逐一請入房間，詢問其職務，若想抽菸亦請自便。有些人顯然確實非常需要抽菸來安定心神；詢問結束後，所有人筋疲力竭，也對調查結果焦慮不已。[70]

調查期間也有過不少輕鬆時刻。當原能局工業組研發主任李奧納．羅德罕被問及對「一號堆燃料匣所使用的新型同位素」有何看法時，他答：「很危險。」現場爆出大笑。這可以說是當天最輕描淡寫的一句話了。這種新型燃料匣又稱「馬克三型」，於一九五六年十二月引進溫斯喬，乃是因應加速製造氫彈所需的氚產量而臨時設計出來的，整個燃料匣只有一層薄薄的鋁膜，沒有外包的護套。委員會指出，這種新型燃料匣也可能是起火原因之一。「就目前考量的幾項疑點來看，最可能惹出麻煩的就是以單層金屬殼包裹棒狀合金的馬克三型燃料匣。」調查報告寫道。「實驗室測試顯示，當溫度超過攝氏四百二十七度，這種燃料匣即可能因為形成共晶合金而導致穿孔。溫度達到攝氏四百四十度時，燃料匣頂多能撐三十四個小時；若達攝氏四百五十度，所有燃料匣會在數小時內破損，有些甚至會起火燃燒。」[71]

調查報告重建了導致事故發生的事件因素，也條列了溫斯喬員工在事故發生後採取的應變措施。「總結以上，我們認為第二次加熱是本次事故的主要原因。」報告陳述。決策依據是受派至溫斯喬一號堆且罹患重感冒的物理學家羅伯森於十月八日上午所做或他批准的決定：由於第一次釋放維格納能量的成效不彰，故建議重新加熱，提高反應強度。「但第二次加熱的時間與前次間隔太短，且加熱過快。」報告指出，第二次加熱造成部分鈾和／或鋰鎂合金燃料匣破裂，產生更多熱能並因此著火。依此意見，事故責任應歸咎於溫斯喬管理階層與負責該反應爐的相關工作人員，惟報告並未提及任何姓名。

儀器問題，尤其是反應爐溫度感應器的位置，則被視為本次事件的「促成因素」。報告並未提到反應爐設計不良造成維護困難，也就是工作人員必須定期「退火」，透過提高反應堆溫度以釋放維格納能量。為提高放射性同位素產量，廠方於事故發生前不久才將退火間隔從三〇〇〇〇百萬瓦日，延長至四〇〇〇〇百萬瓦日；調查報告確實對此有過一番討論，卻未將其列為該事故的可能根本原因。報告建議溫斯喬應細審其組織架構，明確指出管理階層應配置可勝任且足夠的人力，因為溫斯喬有太多事情要負責，而能負責的人卻很少。

報告結論提到，溫斯喬核工廠人員必須為二次加熱而引發事故負起責任，但他們在後續危機處理中的表現值得讚賞。報告指出「他們一想到解決方案便立刻付諸實行，極有效率，相當程度上展現出各司其職、各盡其責的奉獻精神與決心。」報告一出爐即呈送首相辦公室。[72]

十月二十九日上午，麥米倫在潘尼上呈的報告空白處潦草批示：「我都看完了，相當有意思。現在我們面臨兩個問題：第一，該怎麼做？似乎不難。第二，該怎麼說？不好應付。」麥米倫才剛從華盛頓訪問回來，成果斐然；他在十月二十四、二十五兩日與艾森豪總統會面，終於確保「大獎」十拿九穩。艾森豪總統允諾推動修改一九四六年的《麥克馬洪法案》，讓英國成為美國在核子事務方面的夥伴，這正是麥米倫費盡苦心想達成的目標。這層合作關係還需要美國國會同意才能生效，但如果英媒在此時以不利於英國核能工業的方式報導溫斯喬事故，煮熟的鴨子說不定就這麼飛了。當麥米倫得知，溫斯喬一名自願接受委員會調查的科學家法蘭克·萊斯里博士，曾投書當地報紙，且該文已於十月十五日刊出，他簡直要瘋了。博士認為，溫斯喬並未充分警告大眾這場火可能帶來哪些危險，麥米倫氣得大罵他是「自以為是的混蛋」。

十月三十日，首相在日誌中寫道：「問題還沒解決。我們該拿潘尼爵士的報告怎麼辦？」他稱讚該報告「謹慎正直，甚至有些無情」，表明這肯定是一般公司董事會期望收到的那種報告。「然而，要向全世界公開這份報告，尤其是美國，那又是另一回事了。」麥米倫繼續說。「若如實公布，美國國會極可能不同意艾森豪總統的提議，機會就此泡湯。」[73]最後麥米倫無視反對黨要求，亦不理會自家閣員建言，特別是國防大臣和原能局主席的意見，拒絕公開調查報告；已經流入部會大臣及政府高層手中的報告副本亦全數追回。麥米倫甚至要求報告印製單位銷毀稿樣。[74]

麥米倫交給議會的「白皮書」，是他自己對溫斯喬事件的詮釋版本，並非反對黨所要求的完整報告；潘尼的部分調查報告則以附錄形式列入。「英國原能局主席曾給我一份這起事故的備忘錄。」麥米倫寫道，「據原能局所述，本次事故部分肇因於事發當時，溫斯喬並未取得合適的設備裝置進行維修作業，部分則歸咎於操作人員的判斷錯誤，而這些錯誤判斷則歸咎於組織本身的缺陷。」[75]

潘尼的調查報告從未提及「判斷錯誤」一詞，麥米倫這樣的措辭無疑是刻意將責任推給廠方人員，藉此消弭美方可能做出的批評。麥米倫的措辭極具針對性，認定是溫斯喬的工作人員犯了錯；但後者認為自己是受害者，以為他們的付出能得到政府的褒揚肯定，結果竟是譴責。「當時大家都很憤怒，」簡奇森憶道，「簡直可恥。」同在核工產業服務的敦沃斯博士啐道，「竟然把責任推給那群百口莫辯的年輕人。」[76]

但不論是麥米倫或潘尼，他在後來的公開聲明中也用了「判斷錯誤」這個詞，但他們都沒有時間，也沒興趣關心溫斯喬人員們受傷的情緒。這群人已經完成了任務，製出足量的鈽和氚，確保英國首次氫彈試爆順利成功。這個由潘尼監製、由溫斯喬核工廠提供大部分鈽氚原料的核子武器，於一九五七年十一月八日星期五，當地時間上午八點四十七分，落在英國設於澳洲外海的例行試驗場，印度洋的聖誕島尖端。這顆炸彈成績亮眼：爆炸當量超出各界預期，英國預估僅一百萬噸，結果達到一百八十萬噸。爆炸造成部分建物、房舍受損，甚至是參與行動的直升機亦受波及，但無人受傷或受放射性落塵的影響。除了兩名英國政府真心想招待的觀眾，美國的海軍代表與空軍代表之外，沒有任何外賓親臨目睹這項成果。[77]

潘尼甚感欣慰。他不只成功做出氫彈，而且還是在他的溫斯喬報告部分被納入麥米倫白皮書、公諸於世的那段期間做出來的。社會大眾的注意力全被氫彈給拉走了。潘尼接下來的計畫是拜訪華盛頓，準備開始跟美方交換資訊，這是麥米倫和艾森豪在上個月會面時講定的。不過美方也要求英國提供機密文件作為回報，其中就包括溫斯喬火災的詳細資料。[78]

* * *

有了潘尼的奧援，麥米倫順利將溫斯喬火災的政治落塵降至最低程度。這次事件比較接近烏拉爾的克什特姆事故，猶如核武賽道上的路障，而不是城堡喝彩那種會讓全世界警覺核武危機的大事件。然而，不論官方再怎麼透過政治手段來掩蓋，就算程度不及城堡喝彩或克什特姆事故，終究無法抹去溫斯喬火災放射性落塵，以及輻射對人類健康和自然環境的巨大衝擊。溫斯喬和克什特姆一樣，長期以來不斷將輻射物排放至周遭環境，以致我們有時很難將一九五七年火災所釋出的放射性落塵與過去幾次的事件區隔開來。

裝在一號反應堆通風煙囪頂的過濾裝置「考克饒夫愚行碑」擋下了大部分輻射，讓這場溫斯喬之火不致演變成規模更大的健康與環境災難，但它終究無法一網打盡。根據估計，一九五四年至一九五七年間，約有十二公斤的鈾從溫斯喬通風煙囪逃脫，另外還有一種影響肺組織的放射性同位素氙135，貢獻了三十二萬四千居里輻射，攻擊甲狀腺的碘131有兩萬居里，蓄積在軟組織內的銫137則有五百九十四居里。

哈威爾國家輻射防護局的學者專家在一九八四年提出的一份報告中提到，「集體劑量*最主要的暴露或接觸途徑是呼吸道。其中碘131是影響最大的放射性核種，幾乎所有累積在甲狀腺的集體劑量及其他大部分集體有效劑量全都來自碘131。釙210和銫137的占比也很大，而銫137主要經由土地沉積物的體外輻照，和攝入受汙染的食物之體內輻照影響人體。」[79]

牧草遭汙染並導致牛乳驗出放射性核種（radionuclides）的情況也被詳實記錄下來。在一九五四至一九五七年間，產自溫斯喬鄰近牧場的牛乳其鍶90的含量，是距離溫斯喬較遠之牧場的三到五倍。比較不為人知的是，被風帶往愛爾蘭海的放射性煙流也對人體健康和自然環境造成負面影響：海面上的落塵勢必影響海洋生物，或多或少也隨食物鏈進入人體。一九六七年六月，火災發生後近十年，科學家仍能採集到帶有伽瑪射線的牡蠣，這份樣本亦有助於鑑定溫斯喬火災所釋出的放射性同位素。[80]

溫斯喬釋出的輻射究竟對人體造成哪些衝擊，這部分比計算輻射量更難精確判定。從科學角度切入，這個問題其實很難處理，考量到法律和財政結果，以及事件涉及的政治與公共事業利益，幾乎不可能有明確的答案。隨著時間推移，不同的人、不同機構在不同的時間點所給出的答案都不一樣。

儘管當局大張旗鼓地沒收並報廢溫斯喬地區生產的牛乳，但民眾一開始並不知情，或甚至被誤導，錯誤理解輻射對人體的衝擊。當時沒有人知道這一切可能代表什麼意義。媒體在核工專家的慫恿之下發布訊息，表示民眾若不慎暴露、接觸輻射，或可輕易沖洗去除，或可靜待數日任其自行消退。有篇報導是這麼寫的：某位曾暴露於輻照環境的溫斯喬工程師被醫師禁止親吻太太；但四天後，蓋格計數器還他清白，他又可以回家擁抱並親吻愛妻了。報紙登了一家團圓的照片，無比幸福。[81]

對於如何治療因直接涉及意外事件而受輻射影響的廠方人員，潘尼在那份對外界祕而不宣的調查報告中抱持相對開放和實際的態度。報告的作者表示：「目前在員工身上測到最高的甲狀腺碘放射強度是〇．五微庫倫。」但潘尼也承認這個數字是正常值的五倍。根據這份報告，全廠有十四名操作員的輻射劑量超過了三．〇侖琴的容許上限，其中有一位高達四．六六侖琴。更重要的是，第一批前去

＊譯注：又稱集體有效劑量，為輻射防護統計值。算法是有效劑量（E）乘以特定族群人口數（N），單位「人—西弗」。

打開反應爐填料牆上的插栓、探查並評估燃料槽火勢蔓延情形的員工，比其他人多承受了程度未知的高量輻射。「好多人沒戴頭盔膠片輻射計。」報告寫道。「雖然他們身上確實戴了一般的膠片輻射計，但這些人的頭部可能比身上測到的劑量再多上〇．一到〇．五侖琴左右。」[82]

亞瑟．威爾森是第一個拔開20－53插栓，探查爐內情形的人，他終其一生都不曉得自己那天究竟承受了多少劑量的輻射。一九八〇年代末，他受訪述及自己的溫斯喬時光，那時他已以輪椅代步好些年了。威爾森三十六歲就從溫斯喬退休，腳跛得厲害，只能拄拐杖行走。在那場火災以前，他曾多次參與廠區的緊急救援工作，但醫生卻從未將他的不良於行歸咎於輻射曝露。「他們怎能說自己啥都不知道，下一秒又說跟輻射無關？」威爾森思忖。他拿到四百鎊的退休金。[83]

每個人對小劑量輻射的反應不盡相同。令人敬畏的斯拉夫斯基，他在一九四〇年代負責運作蘇聯第一座，也是最危險的反應爐「安努希卡」，後於一九五〇年代處理克什特姆事故，就連一九八〇年代的車諾比事件也有他的份，最後以高齡九十三辭世。儘管那些可能也承受相同劑量的許多同事，包括庫爾恰托夫在內，卻連慶祝六十大壽的機會都沒有。溫斯喬的員工也有好些人壽及耄耋，譬如圖希，當時他因為不願被送回家而不戴輻射監測佩章，料想應是火災期間承受最多輻射的人，結果他活到九十一歲，而且他也跟斯拉夫斯基一樣，到了晚年才比較常抱怨健康問題。

圖希還有一點跟大多數同事不一樣。他被媒體稱為「拯救坎伯蘭的英雄」，且始終不曾批評過潘尼的調查報告。事實上，他認為他和其他人已經「得到調查委員會的讚許」。他想必是把報告裡的那段話牢記在心：「他們一想到解決方案便立刻付諸實行，極有效率，相當程度展現各司其職、各盡其責的奉獻精神與決心。」他也不認為自己因接觸輻射而嚐到任何苦果。「這告訴我們，就算你接觸到比他們說的還要多很多的輻射，依然有可能不會出現任何實質的不良反應。」圖希在八〇年代末的一次訪談中提到。「我就是個活生生的證明。我七十二歲了，不論有沒有接觸輻射，身體始終硬朗，沒道理為了白血病或其他毛病大驚小怪的。」直到生命最後一刻，圖希仍宣稱輻射對他毫無影響。[84]

一九八二年，哈威爾國家輻射防護局估計溫斯喬事件總共導致三十二人死亡，超過兩百六十人因此罹癌。自一九五七年至二〇〇七年，直接參與救火的溫斯喬員工與工程師接受了長達五十年的醫療觀察；二〇一〇年，由醫師和專家組成的醫療小組將結果公諸於世。他們發現，受觀察對象死於心血管疾病的傾向高於英格蘭與威爾斯全體民眾；然若將這群溫斯喬員工的狀況與鄰近地區，也就是英格蘭西北部相比，這個比率就會降低。從統計上來看，直接參與滅火的溫斯喬人員和其他單純在溫斯喬工作的員工相比，兩者的心臟病病例數並無顯著差異。

這些數字或許可以推導出一項可能結論：一九五七年的那場火災並非溫斯喬輻射外洩的唯一來源，而且受影響的不只溫斯喬員工，整個地區的民眾皆遭波及。不過，這份報告的作者群對其研究結果相對樂觀：「由於接受觀察的員工人數不多，導致這份報告在偵測輕微不良反應方面較不具統計檢定力。不過一九五七年那場火災似乎並未顯著影響員工健康，連續追蹤五十年呈現的結果亦然，這點或多或少令人放心。」但仍有一例除外。作者分析「肺癌死亡病例數與承受高量、低量體外輻射之間的差異關係」，認為數據結果確實存在統計意義：統計顯示，員工暴露的輻射量愈高，死於肺癌的機率愈大。[85]

科學家與醫學專家還有另一項共識：直到一九九〇年代為止，包括溫斯喬與卡德霍爾在內的塞拉菲爾德一帶居民，罹患白血病（血癌）及淋巴癌的機率高於英格蘭其他地區的民眾。有人估計，錫斯凱爾的血癌、淋巴癌病例數是全國平均值的十四倍，發病率則是鄰近地區的兩倍。這麼高的病例與發病數讓各界爭執不下，不過醫學專家一致認為，錫斯凱爾地區的血癌和骨癌的病例數確實高出同郡其他地區。二〇〇五年，英國環境輻射醫學委員會發表報告，證實了先前發現「在塞拉菲爾德的錫斯凱爾村，其孩童的癌症發生率過高」的調查結果。英國另一個呈現類似結果的地點在杜恩雷附近的瑟索鎮，杜恩雷是核反應堆試驗區，海軍的試驗設施也在這裡。[86]

溫斯喬反應爐於一九五七年秋天關閉，直接肇因於那場火災。關閉反應爐就等於承認一號爐起火時，這兩座爐在技術上已然過時且相當危險。不過調查報告完全沒提到這些。但在一九五八年，英國政府兩度發表聲明，表示兩座爐皆無重啟規畫。但這並不是溫斯喬反應堆的終點，而是另一項費時數十年才能完成之冗長程序的開端。關閉核設施並非易事。由於維格納能量仍蓄積在反應爐石墨塊裡，必須持續監控；儲放用過核燃料棒鋁套的廠房也一樣，因為這些都是易燃物。數十年來，能妥善除汙的技術與設備仍付之闕如，最後一批十五噸的燃料亦遲至一九九九年才搬離一號堆受損區。[87]

邁入下一個千禧年的溫斯喬反應堆雖已清空燃料，但斑駁風化的通風煙囪仍驕傲且危險地探向天際。直到二〇一九年二月才展開拆除作業。這又是另一道漫長過程。誠如英國核能除役局和負責溫斯喬舊廠區和卡德霍爾的清理作業的承包商塞拉菲爾德公司所發布的新聞稿所言：「通風煙囪周圍的建物都有核能廢料，無法使用爆破這類傳統的拆除方法。」他們計畫於二〇二一年先移除頂端的「方形過濾器」。[88]

拆除反應爐顯然比建造更花時間，而且還是開銷極大的工程。據二〇一六年估計，整個塞拉菲爾德廠區的清除成本大概要價二十億英鎊，火災和該地區其他核子事故的人力傷亡更是難以估算。鑑於現代科學仍無法建立低劑量輻射曝露與疾病的直接關聯，有些醫學專家建議政府規劃補償方案，讓所有居住在溫斯喬地區，並於溫斯喬事故發生後二十年內罹患甲狀腺癌的人能夠拿到補償金。但英國政府或相關產業並未採納這項建議，是以該區的癌症病患只能在家人與公會的支持下，各自上法院向核能工業求償，結果當然也是幾家歡樂幾家愁。[89]

溫斯喬火災是史上首宗由反應爐引發的大規模核子事故。雖然這場事故所釋出的輻射遠遠不及城堡喝彩或克什特姆爆炸事件，卻開啟了反應爐事故和爐心熔毀的新時代。以下幾章要探討的核子事故都跟反應爐有關，也令溫斯喬之火相形見絀，小巫見大巫。

第四章

原子能和平用途：三哩島事故

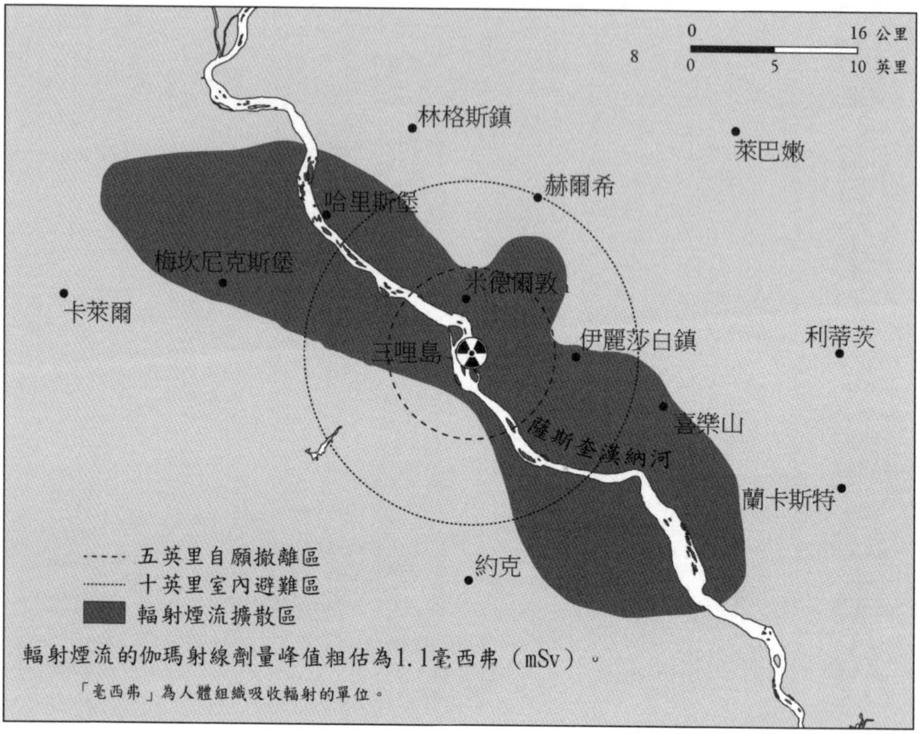

輻射煙流的伽瑪射線劑量峰值粗估為1.1毫西弗（mSv）。

「毫西弗」為人體組織吸收輻射的單位。

一九五八年五月二十六日，白宮變了一道戲法：艾森豪總統在眾多相機、攝影機的簇擁之下，拿起一根媒體稱為「中子魔杖」末端呈球狀的棒子劃過中子計數器，但真正的魔術發生在兩百八十英里（四百五十點六公里）外賓州西部的碼頭市核電廠：艾森豪魔杖一揮，啟動廠內的一具電動馬達，打開主渦輪節流閥，使其最大發電輸出功率（裝置容量）一舉飆升至每小時六〇百萬瓦，在當時足以供應一座二十五萬人口的城市使用。[1]

一九五七年十二月首度連上輸電網的碼頭市核電廠，此刻終於正式啟用。總統稱其為「全球首座大型核能發電廠，並且是純和平用途的核設施」，宣揚這場啟用儀式之於國際的重要性：「這座電廠以原子供電，這象徵了不僅美國做得到，全世界也都做得到。」全球各國注目傾聽，但並非人人滿意。「英國報紙就對艾森豪總統的聲明頗不以為然。」《紐約時報》寫道。「他們認為，數月前就開始發電供電的卡德霍爾核電廠才是世界第一。」這裡指的是與溫斯喬隔著卡德河遙遙相望的卡德霍爾鎂諾克斯反應爐，建於一九五六年，同年十月由伊莉莎白女王主持啟用典禮。而蘇聯則一向宣稱他們在一九五四年啟用的奧博寧斯克核電廠為「全球第一座核能發電廠」。[2]

美國人雖率先做出原子彈、氫彈，在建造核能發電廠方面卻落後蘇聯與英國。艾森豪渴望宣示美國在核能領域的首要地位，但他必須審慎措辭。為他捉刀撰寫講稿的人非常精準地做到這一點：碼頭市的確是第一座「純粹」用於發電的大型核電廠。庫爾恰托夫的奧博寧斯克核電廠淨發電功率僅有五百萬瓦，而建於卡德霍爾的首座大型反應爐裝置容量雖達五〇百萬瓦，卻是具有「產鈽做炸彈」和「發電供民生」雙重目的的核設施。碼頭市反應爐無法製造武器級的鈾或鈽，是一座按設計圖建造，並未柬刪西改的反應爐。[3]

碼頭市核電廠是艾森豪「原子能和平用途」計畫的第一項實際成果，他在一九五三年十二月的聯合國大會開幕致詞時提到這項計畫。演講中提到，「原子能和平用途」承諾將美國核能計畫的未來「交到熟知如何剝除其軍事外衣，改造為和平用途的人手中」，這可說是美國現實主義和威爾遜理想主義進入核子新世紀的經典結合。當美國在一九五二年十一月成功試爆熱核裝置常春藤麥克行動之後，國際與美國大眾都需要一份能夠安心的保證。因此，艾森豪向國際社群，特別是歐洲盟友，誓言他不會為了發動核戰而再製造核武。事實上，華盛頓方面也打算分享美國技術，協助各國發展非軍事核能用途。艾森豪聲明：「我的國家想要的是建設，而非破壞。」

對於美國國內，總統向民眾保證會發揮原子能「好的一面」，也就是用於發電。「原子能」以往都和摧毀廣島、長崎的破壞力聯想在一起，現在它化身為良善之力，協助供應電力、治療疾病、教育學童和大學生。艾森豪必須扭轉美國民眾對核能的認知，才能鞏固民意，投入更多資源發展核武。當時，美國政府推動一項代號為「禿鷹行動」的大型公關宣傳行動，目的是教育民眾認識核武與核能，並說服美國人支持執政當局持續增加對核武的依賴程度。[4]

一九五四年動工興建的碼頭市核電廠無疑是一項重要證據，證明艾森豪所謂「原子能的和平用途」可不是說著玩的。國會於該年解除政府興建並運作核電廠的壟斷專營權。該計畫原本是政府與民營企業聯手經營核電廠，殊不知出資者就是華盛頓。民間資金完全是衝著政府的補貼保證和立法保障權益而來的。輿論批評整套合作架構無非是掛羊頭賣狗肉，純粹為了掩飾「核電廠是政府出錢蓋的」

的事實。加州民主黨籍國會議員切斯特．霍利菲爾德在國會表示，負責經營碼頭市核電廠的杜肯電力公司竟然只出資五百萬美元。而美國政府官方出資達七千兩百五十萬美元，若再加上研發經費，那麼美國納稅義務人負擔的實際成本將超過一億兩千萬美元。[5]

政府參與原子能和平用途計畫的做為還不只這些。眼見碼頭市核電廠即將完工，誰也說不準是否會有下一座核電廠。為了順利推動核計畫，艾森豪總統於一九五七年九月簽署了《普萊士安德森核能工業賠償法案》，明定核子事故的保險賠償上限為六千萬美元，這也是保險公司能付給杜肯電力公司的最高額度。考量到核災可能造成的損害，這個金額即使在一九五〇年代也不算太多。根據這項法案，撇除保險公司所給付的六千萬美元，美國政府必須另外承擔五億美元的賠償支出。「所以這幾乎是一家國營企業。」碼頭市正式營運當天，《紐約時報》刊出一篇報導，「碼頭市核電廠依然是國有財產，卻以部分民營的方式運作。」[6]

讓艾森豪實現「原子能和平用途」願景的是海軍上將海曼．李高佛。他是帝俄時代猶太大屠殺的難民*，也是一手打造美國「核子海軍」的奠基者。李高佛在接下碼頭市核電廠興建計畫之前，已完成了全球第一艘核子動力潛艇鸚鵡螺號的造艦工程，該艦於一九五四年一月下水服役。李高佛做事

*編按：一九〇五年俄羅斯在戰爭中敗給日本而爆發革命，繼而頒布憲法成立國會。之後反猶人士試圖煽動民眾情緒，將革命與憲法歸咎於猶太人，並利用反猶文件《錫安長老議定書》，從而讓一九〇三年以來的猶太人大屠殺達到高峰。李高佛一家人便是在這場反猶騷亂中逃離帝俄移居美國。

專注、堅定固執，大多時候讓人討厭，但他這個人就是來完成工作、解決問題的。李高佛擁有諸多成就，其中之一就是研發出一種反應爐，同時快速推動了美國的核子海軍及美國核能工業的發展。這款反應爐被稱為「壓水式反應爐」（PWR），它不用石墨，而是以水來調節反應，比起橡樹嶺、漢福德、奧焦爾斯克、奧博寧斯克及溫斯喬的石墨反應爐要安全許多。李高佛在西屋電氣公司工程師協助之下，將核子動力潛艇的小型反應爐改造成碼頭市的大型工業用反應爐。這座反應爐於一九五七年十二月達到臨界後併網。[7]

李高佛的PWR反應爐有多款改良設計，並由多家公司製造生產，為美國核子計畫建立了骨幹。壓水式反應爐給人安全可靠的印象，設計精良，以致眾人很難想像它發生爐心熔毀，就好比沒人想過鐵達尼號會沉沒一樣，有位核子相關機構官員曾如此憶道。李高佛不僅為核能工業送上反應爐基本設計圖，還帶來一票生力軍：絕大多數的核電廠反應爐操作員都曾在海軍服役，因此他們對反應爐原理、操作訓練、安全觀念都有一定程度的了解。這群人可以在短時間內完成受訓，操作大量的新型大型反應爐。產業成長需要人力支援，海軍隨時可協助訓練。[8]

艾森豪不計代價，一心只想完成計畫，而他也如願以償。一九五九年十月，伊利諾州德雷斯頓核電廠一號爐達到臨界；一九六〇年八月，洋基核能發電廠啟用；到了一九七一年，全美運轉中的反應爐總計達二十四座，發電量達到全國的百分之二．四。這樣的起步算是中規中矩，但總有迎頭趕上的一天。一九七三年，反應爐製造訂單創下四十一座的驚人記錄；翌年，第一座裝置容量達一〇〇〇百萬瓦的發電用反應爐在伊利諾州萊克郡錫安核電廠啟動運轉。原子能和平用途持續兌現「核能造福人類」的承諾。核電廠不僅為全美數十座城鎮帶來工作機會，推動經濟發展，也允諾了更美好的未來。[9]一九七三年，尼克森總統呼籲在二十世紀結束前必須達到興建一千座反應爐的目標。阿拉伯石油的禁運重創了美國能源工業與經濟，核能工業的未來可說是前所未見的光明燦爛。一九七五年一月成立，並負責核發核電廠及操作執照的「美國核能管制委員會」，焚膏繼晷，應付各地不斷增加的設備與人員的核照需求。核管會主席哈洛德・丹頓回憶：「我們並未控制發照數量，案件上門就辦，感覺有點像監理所辦駕照：民眾在櫃檯排隊等著做視力檢查，接著是駕駛考試。」[10]

然而，這股核能熱潮的結束幾乎和開始一樣突然。因一九七三年石油危機引發的經濟衰退持續至一九七五年，終結美國自二戰結束以來相當長的一段經濟擴張期，也為「核能」這塊經濟新領域畫下休止符。一九七五年，美國境內的發電設施已超過使用需求，政府提高油價，引發通膨，通貨膨脹率於一九七〇年代末飆升至百分之十二。在這種情況下，特別是用電需求銳減，貸款給核電廠這類長期投資計畫實在太過冒險。一九七八年，美國境內沒接到半張反應爐訂單。若說石油危機促使法國政府積極作為，大興核電廠並且將反應爐規格標準化，那麼美國的核能工業便是自此進入停滯期，殷切期盼好時機降臨。只可惜美國遲遲等不到燕子飛來，翌年情況甚至更糟。[11]

＊＊＊

一九七九年三月是美國核能工業最慘的一個月，這個歷史紀錄至今高懸未破。一切始於一九七九年三月十六日星期五，好萊塢災難片《大特寫》上映的這一天：電影由影星珍・芳達和傑克・李蒙主演，配角及製片是當時還未成名的麥克・道格拉斯。這部片的劇本狠狠澆了「原子能和平用途」一盆冷水。

由傑克・李蒙飾演的核電廠值班主任傑克・古德，是名符其實的「吹哨者」，這個詞的意義就是在七〇年代初才確立的。古德負責的反應爐因冷卻劑流失，瀕臨爐心熔毀；他很快就發現是某個幫浦焊接不全所致，立刻向上司報告，但後者不願採取行動，因為公司可能得花上百萬美元解決這個問題。沒多久，古德找到同樣離經叛道的盟友，一名新聞臺記者和她的攝影師（分別由珍・芳達和麥克・道格拉斯飾演）。管理階層決定讓這座危險、不安全的反應爐繼續運轉，古德無力阻止，只好強行控制反應爐，最後遭警方射殺，而他曾預言並且嘗試阻止的災難就在他死後不久發生了。[12]

工程師出身的編劇邁可・格雷，根據一九七〇年代早期的兩宗核電廠小事故寫出最初的電影腳本。格雷曾經告訴道格拉斯：「這將是一場拍電影和發生大災難之間的競賽。」這部電影引發強烈回響，反映出社會大眾對於核電廠安全問題與日俱增的擔憂。反對核電的聲音始現於一九五〇年代末期，並於一九六〇年代大鳴大放，這段期間碰巧也是公用事業公司買進便宜電力，攀上核能熱潮，造成核電廠大舉擴張興建的年代。然而，在一九七〇年代接近尾聲以前，反核運動始終未能蓄集足夠力量，無法阻止或減緩核能工業的成長。許多人都認為，要說核電廠有安全問題似乎有點牽強，但那也是因為當時社會大眾所知有限，不曉得核電廠幾乎每隔一段時間就出意外。[13]

唯一的例外是一九六六年恩里科費米核電廠爐心部分熔毀事件。該核電廠離底特律約三十英里

（四十八．二公里），記者約翰．富勒曾在一九七六年出版的《我們差點失去底特律》一書中詳盡闡述這場意外。前一年，也就是一九六五年，全美有百分之三十九的民眾憂心這類核電廠事故會引發核爆，對於核能使用的擔憂日漸增加；一九七六年，反核運動搭上了吉米．卡特的勝選列車，從街頭抗議一路開進白宮，執政當局終於不再補助研發新的核能技術。社會大眾看待核能的態度正逐漸轉向，這就是《大特寫》所反映的新現實。[14]

《大特寫》廣受影評家和觀眾的好評，上映的第一個周末即衝出四百萬美元票房；核能工業的龍頭們想當然耳非常不高興。反應爐製造商奇異公司取消某電視節目贊助，因為節目主持人芭芭拉．華特斯在節目中訪問該片主角珍．芳達。不滿該片批判核能工業的還有「大都會愛迪生」公司的董事長華特．克雷茲和副董事長約翰．赫拜因。大都會愛迪生是「通用公共事業公司」旗下的子公司，負責賓州東部與中南部的電力供應。《大特寫》有一句臺詞是「核電廠爆炸將會把範圍跟賓州差不多大的區域變成永不適合人居之地」，這讓該州居民對核能更沒有好印象了。[15]

大都會愛迪生部分擁有並負責營運賓州米德爾敦近郊的「三哩島核能發電廠」，距州府哈里斯堡約十英里（十六公里）。三哩島核電廠座落在薩斯奎漢納河一處狹長沙洲上，設有兩座由巴布柯克－威爾科斯公司生產的PWR反應爐。這家公司長期以來一直和海軍維持合作關係：二戰期間，海軍半數以上的艦艇皆由該公司生產的鍋爐供應動力；戰後，巴威轉型進入核能產業，為李高佛打造第一艘核子動力潛艇鸚鵡螺號。三哩島的兩座反應爐於一九六八年動工，造價為四億美元；一號堆的裝置容量達八一九百萬瓦，大約是首座反應爐（碼頭市）的十四倍。三哩島一號堆於一九七四年九月加入輸電網，剛好支援自一九七三年石油危機以來吃緊的供電需求。

一九七八年九月，發電量更大、約達九〇六百萬瓦的二號機也加入供電行列。三哩島二號機於一九六九年六月動工興建，一九七八年二月取得運轉執照，同年九月正式發電，並於十二月發給商業營運執照。啟用第一年內，二號機發生過兩次事故，停機重啟達二十次；就運轉第一年的反應爐來說，這個數字還算正常，不過仍高於業界平均值。一九七九年，三哩島核電廠帶著世人的高度期待進入嶄新紀元，兩座反應爐運作完美，供電順暢，唯一的安全疑慮是太靠近哈里斯堡機場，飛機起降稍有不慎即可能撞上反應爐。不過這種意外應該不太可能發生。16

* * *

一九七九年三月二十七日晚上十一點，大夜班輪值人員接管兩座反應爐。領班是三十三歲的反應爐操作員暨經理比爾·策維。他於一九七二年進入三哩島核電廠工作，一路晉升至值班主任。策維高中畢業後就入伍海軍服役六年，接受潛艦反應爐和電子技術等相關訓練。來到三哩島後，他從副操作員做起，之後升任領班，先負責其中一座反應爐，然後再爬到值班主任，掌管兩座反應爐。從海軍到三哩島的十二年間，他累積了操作不同型號反應爐的紮實經驗。

當策維被問到「他和下屬都來自海軍，這種情況是否為業界常態」，他同意這個說法。策維的團隊幾乎清一色是海軍出身：弗烈德·席曼是新成立的二號機小組領班，他在海軍待了八年，負責三艘核子動力潛艇的電路維修工作。艾德・弗德里克和克雷格・弗斯特是席曼手下的控制室操作員，過去也都是海軍軍官。弗德里克在海軍服役六年，其中有一整年都在受訓，光是摸索一臺西屋模擬器原型就耗去一半以上的時間。訓練完成後，他被分發至潛艇服役，接下來五年都負責潛艦反應爐的操作維修工作。[17]

這天晚上，策維和組員負責的三哩島反應爐與他們以往照料的海軍艦艇反應爐沒什麼不同，惟前者規模確實大上許多，因此有更多且不盡相同的發電能力、管線、閥瓣、機組零件以及要應付的技術安全問題。為此，包括策維在內的四名組員都曾經到大都會愛迪生接受工業用PWR反應爐的訓練，取得核能管理委員會核發的操作執照。二十七日那晚，除了幾位領有執照的策維組員，另外還有十數名無照的副操作員協助看管反應爐。夜班組員的例行任務是監看眼前控制面板上的數百個燈號與指針，採取必要行動，確保反應爐運作順暢。

二十八日凌晨四點剛過不久，坐在控制室後方小辦公室裡的策維突然聽見警報；他向窗外看，發現控制臺的「集中控制系統」燈號正在閃爍。「我馬上從椅子上跳起來，衝進控制室。」策維憶道。不出幾秒他就發現安全系統關閉了渦輪。「我大喊『渦輪跳閘！』」這是渦輪停機或停擺的業界術語。這時又有一個紅燈亮了。「反應爐急停！」策維又喊。他打開呼叫系統，通告全廠。機組接連停擺，整個過程僅歷時七秒。[18]

策維、弗斯特和弗德里克立刻執行反應爐跳閘的緊急處理程序。三哩島二號機跟所有PWR反應爐一樣，都有兩套冷卻或循環系統。第一套系統以加壓方式將水引至發熱的爐心，一方面避免冷卻水沸騰、變成蒸汽，一方面可確保冷卻水能將爐心餘熱帶進第二套系統。來自第一套管路的加壓熱水在蒸汽產生器與第二套管路內未加壓的常溫水相遇，將後者汽化並推動渦輪，同時降溫，最後在冷凝器裡變回液態水。這些水再次回到蒸汽產生器，被來自第一套管路的熱水加熱，如此循環往復，直到某個環節出錯，顯然事發當晚就是這樣的。[19]

稍早接班之後，策維小組得先解決前一輪值班人員交接的問題，這問題跟凝結水淨化器有關。淨化槽有八座，每座容量兩千五百加侖，將冷凝器的冷凝水淨化後再以泵送回反應爐。冷卻水流經管路時常挾帶管內鐵鏽和雜質，需借助槽內的樹脂小球吸附處理，而這些樹脂小球必須定期更換。更換樹脂有時相當麻煩，這些黏呼呼的玩意經常卡進管道系統，現在七號槽就出了這個問題。前一班的人嘗試用壓縮氣體移除管內的樹脂，可是有人忘了關上氣閥，結果讓水跑進通氣管，影響了氣閥的正常運作。[20]

策維和組員當下對此一無所知，不過眼前他們必須處理的跳閘問題說不定就是氣閥失常引起的。事實上，跳閘不只發生了兩次，而是三次：早在安全系統自動停止反應爐與渦輪之前，主供水泵就先跳掉了，然後才引發接下來的兩次跳閘。情況相當不妙，但沒有策維與他經驗老道的組員處理不來的事。他們檢查指針燈號，關掉警報並確認氣閥位置，但反應爐停擺後不到幾分鐘，策維等人又面臨另一道難題：原本設計用來確保冷卻水量充足的兩座高壓注水系統（ＨＰＩ）竟突然啟動，開始注水，理由再清楚不過了。

只是當時策維等人並不曉得第一冷卻系統的某個氣閥失靈。這個出問題的氣閥叫「先導式控制洩壓閥」（PORV），位於反應爐第一冷卻系統加壓器的頂端以維持水壓：若加壓器內壓過高就必須釋放壓力，這時閥門會打開並待壓力恢復正常後自行關閉。但這一枚洩壓閥原本就有問題：那晚稍早，席曼告訴策維「它會漏」，不過當時看起來不是什麼大問題，不需要馬上處理。但現在，這個排氣閥在正常開啟後卻無法關閉，而策維等人皆不知情，導致第一冷卻系統的冷卻水持續逸出。

這也就是高壓注水系統之所以啟動的原因，可是策維等一干操作員完全不曉得洩壓閥出問題了。弗斯特和弗德里克只看見控制臺顯示綠燈，這代表釋壓訊號傳至排氣閥，卻沒有任何燈號能告訴他們閥門是否關閉。「我舉雙手贊成換掉這組警示面板，」後來弗斯特表示，「這玩意給不了半點有用資訊。」緊急操作手冊也找不到任何有關「閥門失靈導致冷卻劑流失」的故障排除指引。「剛開始我們誤以為還能穩定撐一段時間，」弗德里克憶道，「所以只能繼續嘗試堵住閥口，維持冷卻率。」[21]

眼見緊急泵啟動，負責監控加壓器水位的弗德里克開始緊張了。「我的顧慮是不能讓加壓器到達滿水位。系統滿水位很難控制，我們也從來沒有過這方面的經驗。」一般來說，加壓器的水最多不會超過八分滿，其餘空間是預留給減震氣泡緩衝用的；萬一水體突然震動，又沒有氣泡緩衝，震動的力量可能破壞加壓器，甚至嚴重損害反應爐體。[22]

心煩意亂的弗德里克決定停止注水。「當時，」他回憶，「我繞過緊急安全系統……按下六個旁路切換鈕，讓我能手動控制整個注水系統。」他關掉一個加壓泵，試著讓反應爐的進水量減半，卻似乎收不到效果。「一開始水量明顯變小，沒多久又恢復正常。」弗德里克憶道。加壓器水位指針迅速破表。「水快滿了。」弗德里克向上司席曼報告。滿水位代表整個加壓器裡都是水，所以他們決定關掉緊急泵。但是，解除緊急安全系統和關掉注水泵終將鑄成大錯。高壓注水系統的任務就是供應冷卻水，防止反應爐過熱；現在他們把供應反應爐冷卻水的主要水源給關閉了，眾人又朝爐心熔毀跨進一步。[23]

＊＊＊

要是那群操作員不小心把自己鎖在控制室外，應該就不會發生三哩島事故了。研究該事件的歷史學家如是說。檢討事件成因的總統委員會也有相同見解。「如果操作員或其主管在事發之初就一直讓緊急冷卻系統維持運作，三哩島事故最後可能只會是一樁相對微不足道的小事故。」委員會報告陳述。「但由於操作員習慣將加壓器維持在某固定水位，擔心機組『滿水位』，於是就把高壓注水系統的進水量從每分鐘一千加侖調降為每分鐘一百加侖以下……造成大部分爐心在三月二十八日當天有相當長的一段時間沒有冷卻水覆蓋，終而導致爐心嚴重損毀。」[24]

策維、弗斯特、弗德里克和聽到第一聲警報即前往控制室的席曼做了好幾種猜測，試過好幾種處理程序，無奈就是不明白反應爐到底怎麼了。控制臺上亮起一百多個燈號，讓值班小組難以評估狀況並排出危急順序；不僅如此，有些指針直接破表，無法在發生意外的情況下發揮作用，使得操作員摸不清幾個反應爐重要系統的實際運作情形，另外還有一些指示燈從工作站這邊是看不見的，這也讓操作員難以全盤監控；最重要的是，控制臺並未安裝他們最最需要、能顯示洩壓閥是否閉合的指示燈。[25]

此外，他們的好運也用完了。後來策維終於想到也許是洩壓閥出了問題，立刻請現場操作員告訴他氣閥溫度計上的讀數，這個數值或可作為氣閥是否關閉的指標。結果操作員看錯刻度：他報給策維的數字是攝氏兩百二十八度，實際上卻是兩百八十三度。這五十五度的差值極為關鍵，它讓策維誤以為氣閥關上了。當下最後的希望只剩主系統電腦，但此刻卻已被大量數據淹沒：「當時一次可能進來一百個警報，我們那臺ＩＢＭ連動印表機卻只能一個一個列印出來。」弗德里克憶道。「警報來得飛快，大概每秒十到十五個，印表機完全跟不上。」印出所有數據的時間差可能長達兩到三小時，有些紙頁上甚至全是問號、逗點和短槓。最後就連印表機也投降了。[26]

策維和他的海軍同袍小組除了直覺之外，似乎沒其他指望了，而他們的直覺大多來自操作潛艦反應爐所累積的經驗。這幾個人跟其他所有潛艦反應爐操作員一樣，最在意的就是不能讓加壓器接近滿水位。如果潛艦反應爐出現「機組停擺、冷卻劑不足」狀況，通常問題不大，因為潛艦反應爐體積較小，不容易過熱，現階段還不致損及爐心；但若是發電用的大型反應爐機組流失冷卻劑，所造成的威脅絕對比加壓器滿水位嚴重得多。顯然這幾位海軍退役人員從未理解這項根本差異。直覺告訴他們：必須想方設法，全力阻止加壓器接近滿水位。[27]

在此同時，第一冷卻系統的冷卻水仍源源不絕從未密合的排氣閥流出來。這些水首先流進蓄滿的集水槽，再溢流至反應爐廠房地面。跳閘發生後半小時，圍阻體內的集水池泵自動啟動。策維並不知情，因為他們正忙著處理從第一系統流出的數千加侖冷卻水。事發兩個半鐘頭內，該系統整整流掉三萬兩千加侖的水。當策維意識到反應爐輔機廠房已無足夠空間容納流出的水，他下令關閉水泵，暫停將圍阻體內的積水打進輔機廠房。[28]

第一冷卻系統流失冷卻水，對冷卻泵造成意想不到的影響：冷卻泵打出去的不是水，而是蒸汽，並使得冷卻泵本身開始震動。後來，弗德里克回憶說：「冷卻泵就是這在這時候出問題的。」原本震動的只有泵本身，但因為泵固定在地上，沒多久就連地板也開始抖動。策維小組先關掉一臺泵，接著再關一臺。「當時就覺得反正最後這些泵肯定都沒救了吧。」策維憶道。到了凌晨五點四十一分，他們已經關掉四座集水池泵：兩座緊急泵，兩座常規運轉泵。這會兒加壓器已躲過滿水位危機，但第一冷卻系統也已經不剩半滴冷卻水了。反應爐產生的二四七百萬瓦餘熱，也就是反應堆停擺後即刻產生的高溫就這麼晾著，導致爐心的任一部分隨時都可能被過熱的燃料棒熔化。[29]

清晨六點二十分左右，事故發生超過兩小時，策維決定採納下一輪領班布萊恩．梅勒的建議，親自檢查洩壓閥。梅勒來接策維的班，結果發現控制室一團混亂。梅勒認為所有問題可能都是這個排氣閥惹出來的，特別是他注意到排出的蒸汽溫度偏高，降不下來。「指針卡在那兒有點久。我們去檢查一下閥瓣吧。」策維回憶他和梅勒當時的想法。「後來我們只能用一個方法確認，也終於確定真的是排氣閥沒關好：我們從那個沒關好的閥門把阻流閥，也就是逆流閥關掉了。」策維說。閥門一關，原本降至極低的第一冷卻系統壓力指標開始逐漸上升。「那一刻我們才明白，一定是排氣閥沒有完全閉合，水才會一直湧入集水槽，再灌進廠房。」策維憶道。[30]

等他們終於搞清楚是怎麼回事，並關上洩壓閥，情況早已一發不可收拾，這場大災難已經躲不過了：反應爐即將熔毀。這群操作員解決了一個問題，卻不經意製造出另一個問題：故障的排氣閥雖未關緊，倒能排出反應爐內些許熱氣；一旦閉合，爐內餘熱根本無處可去。「反應爐的計數率（count rate）＊一直往上升。」策維想起計量爐心中子流的曲線圖，那一刻他終於明白：「要出大事了。」自危機發生以來，策維首度意識到爐心可能已經受損了。

時間是清晨六點半。策維等人開始把冷卻劑（硼水和硼劑）灌進加壓冷卻系統，設法減緩反應。但是到了六點五十分左右，輻射監測面板突然失控，所有警示燈變成一片琥珀紅。監測系統指出，圍阻體排入輔機廠房的冷卻水輻射量正逐漸升高。「在那個瞬間，我知道我們大難臨頭了。」策維坦承。二十分鐘後，取樣結果證實了他們最深的恐懼：冷卻水的放射強度異常的高。策維方寸大亂。他不是沒想過爐心熔毀，但他努力不讓自己去思索這種可能性。「我真沒想過爐心會受損。」他原以為只會「積垢迸裂」，也就是反應爐停擺時，核分裂原料一股腦從生鏽的管道系統溢入冷卻水。

不論原因為何，冷卻水的輻射量正在攀升，策維必須拿出對策。六點五十六分，他透過廠內廣播宣告「廠區緊急事故」，代表廠區可能發生無法控制的輻射外洩意外。事實上，意外已經發生了。[31]

＊ ＊ ＊

＊譯注：放射檢測儀在單位時間內測到的游離輻射計數。

三哩島核電廠總經理蓋瑞・米勒於上午七點十分左右抵達二號機控制室。「輻射指標快速攀升，」他憶道，「不管哪裡都一樣。」七點二十分，他宣布進入「全面緊急事故」狀態，意即發生「可能危及一般大眾安全與健康的嚴重輻射外洩事件」。米勒立刻召開高階主管會議，不過他們大多已經在控制室了。他分派給每一個人一項特定任務，分別向主管機關、地方及聯邦政府通報現況。[32]

本事件由米勒全權處理，就連公司董事長也未干預他的任何決定。當務之急是保全反應爐。米勒跟策維一樣都是海軍出身，他不相信，或更確切地說是甚至不願相信，真的會發生爐心熔毀事件。「我們大多在這行混了一輩子，不敢相信這種事真的會發生。」核工程師鮑勃・隆恩憶道。「我們總以為廠裡有這些了不起的安全系統，然後這些系統又有自己的備援系統……我想，就是這種心態讓大家很難真正掌握現實，無法理解反應爐確實已經嚴重受損了。」[33]

眼前只有一個辦法能阻止反應爐熔毀：降溫。應變小組嘗試重啟注水泵，卻無濟於事。由於管道內氣柱太多，水無法穿過一個又一個蒸汽泡泡；但他們不願放棄。「我們沒碰過這種事。」米勒回憶。「我有約二百二十七噸的水，我知道我能打上一整天。」到了下午三點左右，指針顯示部分蒸汽泡泡開始消散；雖然他們中途還遇上油壓泵失靈，導致進一步延誤，幸好後來修好了。傍晚六點左右，注水作業重啟。當天深夜，強大水壓終於瓦解管道內大部分的蒸汽泡泡。「這些水像是蘇打水一樣。水裡有好多空氣，好多蒸汽。」米勒憶道。這法子證明有效，他們終於把反應爐最急需的冷卻劑給送到了。[34]

但他們再次重蹈覆轍：解決一個問題卻製造出另一個問題。眾人齊心灌注的冷卻水不斷流入集水槽，接著幾乎全數流向輔機廠房；廠房積水不是問題，問題是這些水都是高輻射汙水。輔機廠房內的積水輻射值一下就飆到三百侖琴。「那天我們東奔西跑，也知道自己一直在放出輻射。」米勒回憶。「所以趕緊在地上鋪塑膠袋，試著降低過度暴露的程度。環境輻射這麼高，逼得大夥不得不套上防護衣、戴防毒面罩。」[35]

水不是唯一的輻射源，反應爐也成為另一處更強的輻射源頭：當爐溫從正常作業溫度華氏六百度（攝氏三百一十五．五度）飆至華氏五千度（攝氏兩千七百六十度），燃料棒也熔化了。熔化的燃料破壞了鋯合金護套，並混入蒸汽當中。上午九點，反應爐圍阻體的輻射吸收的讀數已達到每小時六千雷得；由於圍阻體是密封式建築，輻射會進入控制室但不會逸散至廠房外，因此廠外輻射的讀數看起來並不高。「我壓根沒想過要撤離整個郡的人。」米勒憶道。據他表示，鄰近地區的輻射指標始終維持在每小時三十毫侖目以下，僅稍微高出正常值，因此他認為沒有撤離的必要。「當時我女兒就住在離電廠十分鐘車程的地方，我從沒想過要送她走。」米勒後來解釋。「我絕對不會傷害我的女兒。」那年她十歲。[36]

＊ ＊ ＊

賓州州長理查．桑堡於三月二十八日上午八點前，接到三哩島事故的緊急電話。時年四十六歲的州長當時人在首府哈里斯堡的家中，離核電廠約十二英里（十九公里）。打給他的是賓州緊急事務管理局局長奧蘭．韓德森。州長腦中閃過「可能要撤離電廠鄰近區域」的念頭，但他還是想多掌握一些資訊再做定奪。桑堡交代韓德森去聯繫副州長暨賓州緊急應變委員會前主席威廉．斯克蘭頓。[37]

原任美國司法部刑事司總檢察長的桑堡一月十六日到職，上任不到幾個星期，是個徹頭徹尾的新手；而他的副手，也是這場危機處理的關鍵人物斯克蘭頓則在賓州擁有極深的政治根源與人脈。「斯克蘭頓」這座城鎮即是以他的一位祖先命名，他父親也在一九六〇年代當過賓州州長。斯克蘭頓當時年僅三十三歲，除了贏得前一年的大選、一紙耶魯文憑和經營家族出版事業的寥寥數年經驗以外，他自己沒什麼能拿得上檯面的成績。桑堡和斯克蘭頓這兩隻政治菜鳥赫然發現，他倆竟然身陷美國史上最嚴重的核子緊急事件。[38]

那天早上，斯克蘭頓原本安排十點要跟記者討論能源問題；但這會兒「核能」顯然是時程表上的唯一行程了。在事故消息傳進州長辦公室前，媒體即已聞風而至：上午七點半左右，一位人稱「戴維隊長」的當地記者旁聽到警察在討論電廠緊急狀態，於是他立刻打給哈里斯堡當地播放告示牌排行榜歌曲的廣播電臺「ＷＫＢＯ」，他告訴新聞主管邁克．平特克說：「他們正在調度三哩島的消防設備和急救人員」，並且補上一句：「對了，冷卻塔上頭已經沒在冒出蒸氣了唷。」

平特克致電核電廠，總機立刻轉接二號機控制室。「我現在沒空跟你說，總之我們有麻煩了。」接電話的人如此告訴平特克。平特克再打到電廠營運方「大都會愛迪生」總部，對方向他保證「不會危及民眾安全」。上午八點二十五分，消息曝光，美聯社在半小時內就刊出第一篇報導。報導描述：三哩島核電廠發生事故，但並未導致輻射外洩。[39]

斯克蘭頓致電三哩島電廠。賓州輻射防護局的威廉．朵恩席夫也在場，他們聯絡上總經理米勒。當時是上午九點，米勒忙得不可開交，後來他表示自己「別無選擇只能接電話」。米勒向斯克蘭頓報告事發經過：反應爐跳閘，出問題的是第二冷卻系統，不是反應爐本身，但還是「有一些冷卻劑流到反應爐廠房地板上」，而且這些冷卻劑「帶有輻射」。米勒這番話聽在朵恩席夫耳裡，他的印象是「核電廠情況穩定，事情都在控制中」。然而，在與斯克蘭頓結束通話，繼續向大都會愛迪生的主管們報告時，米勒的態度似乎沒那麼篤定了。「我們的處境有點微妙。現在，能不能保全整座電廠都可能會是個問題。」米勒說。[40]

斯克蘭頓遲了很久才現身記者會，但他的說詞無法作為遲到的藉口。「州政府接到大都會愛迪生公司通知，表示三哩島核電廠二號機發生意外事故。」斯克蘭頓逐字唸稿。「一切都在控制之中。截至目前為止並無危及民眾健康與安全之虞。」他請記者放心，雖有少量輻射排入大氣，但「偵測到的輻射量均維持在正常值，並未增加」。接著起身發言的朵恩席夫卻直接駁斥了斯克蘭頓的說法。他告訴在場記者，方才他得知核電廠附近的戈爾茲博勒已測到「少量放射碘」。記者拿各式各樣與輻射程度有關的問題連番轟炸朵恩席夫，但他也沒能補充多少資訊。[41]

這場記者會不僅未能釐清事況，反而製造更多疑慮，就連州政府官員也亂成一團。「以前從沒發生過這種事。」數十年後，斯克蘭頓回憶。「那不是你看得到、摸得著或嚐得到、感覺得到的東西。我們開口閉口都是輻射，漸漸產生了一股巨大的恐懼感。」其實朵恩席夫說錯了。後來，大都會愛迪生通知斯克蘭頓，告訴他戈爾茲博勒並未測到放射碘。但新訊息接踵而至：首府哈里斯堡的輻射量即將拉警報。消息指出，三哩島未知會主管機關即擅自進行排氣作業，斯克蘭頓簡直要瘋了。多年後他憶及此事，「那天早上我才剛說了『並未明顯發生廠外輻射外洩的情況』，說完才發現原來早就外洩了……那種憤怒節節飆高的感覺至今難忘。我到現在還嚥不下這口氣。」[42]

斯克蘭頓要求核電廠經理作簡報。包括總經理米勒在內的三哩島高層立刻前往哈里斯堡面見副州長。會議進行得並不順利。斯克蘭頓不滿廠方未經授權也沒有宣布就貿然釋出輻射蒸汽，認為這次排放是造成輻射量升高的原因。鑑於當時可靠資訊太少，核電廠公司和州政府之間實在難以建立互信，早上和樂融融的氛圍到了下午就已煙消雲散。「我開完會出來，被那群人的態度給氣得不得了。」一名州政府官員憶道。「他們擺出一副『少來指手畫腳。我們知道是怎麼回事，也有辦法解決』的模樣。」

「就在那時候我才意識到，州政府必須做決定，但不能指望大都會愛迪生會提供我們需要的資訊。」斯克蘭頓回憶。他認為大都會愛迪生的代表態度防衛，懷有戒心。那天稍晚，斯克蘭頓第二次向記者簡報，宣稱「大都會愛迪生提供給各位和州政府的資訊有相互矛盾之處。」他告訴記者，廠方釋出的蒸氣含有「可偵測到」的輻射。不過他也錯了：輻射來源並非是蒸氣排放，而是打入輔機廠房的冷卻水。「但我們認為現階段應不至於對社會大眾的健康造成影響。」斯克蘭頓表示。[43]

斯克蘭頓著手尋覓比大都會愛迪生更可靠的資訊來源，他找上了美國核能管制委員會尋求協助。核管會代表當天近午時分即已抵達事故廠區，不過他們在資訊蒐集和通報方面也有自己的問題。下午五點左右，核管會發布新聞稿，證實了各界已知的事實：核電廠外的輻射讀數高出正常值，最高測值達到每小時三毫侖目，是今日建議上限的三倍。然而，該新聞稿並未指明地點，也誤將輻射源指向擁有四碼厚混凝土壁的圍阻體。真正的輻射源是從反應爐打入輔機廠房的輻射汙水。「那天傍晚，核管會的人來跟我們說明，但有說跟沒說一樣。」一名州政府官員表示。[44]

由於得不到可靠消息資料，全國新聞網開始朝最糟糕的方向揣測。哥倫比亞廣播公司（ＣＢＳ）的當家主播華特．克朗凱在晚間新聞中表示，該事故是「核災噩夢的第一步」。三月二十九日，事發翌日上午，斯克蘭頓決定走一趟核電廠，親自確認他得到的資料是否正確。「總得有人到現場去看一下，了解狀況。」後來他如此解釋。斯克蘭頓花了四十五分鐘穿戴防護裝備，終於獲准進入輔機廠房。廠房地面全是積水，「看起來就像你家淹水的地下室，只不過把地點換成核電廠的輔機廠房。」斯克蘭頓憶道。他身上的輻射計數器顯示為每小時八十毫侖目，廠房內的空氣更高達三千五毫侖目；不過他發現廠內的操作員和其他員工都很冷靜，像平常一樣工作。這個場面令斯克蘭頓安心不少，而在回到辦公室，他也是這樣向州長桑堡報告。[45]

然而，就在接近深夜的時候，核管會官員通知桑堡「核電廠狀況不妙，而且愈來愈糟」。那天下午兩點左右，直升機在二號機通風煙囪上方採集空氣樣本，發現輻射值異常偏高；入夜後，冷卻水的輻射讀數指出爐心明顯受損，支持這項推論最有力的證據正是爐溫：跳閘已超過三十六小時，反應爐仍未冷卻，溫度居高不下。[46]

＊　＊　＊

三月三十日上午，桑堡州長接到了更多核管會端來的壞消息。空中的游離輻射已飆破每小時一千兩百毫侖目，核管會建議撤離廠區周圍半徑五英里（八公里）內的居民。鄰近三哩島核電廠的其他各郡也收到可能撤離的通知，某郡甚至直接透過廣播發布消息。照這樣看來，不論桑堡想或不想，撤離勢在必行，不過撤離與否依法屬於他的職權，他不想造成恐慌，亦不願操之過急。[47]

桑堡決定找顧問及各局處首長商討此事。「我把整個團隊叫進辦公室，花了大概四十五分鐘集思廣益、絞盡腦汁想搞清楚到底是哪些理由促使我們提出從華盛頓特區撤離的決定。」桑堡憶道。由於副手們透過電話聯繫核管會主席約瑟夫．亨德里未果，桑堡決定重新審閱各郡提交的撤離計畫。結果大家根本沒做好協調：包括州府哈里斯堡在內，位於薩斯奎漢納河兩邊的道芬郡和昆伯蘭郡，打算把自己郡內的居民撤離到對方轄區境內，也就是說，「兩郡的撤離民眾會在過橋途中撞個正著。」桑堡描述。發現這項事實令他背脊發涼。[48]

賓州各郡都有因洪水氾濫不得不撤離民眾的經驗。但是河水看得見，輻射看不見。「地表上大概從未有過這種形態的撤離行動吧。」桑堡回憶。但他擔心的不只這一樁。州長擔心，有健康問題而無法自行離開的民眾，必須由州府當局或養老機構出面協助；但這麼一來肯定引爆恐慌。「當你開始討論撤離核電廠方圓五英里（八公里）內的民眾時，」桑堡解釋他當年何以不願貿然撤離，「你得考慮後果，設想這將對十英里、二十英里、一百英里（十六公里／三十二公里／一百六十公里）範圍可能造成的影響……這種事故是無形的，看不到、聽不到，嚐不到也聞不到。」[49]

會議進行期間，祕書好不容易替桑堡聯絡上核管會設於貝賽斯達的總部。核管會主席亨德里接了電話，但對於輻射外洩的嚴重程度，他能說的不多。「就我所知，我掌握到的資訊跟你們知道的差不多。」他這麼告訴憂心忡忡的州長。其實亨德里曾私下跟屬下抱怨：「我們這樣根本是瞎子摸象。他那邊的資訊很模糊，我這邊則是啥都沒有，我根本什麼也不知道。這跟一群人矇著眼睛做決定有什麼兩樣？」[50]

桑堡想知道核管會是否堅持撤離，但亨德里卻說詞含糊，承諾會跟屬下討論後再回電。此刻，他暫時建議住在核電廠下風處五英里（八公里）內的民眾不要外出。到頭來，那個促使各方動員、讓核管會做出撤離建議的「每小時一千兩百毫侖目」，竟然是場誤會。那日清晨，二號機操作員執行排氣作業，這是在控制範圍內的標準作業程序，但操作員並未通報管理階層，核管會和州主管機關更不可能知道，於是碰巧被飛過通風煙囪上方的直昇機給捕捉採樣了。正常排氣後，煙囪上方的輻射值迅速下降，恢復正常，可是核管會仍以初次取得的數據為憑，建議撤離。[51]

等待亨德里回電期間，桑堡透過廣播籲請民眾保持冷靜，州政府發言人則建議住在核電廠半徑十英里（十六公里）範圍內的民眾待在室內，緊閉門窗。上午十一點二十分，焦慮氛圍節節攀升，也就是大都會愛迪生開完記者會的二十分鐘後，哈里斯堡市中心的民防警報大作，許多民眾因此擔驚受怕，桑堡的反應則是震驚與不可置信。「警報像小刀一樣戳進我的胸口。」他憶道。「怎麼回事？為什麼警報會響？」斯克蘭頓費了好幾分鐘才終於下令關掉警報。這段插曲得歸咎於一名糊塗官員，他誤解了州長稍早的說明，因此按下警報。[52]

亨德里約莫在中午時分回電桑堡。他不建議全員撤離，但也提出幾項新建議：「我們真的不太清楚目前到底是什麼情況。」亨德里說。「電力公司似乎無法控制核電廠，廠內作業似乎也脫離正軌了。」為預防起見，亨德里建議先撤離核電廠附近的孕婦與年幼孩童。桑堡身邊的專家也建議他這麼做。[53]

中午十二點三十分，桑堡對一屋子的新聞記者說明現況。「本人依循核能管理委員會主席建議，請求居住在三哩島核電廠周圍半徑五英里（八公里）內的懷孕婦女與學齡前兒童撤離避難，等待進一步通知。」學校亦暫時停課，但他也請民眾安心，表示目前的輻射程度依然很低。「我再重申一次：州政府採取的各項應變措施都是為了防患未然。謹慎一點總是好的。」桑堡如此宣布。他也在記者會上對於缺乏可靠資訊大表不滿：「對於接下來可能發生的狀況，我們拿到好幾份彼此衝突的資訊。」他告訴記者。「我得說州政府跟各位一樣挫折。要想搞清楚整件事的來龍去脈，實在太困難了。」[54]

一如眾記者所料，州長和大都會愛迪生發電部門副董事長赫拜因正在打一場雙方都不願說破的媒體公關戰。自三哩島危機發生之初，赫拜因即代表大都會愛迪生對外發言：他試著反駁核管會「輻射量偏高」的說法，斬釘截鐵表示廠方從未進行任何「未經控制的輻射釋出作業」，以及採樣測到的輻射量為每小時三百至三百五十毫侖目，而非核管會公布的一千兩百毫侖目。不過，記者倒是對於赫拜因「沒理由採取緊急措施」的保證不怎麼買單。「赫拜因先生，難道您不覺得您應該對核電廠周圍的百萬居民負起責任，善盡告知義務？」一名記者問道。「那玩意快要熔了，是不是？是不是！」率先披露本起事故的廣播電臺新聞編輯平特克吼道。

事實上，三哩島的管理階層和主管該核電廠的大都會愛迪生高層，先是未及時通知州政府二號機故障，現在再加上赫拜因的輕蔑態度，這兩件事營造出「大都會愛迪生想要掩蓋事實」的普遍印象。「大都會愛迪生的人一副老謀深算的模樣，好像在隱瞞什麼似的。」《波士頓全球報》的記者柯提斯．威爾基寫道。「這些人看起來就像尼克森。」三哩島事故離「水門案」不滿五年，距越戰結束也不到四年，眾人無不懷疑「有人想隱瞞事實真相」，民眾對當權者的信任感也降至史上的最低點。[55]

＊　＊　＊

要想在大都會愛迪生、核能管理委員會和州長辦公室之間的公關拉鋸戰中確立事實真相，實在是一項艱難且常令人備感挫折的任務。眼前除了信任危機，還有「看不見」的危機：大家看不見輻射，也不可能探進反應爐看一眼。於是到了三月三十日下午，無法取得反應爐當前最新資訊儼然成為大都會愛迪生、核管會專家與州政府官員最擔心的問題。反應爐溫仍居高不下維持在華氏七百度（攝氏三百七十度），引發各方焦慮，惟恐高溫已損及燃料通道，擔心相當數量的過熱燃料棒可能導致爐心完全熔毀，如此後果勢必更加嚴重，令核電廠本身及周圍地區暴露在強烈的輻照中。[56]

專家推測，反應爐內的蒸氣與燃料棒鋯護套起反應，產生氫氣泡，堆積在圍阻體上半部，而這項推測在事後證實是正確的。氫氣泡產生了每平方英寸二十八磅（每平方公分一．九六公斤）的壓力，阻礙了冷卻水的正常循環，導致反應爐無法降溫。這個氣泡亦有可能進一步破壞爐心，或與氧氣結合，炸掉整個反應爐。後者將使得核電廠管理階層和州政府官員至今面對的所有難題相形見絀。[57]

核管會主席亨德里在剛過中午的那通電話上曾告訴桑堡，氫氣泡爆炸的可能性微乎其微。到了傍晚，他改變想法，認為反應爐內的變化可能會產生氧氣，若與已經存在的氫氣結合即可能炸掉圍阻體，導致輻射擴散全美。「如果說，在那個當下有什麼東西是我最不想要的，」亨德里對委員同事說，「大概就是一個可能會燒起來的氣泡吧。」部分核管會官員要求立即撤離核電廠周圍的民眾，而非依循桑堡先前宣布的半套折衷措施。「我們面對的是風險程度最高的爐心熔毀問題。」核管會委員杜德利．湯普森如此告訴記者。「就算熔毀的機率很小，我們也會建議採取預防性撤離。」[58]

在此同時，州政府已依循桑堡的建議展開撤離行動：第一批離開的是核電廠方圓五英里（八公里）內的孕婦與學齡前孩童。符合條件者有八成（約三千五百人）啟程上路，其中有些人前往赫爾希體育館，這棟七〇年代的複合建築約可容納七千多人。三月三十日傍晚，記者發現館內只有一百五十多名孕婦與孩童。六歲的艾比．鮑巴赫是八十三名暫住體育館的兒童之一，她解釋自己何以來到這裡：「空氣有問題。媽咪說空氣可能會害我死掉。」州長親自來到體育館探視撤離民眾，打氣鼓勵。「打起精神來，」他告訴艾比，「你很快就能回家了。」[59]

然而離家上路的不只孕婦孩童，全家打包出發的大有人在。離開核電廠鄰近區域的人大多不去安置中心，而是直接前往賓州其他地區或甚至其他州郡投靠親友。不論政府幫不幫忙，不論是否違背當局意願，他們都打定主意要走。瑪莎．邁亨利在撤離區內經營一家老雜貨店，她憶起當年鄰居打包離開、邀她同行的情景：「我到他們家，看見他們帶了槍和鏈鋸。大夥兒爬進一輛大貨卡準備上路，說是遇到路障就要拆掉，無論如何都要闖過去就對了。」[60]

在戈爾茲博勒，大概有五千至六千位鎮民在第一天就走了。鎮長肯恩・梅耶向記者表示，「現在這裡像座鬼城。」民眾拋下家產，期望鎮公所代為照看。米德爾敦鎮長羅柏・里德說：「我還記得我站在街角，車陣迂迴地從我面前經過；大夥兒搖下車窗，頻頻抱怨。」他們對他喊：「好好看家！」他回答：「會的，我就站在這裡看著。」里德授權警方對打劫滋事者開槍警告，但幸好沒人趁機添亂，因為就連這類人也落跑了。最後，總計有十四萬四千名住在核電廠周圍十五英里（二十四公里）範圍內的居民離開家園，其中大多在三月三十日星期五出發，也就是桑堡簽下撤離令的同一天。[61]

最鄰近三哩島核電廠的各郡官員也沒閒著，他們忙著跟時間賽跑，擬定新的撤離計畫。一開始他們只準備撤離五英里（八公里）內的居民，但賓州緊急事務管理局沒多久後就要求把範圍擴大一倍。到了三月三十日下午，管理局再度更新指示：撤離範圍擴大至廠區周圍二十英里（三十二公里）。說來簡單，做起來卻很困難：如果說五英里（八公里）的區域會影響三個郡、約兩萬五千名男女與孩童，那麼二十英里（三十二公里）範圍將涉及六個郡的土地，影響人數達六十五萬人。政府當局甚至必須移動十三座醫院和一座監獄。官員們整個周末都在研擬計畫，民眾也隨時準備撤離。[62]

三月三十一日星期六深夜，近兩百名記者擠進哈里斯堡的某個小房間，州長桑堡即將在此舉行另一場例行記者會。大家心裡都惦著美聯社不久前發布的一則新聞：核管會主席亨德里稍早表示，圍阻體內的氫氣泡有「顯示出潛在爆炸的跡象」，以及「可能的時間點就在這一兩天之內」。鑑於反應爐離他們沒有多遠，眾記者想知道他們該留下或離開。州長希望他們留下來，理由是沒有立即的危險性；此外他也在記者會結束前表示：數小時前，卡特總統宣布明日他將親臨視察三哩島核電廠。[63]

＊＊＊

吉米．卡特對核子科技的了解比他前後任所有的美國總統加起來還要多。他是美國史上唯一有過第一手核子經驗的總統。一九四九年，二十五歲的海軍中尉小詹姆斯．卡特被李高佛上校（後來晉升上將）本人欽點負責海軍潛艦核子計畫。卡特常說，除了父母之外，勤奮、坦白正直、要求嚴格且性格魯直的李高佛是影響他最深的人。卡特的回憶錄定名為《何不全力以赴》，即以此紀念李高佛在核子計畫面試時問他的那個問題。[64]

當時，少數幾位年輕的海軍軍官協助李高佛打造他的第一艘核子動力潛艇「鸚鵡螺號」，卡特正是其中之一；後來他也參加一九五二年六月由杜魯門總統親自主持的潛艦下水典禮。卡特所屬的軍官小組必須同時向海軍和原能會述職，漸漸的，卡特不只參與了核子動力潛艦計畫，亦涉足反應爐事務。若說他在潛艦這方面的獨特經歷都是正面的，那麼反應爐這邊則清一色是負面經驗。一九五二年十二月，卡特和同袍被派往加拿大安大略省，協助收拾喬克河實驗室研究用反應爐爐心熔毀的殘局。[65]

加拿大方面之所以需要幫助，是因事故現場輻射量極高，進入現場的人員作業時間有限；再加上該反應爐屬於最高機密設施，持有安全許可且能輪替上陣的人也快要不夠了。於是，包括卡特在內的一百五十名海軍人員受派前往支援。此次任務極度危險：他們得移出受損的燃料棒。「我們在一分二十九秒內就吸收了一年份的最高輻射容許劑量。」卡特回憶。為了縮短拆解反應爐的時間，實驗室在附近另外蓋了一臺模擬機，讓他們反覆練習，結果幫助極大。這群海軍人員隨後接受好幾個月的醫療觀察：「那次暴露並未留下明顯後遺症，只有一大堆我們這些人才懂的，跟死亡和不孕症有關的隱晦笑話。」卡特寫道。[66]

喬克河的反應爐並不大，最大輸出功率為二〇百萬瓦，其設計也和當時運轉中或後來的新型反應爐不太一樣：它不用石墨或普通水調節中子反應，用的是很難製造的「重水」。不過從另一方面來看，喬克河事故已然呈現未來反應爐事故將具備的所有特點：這場事故肇因於操作員犯下的一連串失誤與溝通不良，再加上工具設備不適足，特別是控制系統竟無法即時顯示控制棒於爐心的精確位置，這些錯誤導致部分爐心熔毀、產生氫氣並與氧氣混合，引發反應爐爆炸。原本作為冷卻劑的高輻射汙水最後不得不棄於實驗室附近的砂地，輻射強度高達一萬居里。[67]

喬克河的經驗並未動搖年輕卡特對核能的熱情。聽聞他曾協助善後的反應爐於數年後重啟運作，卡特也很開心。然而在一九七六年競選總統期間，卡特表達了民眾對核安的擔憂漸增。「美國必須把對核能的依賴降到最低，這才是我們要的。」一九七六年五月，卡特在聯合國大會上表示。「我們必須採行更嚴格的安全標準，規範核能應用，並且在考量核能問題與危險性時，誠實面對民眾。」任職總統期間，卡特宣布停止再加工用過核燃料，並為此遭到擁核人士批評；但反核團體同樣攻訐卡特，表示總統並未給予他們足夠的支持。[68]

一九七九年三月三十日星期五上午，卡特從國家安全顧問茲比格涅夫·布里辛斯口中首度得知三哩島發生意外事故。此時他獲得的資訊包括那錯誤的每小時一千兩百毫侖目輻射量。為協助政府各部門協調工作，卡特指派丹頓作為他在三哩島現場的個人代表。時年四十三歲的丹頓是核管會核反應器管制辦公室主任，該部門主要負責反應爐發照作業。三月三十日正午剛過，丹頓即抵達三哩島核電廠，並首次以電話聯繫卡特總統。這是兩位核子專家的第一次接觸，雙方相談甚歡，互動良好。後來，核管會甚至有一條專屬熱線，越過了層層官僚界線與互相猜疑的大都會愛迪生和賓州州長辦公室，直通白宮。[69]

桑堡州長也發現丹頓是個值得信任、有能力安撫民眾的人，遂於例行記者會讓他大顯身手。丹頓微微駝背、禿頭大鼻子、笑容與舉止和善，容易贏得信任，且他還有陳述繁雜事件卻不引起恐慌的能耐。「他講話慢條斯理……南方口音，就是那種讓你聽著聽著就感到放鬆，覺得舒服又安心的傢伙。」率先在哈里斯廣播電臺播報這起意外，後來又對著大都會愛迪生發言人咆哮、要求赫拜因個人負起核電廠事故責任的記者平特克說道。赫拜因和丹頓都是核能產業的主管，也都沒有與媒體打交道的經驗，但兩人首次公開亮相顯然產生了天差地別的效果。如果用傲慢、不值得信任來形容赫拜因，那麼丹頓散發的氣質就是冷靜與自信。「當時大夥兒的感覺就是，」平特克說，「好像終於來了一個可以信賴的人了。」[70]

儘管丹頓形象教人安心，他領導的顧問群卻意見分歧，對於反應爐是否可能爆炸各執一詞。丹頓的手下，暫時留守核管會總部貝賽斯達的核反應器管制辦公室系統安全部主任羅傑・邁特森堅信，反應爐內已生成不少氧氣，爐體爆炸只是時間問題，他的這份確信來自兩組由他統籌協調的核管會專家的計算結果；不過，隨同丹頓來到三哩島的核管會小組成員維克多・史岱勞卻認為，爐槽內並無氧氣蓄積，反應爐幾乎不可能爆炸。[71]

丹頓同意史岱勞的見解，但兩位專家仍爭執不下，即使卡特宣布視察三哩島亦未見平息。總統幕僚促請卡特盡快前往三哩島穩定軍心，對已撤離該區以及仍留在當地的民眾表達關心。問題是讓總統前往三哩島是否安全？白宮幕僚致電丹頓詢問意見，但丹頓讓史岱勞接了電話。不出所料，史岱勞向白宮保證三哩島安全無虞，總統可安心來訪。卡特的幕僚從未聯絡核管會總部，顯然也沒跟邁特森說上話。白宮方面決定隔天，也就是四月一日「愚人節」，安排卡特視察三哩島核電廠。整件事還沒完，愚人是誰還不知道呢。[72]

卡特偕同夫人蘿莎琳抵達哈里斯堡，象徵意味濃厚，表示總統認為一切都在掌控之中。丹頓和幾位重要幕僚到停機坪接機，其中也包括史岱勞。史岱勞剛從當地的主教座堂做完彌撒回來，但他訝異又失望，因為神父竟然為教區信眾「集體赦罪」，認為大家就快蒙主恩召了。邁特森也來了，他專程從貝賽斯達開車過來，想警告丹頓反應爐可能爆炸。兩位專家一邊在機棚內激烈交鋒，一邊等待總統抵達。

《大特寫》編劇格雷當時正在為某家媒體頻道報導三哩島危機，他親眼目睹比劇本更精采的一幕場景：「邁特森走進停機坪的時候，另一名核管會專家史岱勞已經在那裡了。史岱勞說：『邁特森！你這狗娘養的！啊，你怎麼可以到處散播謠言，說什麼有氫氣泡泡！』然後你知道邁特森怎麼回嗎？『維克多，泡泡就快炸了。如果你還看不見，那你肯定是瘋了。』他倆就在機棚裡針鋒相對、互相咆哮。」[73]

當總統專用直升機降落在哈里斯堡機場，吉米與蘿莎琳．卡特踏上停機坪柏油地，廣受各方信賴、與卡特初次見面的丹頓意識到自己處境尷尬。他決定據實以告，向總統報告兩位專家的不同見解。卡特冷靜聽完簡報，決定行程繼續。卡特向留在米德爾敦的居民喊話，同時提醒：「我想對所有住在三哩島核電廠附近的民眾說：桑堡州長會在必要時籲請各位採取適當行動，確保安全。如果這一刻當真到來，請大家務必像過去幾天一樣冷靜且精確地執行州長下達的指示。」[74]

總統結束短暫的公開談話，旋即與夫人及小群官員坐上一輛校車，前往出問題的反應爐現場。總統一行人套上黃雨靴，聆聽輻射汙水等相關注意事項，最後終於進入控制室。這次視察的時間不長，但很順利。不過身為「導遊」之一的丹頓在行程最後一刻嚇出一身冷汗：他發現總統及夫人身上的輻射計數器數值異常偏高。「我的心臟差點就停了。」丹頓憶道。「這裡發生了什麼事？我害總統接觸過量輻射了嗎？」結果原來是大都會愛迪生公司並未將輻射監測佩章歸零就拿給總統夫婦使用，而控制室的輻射量也無異常，丹頓身上的計數器讀數並未變高。他大大鬆了口氣。[75]

就在卡特視察控制室的當下，核管會貝賽斯達總部的一票專家成功說服自己和其他委員：鑑於爐溫持續升高，反應爐內的氫氧混合物即將爆炸。他們建議正在三哩島陪總統視察的亨德里，應該強制撤離核電廠方圓兩英里（三．二公里）內的民眾。但亨德里並未採納。史岱勞也聯繫了該領域的多位專家，他們發現邁特森有個地方算錯了：爐內產生的氫氣會抑制氧氣生成，所以永遠不會產生氫氧混合物。反應爐不會爆炸。[76]

史岱勞立刻將消息上報給才剛從控制室出來的總統一行人。在卡特總統、桑堡州長及丹頓主持的聯合記者會上，無人提及反應爐可能的爆炸。事實上，反應爐那邊甚至傳出好消息：爐溫趨穩，所有燃料棒的溫度皆未超過華氏五百度（攝氏兩百六十度）。反應爐圍阻體和槽體的情況亦漸入佳境，「數據顯示泡泡持續縮小。」丹頓向記者說明大家最害怕的氫氣泡現況。卡特這趟行程以擔心反應爐隨時爆炸揭開序幕，最後證實是虛驚一場。

卡特離開三哩島後，丹頓仍持續帶來更多好消息：總統當天稍早提過的強制撤離，後來也很快確認無此必要。「我看見一些算是樂觀的跡象。明早十一點我再向大家報告。」丹頓對筋疲力竭的記者說。隔天，他表示氫氣泡的體積大幅縮小。「泡泡幾乎不見了」是《紐約時報》為這場記者會報導下的標題。五天後，也就是四月七日，三哩島二號機順利進入冷停機狀態。四月九日，州長桑堡撤回稍早對孕婦與學齡前孩童發布的撤離令。那麼，現在該是回頭檢討並了解三哩島核電廠以及整個美國核能工業到底是怎麼回事的時候了。[77]

＊　＊　＊

四月五日，卡特造訪三哩島核電廠後第四天，他在一場電視演說中宣布將成立獨立委員會，調查三哩島事故原因並「就如何改善核電廠安全提出建議」。[78]

四月十一日，委員會成立，成員共十一位，由五十二歲的約翰．凱梅尼領軍擔任主席。凱梅尼是數學教授，也是電腦程式語言「BASIC」的共同開發者，當時擔任達特茅斯學院校長。和促使羅斯福警覺美國必須發展原子彈的西拉德，以及氫彈之父泰勒一樣，出生於匈牙利的凱梅尼也是逃離納粹歐洲的猶太難民。在白宮舉辦的成立儀式中，凱梅尼向一小群政治人物和政府官員保證，他沒有特殊利益背景，唯一的目標就是「找出事實真相，並以國家利益為前提做出建議」。卡特表示「全國，甚至是全世界的眼睛都盯著這個調查委員會」。該委員會分配到近一百萬美元預算，可雇用二十五名職員協助調查，並預計在六個月內提交建議報告書。[79]

這無非是個重大挑戰，特別是總統還為此成立調查委員會。若說蘇聯於一九五七年指派核子事務部長級人物親至奧焦爾斯克主持調查，而英國也在同一年派出該國的原子彈和核彈之父來調查溫斯喬火災，那麼卡特及其幕僚則想要一個排除所有核能工業相關人士、真正獨立的調查單位。凱梅尼和西拉德、泰勒唯一的共通點只有三人皆出身匈牙利，而委員會其他成員也都是核能領域的新手。「委員會成員由州政府、業界、學界、工會、公共事務、公共衛生、法律和環境單位的傑出領袖所組成，」委員會顧問描述，「還有一位賓州米德爾敦的家庭主婦擔任公民代表。另外要特別提出來的是，委員會全體成員都沒有操作反應爐的經驗。」

凱梅尼意識到了這個問題，數周後向政府部門求助，請他們派遣核工方面的專家協助調查。這次新加入的成員包括四十三歲、借調自海軍大西洋艦隊核動力試驗委員會的隆納德．艾奇森上校，凱梅尼之所以選他，是因為委員會顧問大多都是律師，而艾奇森這位沒有業界背景的反應爐專家似乎很合適。艾奇森於一九六〇年加入海軍核子計畫，當時正值全球最緊張的古巴飛彈危機期間，他全程都在當時世界上速度最快的核子動力潛艇鰹魚號上待命。艾奇森可說是委員會做出最終結論的關鍵人物。[80]

「我剛加入的時候，委員們的普遍共識是『既然這次事故的起因是那個卡住沒關緊的引導式洩壓閥，那麼，重新設計這個動力控制洩壓閥應該就能排除事故了』。」艾奇森憶道。「其實大家更關心的是這次調查會不會導致核管會重組。還有一些人認為當務之急是暫停建造新反應爐。」不過艾奇森也有自己的立場。他寫道：「因為我是李高佛系統培養出來的，這樣的養成背景使我懷疑本次事故肇因於人為疏失的可能性大於簡單的設備故障。」因為如此，艾奇森打從一開始就不曾質疑李高佛的壓水式反應爐設計。說到底，不論系出同門的卡特有多想打造一個真正獨立的調查委員會，若是沒有核工內行人的協助，委員會壓根無法運作。

艾奇森著手尋找這次事故的人為因素，某種比操作員層級失誤更深層的因素。他對產業政策和決策程序感到好奇，沒多久就發現他要找的問題了。在驅車前往三哩島PWR反應爐設計暨營造商巴布柯克－威爾科斯公司總部的路上，一名年輕助理把一份他認為滿重要的備忘錄交給艾奇森。艾奇森當下的反應是「這是炸彈吧！」

這份備忘錄提到，一九七七年九月戴維斯貝斯核能發電廠曾發生一起事故，其中該廠同樣由巴布柯克－威爾科斯建造的反應爐也出現了跟這回引發三哩島事故一樣的問題：當反應爐處於低電壓時，爐內加壓器的洩壓閥無法關閉。艾奇森之所以說這份備忘錄是「炸彈」，理由是竟然沒人想到要通知三哩島負責類似型號反應爐的管理人或操作員，告知戴維斯貝斯核電廠曾經出過這個問題。就如同艾奇森後來所寫的：「目前沒有一套專為操作單位設計，讓他們能受益於前人的經驗或錯誤的有效系統。」艾奇森也發現另一個問題，那就是操作員的訓練不夠完整：他們沒辦法處理一些乍看之下不嚴重，但是不處理即可能釀成大禍的小故障。[81]

艾奇森上校的發現對於調查委員會的結論造成了重大影響。「雖然操作不當是本次事件從小故障演變成嚴重事故的最主要原因，但致使人員操作不當的因素很多，譬如訓練不足、操作程序不明確、組織效能不彰以致員工無法從過去的偶發事件汲取經驗，以及控制室設計不良。」凱梅尼的報告如此陳述。「追根究柢，問題的根源其實是公共事業體本身、設備供應商以及主管核能工業的聯邦機關。因此，不論操作員的疏失能否『闡釋』本次的特殊事件，在考量前述各項缺失之後，委員會有足夠理由相信：三哩島事故終究是無法避免的。」[82]

就跟一九五七年潘尼調查溫斯喬火災時一樣，凱梅尼的調查委員會也發現導致事故發生的關鍵因素：人為疏失。就某種意義來說，鑑於三哩島操作員確實繞過緊急安全系統、關掉注水幫浦，這個動作已成為習慣，也是鑄下大錯的主要原因。人為因素確實是個頗具說服力的理由。但凱梅尼等委員無意尋找代罪羔羊，部分原因可能出在授權者意向：卡特於一九七九年的處境和一九五七年的麥米倫截然不同，他無須為美國反應爐的正當性訴諸外國勢力，也不需要為了發展新核武而掩蓋事故規模。

凱梅尼等委員點出的問題包括操作人員訓練不足，並未建立危機處理程序，最重要的是操作員對已發生的事故案例毫不知情、毫無準備。在行政組織方面，委員會認為核能管理委員會、電力公司和州政府主管機關的危機控管都大有問題。資源不足是事實，但委員會認為這並非唯一問題所在：「所有單位在因應危機時似乎完全搞不清楚狀況，」報告寫道，「各層級之間缺乏溝通管道，許多關鍵建議都是『個人』在尚未精確掌握資訊時提出來的，而管理階層則是太晚才意識到已出現的故障所代表的意義及其嚴重性。」

凱梅尼與同事在聽證會上經常提到一個詞，頻率明顯高於其他詞彙，那就是「心態」。核管會系統安全處主任、主張氫氣爆炸論的關鍵人物邁特森，在十分鐘內就說了五次。委員會之所以特別強調「心態」，主要跟安全問題有關。「核電廠運作多年，也沒有任何證據顯示核電廠會危害民眾健康，所以『核電廠十分安全』就漸漸成為某種定見和信念。」調查報告對於業界的態度作出這番評論，並主張世人「必須改變這種心態。核能的本質即具有潛在危險性，因此，我們必須時時懷疑警惕，思考現行的安全措施是否足以預防重大災難發生。」[83]

委員會在這次事件中並未發現有人蓄意或有計畫地掩蓋事實，這也解釋了各局處及媒體無法掌握足夠資訊所導致的混亂；但是身為六個孩子的母親，也是米德爾敦市民俱樂部前主席，三十五歲的調查委員安．特朗克並不滿意其他委員同事「輕輕放下」的態度，認為不能僅以「混亂」為媒體開脫。特朗克力排眾議，在報告加上「補充意見」，批評媒體處理新聞的方式：「媒體過度強調『萬一』，更勝『陳述事實』，導致社會大眾陷入恐慌，承受極大的心理壓力。跟其他一般新聞來源相比，各大電視網播報的全國晚間新聞尤其讓人沮喪和害怕。這種不當處理重大新聞事件的態度不能用『混亂』一筆帶過。」

委員會以一種拐彎抹角的方式納入特朗克的意見。「處理核子事故相關資訊時，最重要的是必須考量並切記：人類對核能大多抱持戒慎恐懼的態度。」報告寫道。「人類首次應用核能就是那兩顆摧毀日本兩座城市的原子彈。從那時候起，人類就害怕輻射；再加上輻射不像洪水或龍捲風，聽不到、看不到也聞不到，這個事實更加深了我們對輻射的恐懼。」特朗克則希望新聞媒體「自我檢討，審視媒體在這類事故所扮演的角色，不單是設備損壞，也包括心理傷害」。[84]

不論其他成員是否同意特朗克對媒體的看法，委員會仍做出「本事件對健康造成的最大影響是心理壓力」的結論：未撤離或未即時撤離的孕婦擔心腹中胎兒，尚未結婚生子的女性擔心將來會不會懷上不健康的孩子。三哩島地區有百分之四十三的母親表示，放射性落塵或多或少影響了孩子的健康。[85]

* * *

事故期間，三哩島二號機經控制釋出的輻射共一千三百萬居里。該慶幸的是，其中絕大部分都是「氙」這類惰性氣體，對人體健康並無重大影響。危害程度較高，且可能引發甲狀腺癌的碘131釋出量極少，因為大部分的碘131跟爐體內其他元素結合成化合物，有些溶於水，有些則黏附在圍阻體內的金屬表面。當地所產牛乳的碘131含量亦未明顯升高。

凱梅尼等人並未發現任何跡象，表明廠區操作員或一般民眾的生理健康明顯受本次事件影響，僅三名工作人員承受的輻射劑量超過每季容許限值；即便如此，超出幅度也不大，檢測結果為四侖目，上限為三侖目。雖然較難評估本次事件的長期後果，不過委員會專家大多抱持樂觀態度：「癌症死亡病例大概有一半的機率維持不變，一個人死於癌症病例的機率為百分之三十五，兩人死於癌症的機率是百分之十二。幾乎可以確定的是，因本次事件增加的癌症死亡病例最多不會超過五人。」調查報告如此陳述。相關單位於事故期間、事故發生後也曾針對當地民眾進行輻射衝擊研究，結果顯示「輻射敏感型」癌症的比例並未顯著增加，但依然無法消弭各界對核能前景的擔憂，某些言論更助長這類疑慮：譬如哈佛的生物學家喬治·沃爾德就說，「每一劑輻射都是輻射過量。輻射沒有安全閾值這種東西。」[86]

本次事件之所以僅釋出少量有害輻射，主要原因在於反應爐的安全設計，尤其是圍阻體。凱梅尼等人認為，圍阻體能承受更大的災難或甚至減災，這項結論對美國核能工業不啻為好消息。「業界反應相當樂觀。」艾奇森上校在評論這份委員會報告時提到。他決定把調查焦點從反應爐設計與核能技術，轉移至人為因素，這說法猶如送給核能產業一份大禮。只要政府和社會大眾不再質疑核能技術的可靠性，這個產業的常規與實務面就有改善的契機。

艾奇森在回憶錄裡也提及這次調查任務。他特別自豪地列舉了該委員會條列的建議與措施，這不僅得到了卡特總統背書，業界亦採納執行。其中包括成立「核能發電運轉協會」，以推動核能工業的安全標準，並根據委員會的建議，於一九八五年成立「國家核能訓練學院」。卡特不願廢除核能管理委員會，而是提高核管會主席的權力，並加強該委員會對核能工業的管理能力。但亨德里本人並未因此受益，且由於他在事故期間與事後的作為招致多方批評，最後只能辭去主席一職，黯然下臺。[87]

凱梅尼拒絕對核能工業的未來提出任何建議，強調這已超出調查委員會的職權範圍。針對核工業的批評者，特別是拉爾夫・納德等人提出中止興建新反應爐的建議，委員會沒有表示任何立場。然而就算沒有中止，三哩島事故對美國的核能工業仍猶如一記重擊。「巴布柯克－威爾科斯公司自此未再售出任何反應爐」，核能史學家馬哈菲寫道。甚至在三哩島事故還未處理完畢以前，核管會就發函要求該公司調整反應爐設計了。安全問題與政府規範的增加，都提高了反應爐的興建成本，最後成本高到核電廠毫無利潤可言。[88]

其實業內人士早就瞧出了不祥之兆。北卡羅萊納州夏洛特的杜克電力公司董事長卡爾・洪恩於一九七九年四月二日接受《紐約時報》訪問時表示，「可以確定的是，一定會有人卯足全力逼我們關閉反應爐，後續的訴訟則可能導致新爐中止興建。」洪恩發表這段評論時，杜克電力的核能發電比例已達百分之二十，而全美的平均為百分之十三。當時全美共有七十二座的反應爐正在運轉中，已獲核管會許可興建的有九十二座，最後蓋好的只有五十三座。[89]

一九七九年秋天，凱梅尼向卡特總統提交調查報告時，當時三哩島廠區的主要挑戰包括洩除輔機廠房內的輻射氣體、評估二號機機損、移除燃料棒和廠區除汙作業。這些工作歷時十多年才完成。工作人員曾將攝影機垂降至二號機爐心，取得爐心熔毀的內部影像。「這並不是《大特寫》拍攝現場，」曾憂心氫氣爆炸的邁特森表示，「而是三哩島熔毀的爐心。爐心有一半毀損或熔毀，然後大概有二十噸的鈾自尋出路，以熔融狀態流入壓力缸膨大的底部。這毫無疑問就是爐心熔毀。」一九九三年十二月，幾乎是事故發生十五年以後，爐體清理作業正式畫下句點，移出的燃料總計近一百噸，單單這項操作的支出就接近十億美元。三哩島核廢料目前置於愛達荷國家實驗室的鋼筋混凝土容器內持續衰變，但最終的棄置方式及相關費用仍是未知數，只能交由後代子孫來支付了。[90]

事故發生時正在進行填料作業的一號機，終於在一九八五年歸隊，重新併網加入發電行列，持續運作至二〇一九年九月關閉為止。它熬過了多年來的評估與當地居民抗議，反核人士甚至到場聲援，成為反核運動的重要象徵。一號機之所以關閉並非技術問題（使用執照有效至二〇三四年），而是經濟因素。核能工業陷入了嚴重衰退：包括西屋在內等好幾家主要業者紛紛於二〇一八年申請破產保護。二號機雖已關閉，但故事卻還沒完：整個廠區的清理作業預估將持續至二〇七八年，粗估將耗資十二億美元。[91]

從許多方面來看，若非時勢所趨，關閉三哩島一號機的意義不大。但誠如當前所見，這股始於四十年前三哩島二號機爐心熔毀的反核趨勢日益加劇。近七年後，在距離三哩島近五千英里（八千〇四十六公里）外的另一場核子事故，更將這股趨勢推往不可逆的方向。這起事故發生的地點在烏克蘭車諾比，彼時仍是蘇維埃社會主義共和國聯邦的一部分。

第五章

啟示錄災星：車諾比核災

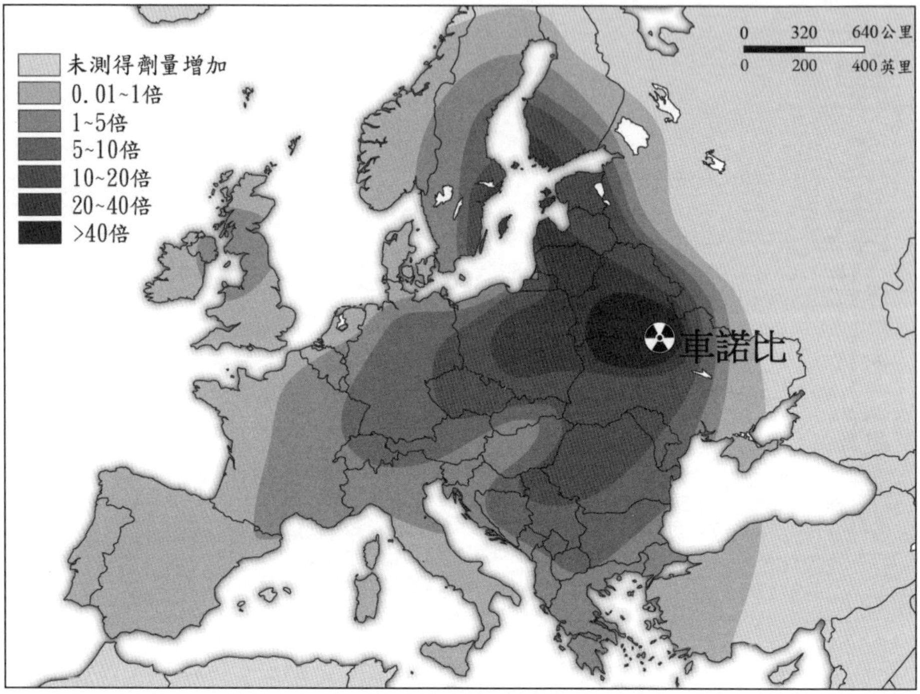
未測得劑量增加
0.01~1倍
1~5倍
5~10倍
10~20倍
20~40倍
>40倍
0 320 640公里
0 200 400英里
車諾比

若說有誰最憂心三哩島事故對核能工業造成的衝擊，應該沒幾個人能比得過當時已七十六歲的蘇聯科學院院長阿納托利．亞歷山德羅夫。他是物理學家、核能研究所所長，也是蘇聯核子計畫的奠基者之一。三哩島事故中，他看見了核能工業所面臨的巨大威脅，他必須採取行動，消除三哩島事故這個預期之外、來自美國的隱憂。[1]

一九七九年四月十日，也就是桑堡撤回孕婦與孩童撤離令、結束三哩島危機的次日，亞歷山德羅夫投書蘇聯大報《消息報》，攻擊西方媒體以「不符比例的誇張作為」來呈現他所謂「頂多就是一些惱人小問題」的三哩島事故。亞歷山德羅夫將美國媒體對該事件的報導定調為「核能工業競爭者，也就是石油與天然氣公司的攻擊手段」，這些業者對美國政府也有一定的影響力。亞歷山德羅夫主張應該繼續發展核能事業，同時預言油氣存量將在二十至五十年內瀕臨枯竭。鑑於鈾礦存量亦不甚樂觀，亞歷山德羅夫決定推展「快滋生反應爐」（ＦＢＲ），這種反應爐產生的裂變原料比消耗的量還要多。

為了讓核能工業在蘇聯領導階層及民眾眼中更具吸引力，亞歷山德羅夫特別提到他的研究所裡正在進行的一項研究計畫：利用反應爐產生暖氣，可供一般公寓和公共建築使用。「它非常安全，說不定還能直接裝設在住宅區。」亞歷山德羅夫寫道。但他也承認，這種反應爐造價不菲，不過它用的燃料比煤便宜也不會汙染環境。除此之外，亞歷山德羅夫還倡議從反應爐推進至熱核反應爐，調節氣候。在他看來，核能的未來與可能帶來的效益無可限量。[2]

亞歷山德羅夫的這份投書，可視為蘇聯擁核遊說團體對三哩島事故的立即回應。因為這場事故可能危及核能在克里姆林宮的地位，使決策天平倒向油氣產業。鑑於蘇聯與歐洲的敵對情勢稍緩，核能為蘇聯在新開拓的歐洲市場賺進不少強勢貨幣。撇開冷戰不談，蘇聯核能工業的領袖們也和美國對手有著同樣的想法，試圖降低三哩島事故的政治落塵所引發的負面效應。事實證明，蘇聯核工業的領導者在這方面比美國更成功。亞歷山德羅夫將三哩島事故描述為核進展道路上的一個顛簸，而這很快就成為蘇聯媒體的標準臺詞。

投書登報一周後，在蘇聯頗具影響力的外交事務評論員根納季．格拉西莫夫也發表評論，討論《大特寫》與三哩島事故。他後來還發明了「辛納屈主義」一詞來定義戈巴契夫的東歐開放政策。格拉西莫夫讚揚《大特寫》這部電影，將事故歸咎於資本主義者的貪婪，同時還攻擊美國與歐洲的反核運動。他把反核示威者比作英國十九世紀為了保障生計而破壞紡織機的「盧德份子」。「那些在西方城市上街抗議，要求徹底廢除核能的傢伙，簡直就是把嬰兒跟洗澡水一塊兒倒掉了。」格拉西莫夫批評。「資本主義扭曲了核能這個新能源科學的發展，所以該廢除的不是這個新領域，而是資本主義秩序。」[3]

亞歷山德羅夫與蘇聯擁核說客贏得了這場權力走廊之役，蘇聯媒體吹捧支持的反政府抗議份子，現在倒成為核能工業利益下的犧牲者。一九七九年十一月，年邁的蘇聯領導人列昂尼德．布里茲涅夫在一場重要的黨部論壇上發表演講，主張應加速發展核能以供應暖氣和電力，也支持使用快滋生反應爐及熱核反應爐技術。亞歷山德羅夫也出席這場討論，而且是在場唯一非政府且無黨職的官員；不出所料，他大力讚揚布里茲涅夫的報告。[4]

＊
＊
＊

一九七九年正是蘇聯核子機構邁入核能領域的二十五周年紀念，該領域高層沉浸在慶祝的心情中，幾乎不受三哩島事故的影響。一九五四年六月，在蘇聯核子計畫奠基者，也是前任核能研究所所長庫爾恰托夫帶領之下，蘇聯科學家推出全球首座主要用於發電，而非產製武器級鈾料或鈽料的反應爐。這座反應爐位於奧博寧斯克，距離莫斯科約六十二英里（一百公里）；雖然裝置容量不大，卻是發電用反應爐的創始者。為了這次慶祝活動，亞歷山德羅夫忙著在國內外演講，發表文章。5

不少人利用這次慶祝活動推廣核能工業，其中包括為蘇聯設計反應爐的關鍵人物，同時也是這個產業的奠基者多列扎爾。蘇聯共產黨重要刊物《共產黨人》的編輯群就邀請這位八十歲老者表達他對於核能工業過去、現在及未來的看法。多列扎爾和經濟學家尤里．科里亞金皆強烈支持發展核能，認為全球到了二〇二〇年的電力供應將有百分之六十來自核能。他主張在西伯利亞建立一座由數十座反應爐所組成的一座大型複合式核能發電廠。在他看來，如此不僅能減少在人口稠密的蘇聯歐洲區興建核電廠對環境造成的可能衝擊，還能大大降低長途運送核燃料的危險。6

三哩島事故發生後，西方各國對核安問題耿耿於懷，多列扎爾的文章似乎也對這場辯論起了推波助瀾之效；雖然他本人從未如此設想。儘管西方評論員並未特別注意這篇文章，但多列扎爾自己對蘇聯核子計畫的願景，以及他自我吹捧對發展「石墨水冷式反應爐」（俄文縮寫ＲＢＭＫ）的貢獻，從這篇文章亦可窺見一二。「ＲＢＭＫ的單位裝置容量達到一百萬瓩，足以讓蘇聯在發展核能電廠方面居於領導地位。」多列扎爾寫道。「外國的核能設施還沒有這個等級的發電能力。」這款反應爐在當時獨步全球，並以「蘇聯式反應爐」為人所知，多列扎爾為此深感自豪。[7]

多列扎爾堪稱是蘇聯核能工業的活傳奇。他生於十九世紀末的烏克蘭，在莫斯科受教育並度過大半人生，先進入化學工業再轉投核子工業。多列扎爾受庫爾恰托夫之託，為蘇聯設計首座反應爐。一如本書第二章所述，庫爾恰托夫建議多列扎爾參考美國漢福德反應爐為設計藍本。多列扎爾簡化了漢福德原型，將燃料槽和控制棒從水平改為直立式。他成功了。一九四八年，多列扎爾在奧焦爾斯克附近的馬亞克造出他的第一座反應爐「安努希卡」，而安努希卡亦產出足量的鈽，讓蘇聯順利在一九四九年八月做出該國第一顆原子彈。[8]

一九五二年，多列扎爾接掌專為設計反應爐而成立的研究機構。他和擔任該核子計畫的學術顧問亞歷山德羅夫聯手開發蘇聯第一座「水水反應爐」（ＶＶＲ），使用輕水作為冷卻劑與緩和劑。多列扎爾的研究大多屬於最高機密，但奧博寧斯克的反應爐卻是個例外。計畫初期，當局要求建造三種不同型式的反應爐，最後決定縮減成一種：多列扎爾的設計雀屏中選。奧博寧斯克的反應爐跟安努希卡一樣，都是以石墨作為緩和劑的水冷式反應爐。雖然裝置容量僅有五百萬瓦，還不到推動「歐洲之星」火車頭所需的一半電量，不過這不重要，因為在時間、資源皆有限的情況下，莫斯科決定選擇相信經歷過試驗的設計師和證實可行的設計方案。[9]

蘇聯人如願以償，蓋出全球第一座核能發電廠。一九五五年，蘇聯代表團抵達日內瓦參加第一屆原子能國際研討會時，已然建立「核能發電領域先鋒」的形象。一九五八年，多列扎爾參加第二屆日內瓦研討會時，巧遇了維格納，就是導致溫斯喬起火的「維格納效應」的那位維格納。維格納送給多列扎爾一本才剛出版、講述反應爐原理的書，由他和他在橡樹嶺研究計畫的傳人阿爾文・溫伯格合著。赫魯雪夫於一九五九年年底訪美後，多列扎爾不只前往美國參觀橡樹嶺國家實驗室，甚至還造訪了美國第一座商用核能發電廠「碼頭市核電廠」，並拜會其設計者暨推手海軍上將李高佛。[10]

儘管多列扎爾等人因創立奧博寧斯克核電廠而在海外博得不少美譽，但蘇聯國內的「原子能和平用途」計畫卻少有進展。蘇聯在一九五〇年代末打造新核能電廠的雄心壯志，到頭來仍是一場空，理由是不符經濟效益。蘇聯的核能和全球其他地區一樣，發電成本過高；此外，儘管蘇聯必須和美國在核武競技場上一較長短，但蘇聯沒有足夠的資源支持核武與核能發展，因為他們把錢都拿去蓋水壩了。鑑於聶伯河和伏爾加河上的水壩已多到超出負荷，大家便把注意力轉向西伯利亞：葉尼塞和安加拉這兩條大河蓋水庫淹掉的土地面積相當於一個比利時，約莫是一萬〇八百平方英里（兩萬八千平方公里）。[11]

蘇聯的政府規劃部門直到一九六〇年代中期才把注意力轉向核能，將其列入一九六五年至一九七〇的「五年計畫」優先事項，原因之一是西伯利亞河流水量不足。蘇聯歐洲地區的用電需求節節上升，而當地主要仰賴水力或煤礦發電，而這兩種資源的取得愈來愈困難。再者，全球各國採用核電的趨勢日益增長，但這個領域最初的領導者蘇聯如今竟遠遠落後其他的競爭對手。一九六四年，蘇聯有兩處核電廠的兩座反應爐加入運轉，推動蘇維埃雙線進行的核子計畫：第一條路線以位於烏拉爾山區的別洛亞爾斯克核能發電廠為代表，該廠採用與奧博寧斯克同款的「石墨水」反應爐。第二條路線的示範廠是南俄羅斯的沃羅涅日核能發電廠，該廠的「水水」反應爐與美國李高佛的設計大致相同。這兩款反應爐皆由多列扎爾和亞歷山德羅夫統籌設計。[12]

問題是計畫該如何推進？要採用水水式、石墨水式，或套用蘇聯當時已開發的其他款型？又或者乾脆多管齊下？最初他們傾向水水反應爐。「這個決定乍看之下很實際，然而在分析國內有能力生產相關設備的工廠產能後，卻發現完全不是這麼回事。」多列扎爾憶道。蘇聯境內只有一家工廠有能力生產水水反應爐的爐槽。因此必須先成立能製造反應爐設備的高科技工廠，但這勢必拖延整個核電推廣計畫，粗估遲至一九八〇年代末才可能實現。蘇聯主政者們覺得等不了這麼久。雖然他們並未放棄高科技生產力的解決方案，不過多列扎爾仍設法在政府高層做成決議前，說服他們繼續推行計畫，先建造已有實績的石墨水反應爐。[13]

多列扎爾的論點很簡單。首先是美國必須耗費八到十年才能蓋好一座水水反應爐，然蘇聯若能利用生產石墨水反應爐的現有基礎，應該能在五到六年內造出新反應爐。此外，他認為反應爐不只可用於發電，也能製鈽；而且這款反應爐毋須停機就能置換燃料，產能大大提升。另外還有最後一點：若採用中子照射，那麼反應爐內所有零件都能替換，而這將是其他西方競爭者所不具備的蘇聯優勢，也使得石墨水式成為蘇聯特有的高功率通道型反應爐。[14]

負責研發與興建新爐的是蘇聯中型機械製造部部長葉菲姆・斯拉夫斯基，他的政治生涯始於一九五七年馬亞克核災的後續清理，現在負責新反應爐的開發和建設。他把手下工程師繪製的石墨水反應爐草圖移交給多列扎爾與亞歷山德羅夫，囑咐他倆參與其中並改善現有設計；兩人欣然從命，並於一九六七年交出設計藍圖。這份設計稿幾乎是當場過關。翌年，該部下令興建首批由多列扎爾與亞歷山德羅夫設計的石墨水反應的四座機組，工程火速進行；就算沒辦法滿足被趕下臺的前任領導人赫魯雪夫所提出趕上並超越美國的口號，但至少也要滿足蘇聯國內日益成長的能源需求。[15]

未來將用於車諾比核電廠的石墨水反應爐於焉誕生。一九七三年十二月，石墨水反應爐在小鎮索斯諾維博爾，即列寧格勒核電廠初次亮相，它也是蘇聯啟用的第一座一〇〇〇百萬瓦級反應爐。多列扎爾與亞歷山德羅夫親自出席該反應爐併網的慶祝儀式。至於「水水反應爐」在這場蘇聯核反應爐爭奪戰中暫時敗給「石墨水反應爐」。「他們都說蘇聯將來只會有水水反應爐，但正如我們所見，目前供應我國電力的是『石墨水反應爐』」，這個說法甚至流傳了好一陣子。[16]

多列扎爾在回憶錄提到：雖差強人意，但蘇聯首座一〇〇〇百萬瓦級水水反應爐也在一九七九年開機運轉，並於一九八〇年代中期，隨著可大規模生產反應爐槽的新式工廠上線運作後達到最大發電量。他表示，一九八〇年，蘇聯境內運轉中的一〇〇〇百萬瓦級石墨水反應爐已近十座（實際上是七座）。問題是石墨水反應爐在本質上並不安全，容易發生兩類意外：石墨起火或蒸汽爆炸，而當時全球處於運轉的反應爐大多只傾向發生其中一種而已。美國核能業內的某人士就曾打趣地說，石墨水式反應爐堪稱是「核裂變發電最危險獎」最實至名歸的得主。[17]

事實上，斯拉夫斯基、多列扎爾、亞歷山德羅夫等蘇聯核子計畫奠基者之所以會做出由石墨水反應爐來發展核能的關鍵決定，不只是順應時勢，也幾乎無可避免，這點從石墨水反應爐的設計過程就能看出來：貪快、抄捷徑，仰仗證實可行的既有款型，卻也因此把一些從未適切解決的老問題帶進新設計裡。首先，蘇聯嘗試以美國漢福德的「石墨減速、水冷式」反應爐為模型，設計一臺製鈽用反應爐，後來又沿用相同的基本設計在奧博寧斯克打造第一座核能發電廠。當他們面臨商用反應爐款型抉擇時，又強行以奧博寧斯克的石墨水反應爐來橋接理想與現實間的鴻溝，直到擁有足夠的產能著手興建更安全的水水反應爐為止。

蘇聯在一九七〇及八〇年代之所以選擇基礎設計過時、操作方式亦不安全的款型作為設計原型，主要原因在於時間緊迫與資源不足。石墨水反應爐的「蘇聯特有」祕密設計元素不僅是很好的宣傳工具，也是說服國人接受「石墨水反應爐值得信賴」的政治說帖。引用該領域一位頂尖專家的話，他說「石墨水反應爐生來就是一套有缺陷但企圖明顯，匠心獨具卻背負宿命，神祕惟用於宣傳的反應爐系統」。早在一九六〇年代，蘇聯的經濟及核能工業巨頭即已預見未來是水水反應爐的天下。在一九七五年至一九八六這十年間建造的三十三座反應爐中，有十七座是水水式，石墨水式的反應爐有十四座。然而在期盼更安全的核能於未來降臨之前，往日鬼魅已先一步逮住多列扎爾及蘇聯境內的核能設施：出事地點在一個叫作「車諾比」的地方。[18]

* * *

車諾比核能發電廠的歷史要從一九六五年說起。彼時烏克蘭仍是超級大國蘇聯轄下的共和政體，他們的領導人向莫斯科請求准許興建三座核能發電廠。莫斯科核發了一座發電廠的許可與資金，於是烏克蘭便在基輔北方約六十二英里（一百公里）與白羅斯交界附近，覓得一處人煙稀少的鄉村地區作為電廠預定地，並以九英里（十五公里）外的古城「車諾比」命名。得名自附近的普里皮亞季河的新興現代都市「普里皮亞季」，則距離建築藍圖上的那個車諾比核電廠僅兩公里。

後來有不少人認為，選擇的地點本身已露不祥之兆：車諾比在烏克蘭文「chornobyl」原意雖是灌木「苦艾」的變種。但在《聖經》的〈啟示錄〉也提過一顆「苦艾星」，它「好像火把從天上落下來，落在江河的三分之一和眾水的泉源。」，使水變苦，就死了許多人。包括美國總統雷根在內的許多外國人和烏克蘭人都相信，《聖經》早已預言車諾比這場災難。如果有人相信車諾比是預言，那麼照理說，這些人也該想到《聖經》預言或許也包括電影《大特寫》的部分概念。然而一九六五年負責選擇核電廠地點的優秀共產黨人沒有一個想到這件事，但在車諾比核災發生後，象徵爐心熔毀的「中國症候群」*卻成了眾人的心頭重擔。[19]

車諾比核電廠的原始設計是要使用氣冷式反應爐，其基本模型與英國塞拉菲爾德卡德霍爾核電廠的「鎂諾克斯式」類似。以石墨作為慢化劑並搭配空氣冷卻，被認為應該會比石墨水反應爐更安全。然而直到一九七〇年車諾比破土動工之際，蘇聯的氣冷式反應爐還在設計階段，再加上當時是

＊編按：中國症候群（The China Syndrome）其實就是《大特寫》的英文片名。這個用詞源自曾參與曼哈頓計畫的美國物理學家拉爾夫．拉普於一九七一年提出的「中國症候群」概念，大意為如果美國的核電廠發生不可挽救的爐心熔解，灼熱的核燃料熔液會熔解一切物質並穿透地殼、地函和地心，直達在地球上位於美國「下方」的中國。

RBMK的天下，車諾比遂改用這個款型。車諾比一號機於一九七七年達到臨界，二號機是一九七八年，三號機於一九八一年，四號機則是一九八三年，另外兩座尚未興建完成。他們還打算在普里皮亞季河的對岸再蓋六座爐。看來，多列扎爾無法在西伯利亞實現的超級核電廠概念，這下有機會在烏克蘭成真了。[20]

車諾比一號機是同型反應爐中第三座加入運轉的機組，排名第一與第二的分別位於列寧格勒核能發電廠與庫斯克核能發電廠。這幾座機組是蘇聯正式實施「核電廠安全作業規範」之前啟用的，猶如不定時炸彈：它們沒有緊急冷卻系統，也沒有故障檢測系統。車諾比二號機與前面三座同屬特別不安全的第一代RBMK反應爐，問題也都一樣；車諾比三號機、四號機則為第二代RBMK反應爐，已經裝設了緊急冷卻系統與故障檢測系統。

安裝這兩套系統確實是一大進展，但第一與第二代RBMK仍少了三哩島壓水式反應爐（PWR）的密封式圍阻體。原因不光是圍阻體造價高昂，而是根本蓋不起來：當多列扎爾在一九四六年決定把美式石墨水反應爐的燃料棒從水平改為直式時，RBMK反應爐便已注定是這個結果了。為了要以垂直方式更換燃料棒，他們必須在高二十四英尺（七．五公尺）的爐體上方再加蓋一個一百一十四英尺（三十五公尺）高的樓臺，其中放置專用起重機。這使得整座反應爐廠房變得太高，無法以合理造價建成圍阻體。最後他們拍板定案，認為反應爐夠安全，不需要圍阻體。[21]

除了圍阻體，車諾比的RBMK反應爐機組還有其他問題，其中兩個（竟然不只一個）跟控制棒有關。發生緊急狀況時，操作員必須將能吸收中子的控制棒（硼棒）下降至爐槽中央，中止核反應。

控制棒尖端為石墨，具潤滑作用，讓控制棒在金屬管內能更快速地上下移動；然而當控制棒從起始位置插入爐心時，首先進入反應區的是石墨尖端而非硼桿，導致反應強度瞬間衝高，這種特殊情況被稱為「正急停效應」（positive scram effect），與插入控制棒的目的恰恰相反。另一個問題是控制棒得花二十秒才能抵達中止反應位置，是美國的PWR反應爐的四倍。

不過車諾比反應爐機組最嚴重的問題與控制棒無關，而是「正空泡係數」＊。除了石墨，吸收中子的冷卻劑「水」也能調控RBMK反應爐的核反應程度。如果冷卻水因故不再注入反應爐，中子無處可去（無法被水吸收），這會導致反應強度增加，反應爐就會達到超臨界。如果故障原因跟冷卻水的失缺有關，那就表示當下已沒有足夠的水能降低超臨界反應爐生成的熱，爐心熔毀幾乎已成定局。反應爐下方的密封式水槽主要用來收集爐內管道的滲水漏水，一旦爐心熔毀，就成了最大的問題所在。若爐心因前述問題而熔毀並落入水槽，即可能引發蒸氣爆炸。[22]

就技術嫻熟、熟悉反應爐疑難雜症且恪守操作規範指引的老手來看，RBMK反應爐不必然會發生爐心熔毀，過去十三年來也確實如此。但其實操作員從未被告知RBMK反應爐有這些大問題，他們也深信反應爐安全無虞，甚至會為了執行特別任務而刻意跳過安全程序，譬如為了達到生產指標或執行安全測試或改善反應爐功能。至於高層何以拒絕跟操作員分享資訊，主要還是蘇聯核子計畫初期

＊譯注：簡單來說，冷卻系統產生的蒸汽會形成空泡，不吸收中子，有時還會改變中子生成與消耗平衡。累積的中子即成為「正空泡係數」。

形成的保密文化使然：凡是跟蘇聯產製核能有關的事，保密總是先於安全。

車諾比事故乃是因爐體設計問題而釀成大禍，而暴露出爐體設計問題的第一樁意外事故，是一九七五年十一月列寧格勒核電廠，該事故起因於正急停效應。事故造成高達一百五十萬居里的輻射直接釋入大氣層。但不只外界不知有輻射外洩，且從未曾取得事故相關資訊，廠內工程師與反應爐操作員也同樣被蒙在鼓裡。一名工程師回憶道，當他請安全官說明爆炸原因時，他描述對方當時的反應，對方「態度堅定，指責我什麼都不懂，還說他確信蘇維埃的反應爐絕不可能爆炸」。當局成立事故處理特別委員會，多列扎爾的研究機構也派員參加，但他們始終不曾讓其他核電廠同款RBMK反應爐的操作員知道，那天列寧格勒核電廠究竟出了什麼差錯。一九七五年導致列寧格勒核電廠發生事故的多個因素，後來在車諾比重蹈覆轍。[23]

＊＊＊

發生車諾比核災的好幾年前，莫斯科的蘇聯中央政府能源部長鮑里索夫曾出言抨擊，將美國之所以發生三哩島事故歸咎於操作員只受過海軍訓練，沒有大學學歷。鮑里索夫夸夸其談，反觀蘇聯打從一開始就決定只讓大學畢業生操作反應爐。確實如此。只不過，蘇聯的核能工業在一九七〇年代突飛猛進，以致大專院校無法養成足夠的專業人員來運作核電廠。這個問題在高階管理人才方面尤其明顯：核電廠的關鍵要員有不少都是直接從火力發電廠的類似職位轉調過來的。[24]

車諾比核電廠也不例外。廠長是五十歲的電機工程師維克多·布留哈諾夫，他的第一份工作是在燃煤火力發電廠操作渦輪機。布留哈諾夫的副手，擔任車諾比總工程師的尼古拉·福明也是如此。美國那邊的情況其實也差不多：核電廠人力不足的部分由擁有大學學歷的前海軍人員補齊，他們在核子動力潛艇服役時習得小型反應爐的操作技能。布留哈諾夫這類非科班出身的人，雖不如美國的退役海軍同行，在核能領域處於主導地位，但人數也不算稀少。[25]

在車諾比，最資深，同時又擁有海軍背景的，大概是五十五歲的副總工程師阿納托利·賈特洛夫。賈特洛夫出身西伯利亞，畢業自名校莫斯科工程暨物理學院，這裡也是多位蘇聯第一代核子工程師的母校。畢業後，他被送回東部，而且是位置最偏遠的阿穆爾河畔共青城，在配有彈道飛彈的蘇聯潛艇上協助裝設多列扎爾設計的壓水式反應爐。賈特洛夫在這個工作崗位待了十四年，並帶領一個編制二十人的工程師小隊後，他突然決定轉換跑道。有個說法是他厭倦了長年遠離家鄉，在海上測試船艦反應爐的工作，也有一說是這份工作令他接觸高劑量輻射，所以他把孩子死於白血病歸咎在這件事上。[26]

兩種說法並不衝突，但不論何者為真，總之賈特洛夫在一九七三年秋天從俄羅斯遠東遷往烏克蘭北部，帶著一家人在新城市普里皮亞季安頓下來。至於多列扎爾設計的反應爐，賈特洛夫就算逃開也躲不過：他拋下了東邊比較安全的款型，轉而到蘇聯西邊開發更危險的反應爐。賈特洛夫從車諾比反應爐副組長做起，一路爬到全廠副總工程師並掌管三號與四號機，也就是蘇聯當前最新也最安全的RBMK反應爐。賈特洛夫之所以被選為機組負責人，除了核工背景和反應爐知識外，他更是出了名的嚴守紀律，使命必達。

賈特洛夫性格獨立又帶點叛逆，十四歲就逃家；他從講求軍事紀律的海軍轉換至民用核能產業，脾性依舊沒多大改變。他時而知識淵博卻又傲慢自大，時而粗魯時而彬彬有禮。不少人覺得他處事專制，高壓蠻橫。他堅信自己永遠是對的，在服從上頭的命令之際，他從不放棄自己的意見。賈特洛夫容易惹人厭、令人畏懼，卻也受人尊敬，因為他十分敬業並堅守自己的原則。對待下屬雖嚴厲但很公平。談到反應爐，賈特洛夫是不折不扣的專家。「對我們來說，他就是最高指導原則。」核電廠的一位領班憶道。「賈特洛夫高高在上，難以企及。他說的話就是法律。」[27]

一九八六年四月，廠方規劃車諾比最新的一座反應爐四號機停機檢修，賈特洛夫自然成為監督此次作業的負責人。不只因為他位高權重，他的專業背景與知識技能亦不在話下。停機檢修當屬車諾比核電廠運作中最大的挑戰之一，因為反應爐在低功率運作時可能會變得不太穩定。然而在停機期間，工作人員可以檢測多項設備與零件，故廠方也為了這類測試而特別為四號機制定了一套停機計畫。

管理部門想利用這次停機檢查幾套系統，執行幾項試驗；其中一項是測試渦輪發電機，目的是提升反應爐的安全性。發生緊急停機時，也就是業界常說的「跳閘」或「急停」，反應爐無法供電，把水送進過熱反應爐的供水泵也會因此停擺。為避免爐心熔毀，設計人員另外安裝了一組備用柴油發電機，好讓供水泵在跳閘期間也能正常運作。

目前看來一切順利。但是，從渦輪發電機失去電力到柴油發電機自動啟動之前，約莫有個十五秒的時間差，而且柴油發電機啟動後至少需要一分鐘才能產生足夠電力，重新推動水泵，而這就是核電工程師想排除的安全風險。他們想利用渦輪機儲存的轉動慣量，或是利用剩餘蒸汽繼續推動渦輪轉動，擠出電力，撐過柴油發電機產出足夠電力前的關鍵一分鐘。[28]

工程師想測試這個方法管不管用，但測試需要模擬跳閘，而唯一不需要真的關掉反應爐又能執行測試的時機就是停機階段。他們原本打算在四號機正式取得政府認證、全面運轉之前完成測試，但是管理部門為了趕上一九八三年十二月的正式認證目標日，竟然在測試前就簽發了認證文件。從那時候起，工程部門曾多次進行測試，結果都不盡理想。現在他們準備用新設計的整流器再試一次。測試計畫在賈特洛夫的監督下完成，並獲上級，總工程師福明批准執行。按計畫，四號機將會在一九八六年四月二十四日星期四傍晚準備停機，逐步降低功率。[29]

不論日子是誰訂的，此人肯定都算好了：停機隔天是小周末星期五，接著是一段連放到五月中的長假。這無非是停機測試的最好時機。一開始他們幾乎完全按計畫走，僅在時程上稍微晚了一點。四月二十五日凌晨，大夜班啟動停機程序。清晨五點，值班人員將反應爐百萬瓦熱功率降至一六〇〇百萬瓦，也就是整整少了一半，方式是把控制棒幾乎全數移出，此舉已然違反業界常理。「這麼說吧：以前我們也有好幾次讓爐子裡的控制棒降到容許數字以下，但什麼問題也沒有啊。」領班伊格爾．卡扎奇科夫憶道。四月二十五日早上他接班時，爐內反應區的控制棒數目已低於規範容許量。「沒有東西爆炸，一切順暢。」[30]

按原定計畫，工程師會在百萬瓦熱功率降至七〇〇百萬瓦時開始測試渦輪發電機；因此下一輪值班人員必須預作準備，關掉緊急供水系統。因為如果供水系統持續運作，他們就無法模擬跳閘，試驗也就無法按計畫進行。關閉緊急供水系統既麻煩又耗時，過程大概需要四十五分鐘，因為操作員必須親自走到閥口一個一個手動關掉。四月二十五日下午兩點，現場已準備要進一步降低功率，以便展開測試，另外還有幾個安全系統也被關掉了；既然停機狀態只會維持幾個鐘頭，反應爐出差錯的機率幾乎等於零。「安全系統是為了偵測大口徑管道裂損而設計的。」領班卡扎奇科夫回憶他當時關閉某個安全系統的決定性依據。「當然，那種事幾乎不太可能發生，我覺得機率大概就跟飛機掉到你頭上差不多吧。所以，是的，我以為我們只會停機一兩個小時。」[31]

接下來的一連串事件並非測試計畫的一部分，也的確超出操作員或核電廠主管的控制範圍。原本卡扎奇科夫冒險讓反應爐處於無安全系統監控的作業時間為兩小時，但卻被延長至五小時：車諾比核電廠管理部臨時接到基輔電網營運處打來的電話，要求車諾比延後停機時間；因為另一座核電廠的一部機組突然跳脫電網無法供電，他們需要車諾比四號機繼續維持運轉，應付周五晚間的用電高峰。發電廠是蘇聯的經濟命脈，在這種情況下一向是電網營運處說了算。車諾比團隊別無選擇，只得停下正在進行的停機前置作業，讓四號機繼續運轉。

負責停機作業的賈特洛夫決定開小差，回家小睡一會，晚一點再回電廠。此時的四號機正以一六〇〇百萬瓦的低功率運作，緊急供水系統仍維持關閉，然而最危險的還是反應爐「毒化」這項因素：當反應爐處於低輸出功率運轉時，可吸收中子的裂變副產物氙135被燒掉的速度會趕不上產生速度；過量的氙135會消耗大量中子，導致核反應變慢，難以控制反應爐，即反應爐毒化。於是，當賈特洛夫在家補眠，而四號機作業班窩在控制室等待基輔電網營運處下達指令時，反應爐也持續累積氙135。沒有人預見這會是問題。反應爐原理並非操作員的強項，控制室操作指南也未提供相關說明或指引。[32]

四月二十五日晚間十點，基輔電網營運處終於批准車諾比繼續停機作業。賈特洛夫返回電廠，進入四號機控制室已是十一點以後的事。他們要從一六〇〇百萬瓦進一步往下調降，眼見換班在即，操作員來不及在子夜前完成任務，只好交由接班同仁於四月二十六日星期六凌晨接續完成。這跟三哩島的情況一模一樣，又是大夜班要收拾前人留下的爛攤子。

接手的大夜班由三十二歲的亞雷桑德・阿基莫夫領軍，另外還有三位同事：反應爐工程師萊昂尼德・托普圖諾夫、渦輪工程師伊戈爾・基爾舍恩包姆和負責反應爐供水及四號機組整體作業的波里斯・史托亞丘克。這四人都很年輕，也沒什麼經驗，所以被排去做大夜班。昨天啟動降壓程序的就是他們，而他們也以為，下次當班時，反應爐早就順利進入停機狀態了。孰料所有苦差事，包括渦輪發電機的幾項複雜試驗，竟然一件都沒辦成。

嚴格說來，此時掌理控制室的人應該是阿基莫夫；但他沒時間研究停機與試驗計畫，所以他直接聽命於人在現場的高階主管賈特洛夫，一切由賈特洛夫指揮。「剛換完班，賈特洛夫就要求我們繼續完成整套計畫。」渦輪部門副組長拉齊姆・達夫列巴耶夫表示，他當時也在控制室。「阿基莫夫才剛坐下來研究資料，賈特洛夫馬上罵他動作慢。他好歹也想一下現在機組狀況變得這麼複雜……反正賈特洛夫就是一直吼他，命令他站起來，叫他動作快一點。」[33]

阿基莫夫只好聽命行事。他先囑咐時年二十五、大學畢業沒幾年、入行才幾個月的高級反應爐工程師托普圖諾夫降低反應爐功率。剛過午夜不久，反應爐就達到百萬瓦熱功率七〇〇百萬瓦的試驗要求；但功率的數字一直往下掉，可能是因為氙氣「中毒」。由於功率調節系統在低功率時無法正常運作，托普圖諾夫將其關閉，並開始從反應爐反應區移出更多控制棒，來手動調節功率。賈特洛夫希望熱功率能穩定維持在四二〇百萬瓦，但是不容易，因為數字還是持續往下降。

某位蘇聯核能業界人士曾將負責反應爐控制棒的操作員比作「專業鋼琴家」，他特別提到，這些操作員在休假回來後都要重新磨練手感，才能穩定施展技巧。另一位美國業界人士也寫過，徒手操作RBMK反應爐「活像在蒙地卡羅賽道開預拌混凝土車，每一個動作都必須非常慢，否則一不小心肯定就彎道翻車」。不管拿什麼作比喻，托普圖諾夫就是個僅僅到職三個月就被推上大夜班，缺乏這類情況的應變經驗的年輕人。[34]

鑑於反應堆裡有幾處的反應幾乎快停了，有些則往上飆，托普圖諾夫只好看情況反覆插入或移出控制棒，維持反應並確保爐體穩定。然而，在某個時間點，托普圖諾夫竟然讓百萬瓦熱功率「掉到」接近零的程度，電腦記錄為三〇百萬瓦。「當晚在場所有人都認為，這跟托普圖諾夫沒操作過從自動控制過渡到徒手操作的程序有關，才導致功率驟降。」卡扎奇科夫憶道。「畢竟他當上反應爐高級工程師才四個月，而且在那段期間，我們也沒降過反應爐熱功率。」午夜結束輪值的前一輪領班尤里・特雷烏也留在控制室觀察爐況。他同意卡扎奇科夫的看法，認為托普圖諾夫經驗不足。「我在想，如果當時調整控制棒的是我，這種事根本不會發生。」特雷烏說。[35]

四月二十六日，時針才走了二十八分鐘，四號機決定自個兒停機，幾近停擺。今晚的工作差不多就到此為止了，但賈特洛夫不巧走出控制室，沒有他的命令，誰也不敢讓反應爐停下來。或許是罪惡感作祟，托普圖諾夫竟發狂地移出還停在反應區的控制棒；下了班沒走的特雷烏也衝過來幫他，兩人試著將爐心控制棒全數移出，讓反應堆起死回生。「撐住啊！」阿基莫夫喊道。一幫人試著將熱功率提升至二〇〇百萬瓦，再重啟自動控制系統。[36]

賈特洛夫終於回來了。現在由他作主。其實他們大可放棄測試，也還有機會安全停機：事實上，若依試驗計畫條件，他們非放棄不可，因為反應爐熱功率必須達到七〇〇百萬瓦才能執行試驗，眼下他們整整少了五〇〇百萬瓦。可是賈特洛夫依舊自信滿滿，決定繼續。後來他回想自己得知「熱功率驟降」時的反應，他說：「我並未因此心煩氣躁或心生警惕。這沒什麼不尋常的。我批准他們繼續提高熱功率，然後就離開控制室了。」如果不在今晚完成測試，勢必得延到下次停機才能進行，那少說也是幾個月或甚至好幾年以後的事了。賈特洛夫等不了這麼久。他不僅固執，也從不承認自己決策錯誤。[37]

在等待渦輪技工準備測試用設備的當下，阿基莫夫和托普圖諾夫拚命為反應堆續命：他們關掉了備用泵，減少反應爐進水量以阻止水大量吸收中子，因為氙的毒化效應導致中子供應不足。托普圖諾夫亦持續移出控制棒（只剩七根），盡全力阻止熱功率下降。凌晨一點二十二分三十秒，反應爐電腦發出「建議停機」的訊號：控制棒數目過低，不利操作員控制核反應。眼見目標即將達成，他們決定不予理會，繼續作業。

一點二十三分〇四秒，測試開始，蒸汽停止送入渦輪機。一點二十三分四十三秒，緊急發電機應該已蓄積足夠電力來推動渦輪機。但此時反應爐卻出了問題。托普圖諾夫聽見警鈴大作，他拚命維持，設法不讓它往下掉的熱功率數字竟開始快速上升。反應堆即將進入超臨界。阿基莫夫警覺有異，命令托普圖諾夫按下「AZ－5」按鈕，啟動急停程序。「阿基莫夫一邊下達緊急停止反應爐的指令，他的手也同時指出方向：『按那個鈕！』」賈特洛夫回憶，當時他離那兩個人大概幾公尺遠。托普圖諾夫照做了。[38]

時間來到一點二十三分四十秒。大夜班完成了不可能的任務，結束測試。其他問題應該可以透過方才的緊急停機來解決；但正當這幫人以為麻煩都過去了，無法想像的災難卻頃刻襲來。幾秒鐘後，他們聽見一聲轟隆巨響。「我這輩子沒聽過那種聲音。音調非常低，好像有人在呻吟。」當時也在控制室的達夫列巴耶夫憶道。「牆壁和地板劇烈震動，天花板落下灰塵和碎片，日光燈也熄了，屋裡瞬間變暗，只有緊急照明燈還亮著。然後緊接著又是一記悶響，伴隨打雷一樣的轟隆聲，燈又亮了。四號機控制室裡的每個人都守在自己的崗位上，互相吼叫，試圖壓過噪音對彼此喊話。大家都想搞清楚剛剛到底發生什麼事，以及哪裡出問題了。」[39]

阿基莫夫的組員史托亞丘克還記得，聽見第一聲爆炸時，他以為是水輪發電機故障，正打算從控制臺把它關掉，但旋即發生第二次爆炸。史托亞丘克聽見「混凝土被壓碎或爆裂的聲音」，同時還有一種他聽都沒聽過，「非常非常恐怖的聲音」。他望向控制臺，「我只能想到最糟狀況：四號機徹底報銷了。」這是反應爐設計師從未想過，也沒寫在操作手冊上的重大意外。史托亞丘克等人不知該如何反應。「基本上根本不會有人相信竟然會發生這種事。大家，至少我啦，整個傻住了。」史托亞丘克憶道。[40]

這群操作員並不知道，他們在反應爐已發生「氙中毒」後仍持續移出控制棒，設法維持反應爐運作的所有努力，最後終於造成反效果；而發電機失去電力（這是測試的一部分）導致冷卻系統水壓降低，未吸收的游離中子增加，亦使得輻射量直線飆升。那個緊急停機鈕照理說應該要能降下控制棒來中止反應，但由於控制棒的移動速度太慢，導致先進入反應區的石墨尖端引發正急停效應，再次導致核反應的水平出現新的峰值。控制棒可吸收中子的硼桿部分，得花五秒才能抵達反應區並發揮效果，但這時候的四號機已經沒有這多餘的五秒鐘了。隨著反應爐進入超臨界，功率暴增使得燃料匣破裂，控制棒直接卡在爐心中央，反應爐掛了。

接下來就是控制室聽見的兩聲巨響。現在認為應該是反應爐先發生蒸汽爆炸：燃料匣破裂導致冷卻系統減壓，產生大量排不掉的蒸汽；第二次則是氫氣爆炸，反應爐下方水槽內的蒸汽與過熱的燃料棒鋯護套發生相互作用，產生氫氣。兩次爆炸將重達五百噸，蓋在反應爐上方，被稱為「葉蓮娜」的生物屏蔽物體整個炸飛，連帶還有兩百五十噸重的燃料裝填機、五十噸重的吊車以及依附在生物屏蔽混凝土板上的無數設備系統。整塊生物屏蔽物被炸上半空中又落回反應爐上，卻只蓋住部分開口，留下一個巨大的溝縫，讓充滿輻射粒子的放射性煙流逸入大氣中。[41]

「以緊急速度冷卻反應爐！快降溫！快！」待控制室塵埃落定，緊急照明燈亮起，賈特洛夫立刻大吼。他叫阿基莫夫聯絡電工，設法用備用發電機啟動供水泵。賈特洛夫認為反應爐已經停機，可是裂變產生的餘熱未散，所以才引發大麻煩；但他旋即意識到情況比他想像的要嚴重太多。「我站在控制臺前面，感覺眼睛都快凸出來了。」賈特洛夫回想當時情景。看來是控制棒中途卡住，在爐心反應區要上不上，要下不下。阿基莫夫切斷控制棒的電壓增幅器電源，希望控制棒能自己掉進爐心，中止反應，但這招沒用。賈特洛夫叫來兩名實習生，維克托・普羅斯庫里亞科夫和亞歷山大・庫德亞榭夫，要求他們即刻趕至反應爐廠房，嘗試徒手插入控制棒。兩人才剛出發，賈特洛夫才意識到這根本是不可能的任務。他立刻追出去想阻止他們，但這兩人已不見人影。42

爆炸時人在控制室的達夫列巴耶夫回憶，賈特洛夫命令他重啟供水泵後不久，一名渦輪機操作員闖進控制室高喊：「渦輪室失火了！快叫消防車！」達夫列巴耶夫衝向渦輪室。「渦輪室上方某處傳來蒸汽逸散的聲音，但現場看不見蒸汽也沒有煙，屏蔽裂隙也沒有火舌鑽進來，我只看見夜空中的燦亮星斗。」他憶道。他下令洩掉渦輪機油，以免引發大火。眾人照辦。達夫列巴耶夫等人成功阻止機房失火，因為機房一旦失火即可能延燒至廠內其他反應爐，造成電線短路並導致冷卻水流失，最後極可能發生爆炸及爐心熔毀。只是在接下來數周內，他們之中有些人將因為接觸高劑量輻射而陸續喪命。43

賈特洛夫來到機房確認狀況：幾處油料起火、零星的火花以及從破裂管道噴出的蒸汽使他聯想到地獄。後來他這麼描述：「這一幕值得讓偉大的但丁大書特書。」賈特洛夫走出機房，沿著半毀的反應爐廠房繞了一圈：三號機那邊，也就是化工廠房屋頂著火了。「這裡簡直跟廣島一樣！」他對特雷烏說。賈特洛夫並不清楚輻射外洩的程度，因為上限為每秒一千毫侖琴的計數器早就破表了。在控制室這邊，阿基莫夫、托普圖諾夫和史托亞丘克拚了命想把水送進早已爆炸的反應爐裡。當天有一名渦輪機輪值操作員瓦列里・霍登姆丘克被宣告失蹤：他被爆炸後掉落的混凝土結構物活埋，成為車諾比事件的第一名受難者。還有一位工程師弗拉基米爾．沙舍諾克被管道噴出的蒸汽嚴重燙傷，隔天也死了。[44]

史托亞丘克守在控制臺前，想確認注水泵是否順利把水打進反應爐。反應爐早就沒救了，但他們要不是不知道，或是不願意接受這種可能性；然而不管怎麼說，眼前他們也沒別的辦法了。這群操作員繼續往反應爐送水，史托亞丘克坐鎮指揮，幾乎一步不離控制室，但後來他才明白，因為控制室的輻射量低於受損廠房其他區域，所以這麼做等於救了他一命。另一方面，賈特洛夫、阿基莫夫和托普圖諾夫為了確認狀況，或徒手一個個轉開供水閥，在控制室外待了相當長的時間，受輻射影響最大。史托亞丘克記得，托普圖諾夫一回到控制室就開始嘔吐。賈特洛夫命令其他人撤出四號機廠房，防止曝露於過量輻射，但史托亞丘克必須留下，因為他是不能離開機組的必要人員之一。後來，史托亞丘克被問到當時他是否了解留下來有多危險，他說他知道，但那時他並未把嘔吐跟高劑量輻射聯想在一起，他沒受過這方面的訓練，事發當下也不會想到這些。他只想離開機組廠房，但他走不了。[45]

賈特洛夫則是感覺疲倦、噁心想吐，輻射中毒的症狀開始變得明顯。他在凌晨四點左右離開四號機廠房，因為上頭叫他去找廠長布留哈諾夫報到。布留哈諾夫昨晚大半夜被叫回核電廠，此刻正躲在輻射避難室裡。賈特洛夫把四號機的電腦數據印給布留哈諾夫看，卻隻字未提反應爐爆炸一事。他知道這是事實，但他實在說不出口。「我也被搞糊塗了！」布留哈諾夫問他四號機到底出了什麼事，賈特洛夫如此回答。他只說「控制棒有問題」。賈特洛夫拒絕接受真相。噁心感再度襲來，他唐突地掉頭走出避難室。

醫護員在避難室門口撐住嘔吐的他。有人協助他上救護車，送往當地醫院。根據估計，在他進進出出四號機廠房的數小時內，已接觸三百九十侖目或三．九西弗的輻射，這已經是容許上限的七十八倍，幾乎等於宣判死刑。受到這種程度生物傷害的人有一半會在三十天後死亡，但賈特洛夫竟然又活了九年半。他對此毫無悔恨，唯一的例外是叫那兩名實習生普羅斯庫里亞科夫和庫德亞榭夫徒手將控制棒推進爐心。雖然他倆自始至終未能抵達反應爐廠房，但也因為離爐體太近而承受足以致命的輻射劑量。賈特洛夫在普里皮亞季的醫院遇到兩人，緊接著阿基莫夫和托普圖諾夫也來報到，另外還有一名大夜班人員稍後也被送進醫院。[46]

在阿基莫夫的值班組員中，史托亞丘克受輻射影響的程度似乎是最低的。後來他接受骨髓分析，確定其暴露程度約為一百侖目。由於其他人都離開四號機廠房了，他只好獨守控制室，直到上午八點左右，下一輪值班人員抵達為止。當時他很不舒服。「我想吐但沒吐。」他憶道。「身體很燙，眼睛發紅還一直流眼淚，感覺非常難受。」當史托亞丘克看到早班工程師現身，拯救他脫離苦海，他欣喜若狂。他們沒時間討論事故細節，水泵一刻未停，持續打水，早班同仁接手史托亞丘克一直在做的事，把水不斷打進曾經是反應爐的地方。

史托亞丘克搭巴士回家。他一路看著窗外破壞嚴重的反應爐廠房，完全明白情勢有多嚴峻。他口很渴，回到市區，看到大家仍一派悠閒在街上遊走，他便喝了一大杯俄國黑麥汁，和朋友小聊幾句才回家休息。他告訴自己，他得好好休息，為下次值班做好準備。但他才剛睡沒多久，就有人來敲門了。一名國安局人員請他去市政廳聊一聊。來到市政廳，特務人員要他說明核電廠出了什麼事，以及他還知道些什麼，但史托亞丘克身體不舒服。他們中斷訊問，叫他去看醫生。史托亞丘克是自己走去醫院的。[47]

不過就醫人數最多的部組並非反應爐操作員，而是消防員。這群打火兄弟由弗洛迪米爾．普拉維克與維克多．基貝諾克這兩名年輕副隊長領軍，於爆炸後數分鐘內即抵達現場；他們英勇地撲滅了三號機屋頂的大火，並緊盯機房屋頂的狀況。這群英雄阻止火勢蔓延至未受損的反應爐機組，救了全世界。他們沒有配戴適當裝備就被送上三號機屋頂這個核子地獄，每個人撐不到一小時就因為身體不適而退出火場。這群消防員全都被攙扶著上了救護車，當天稍晚，包括臉腫得像大餅的賈特洛夫、阿基莫夫、托普圖諾夫在內等幾位核電廠員工，這二十八位輻射傷害最嚴重的人先被撤往基輔，再從基輔搭機前往莫斯科的專責醫院。這是他們大多數人此生的最後一趟旅程。[48]

＊＊＊

四十九歲的化學家瓦勒里．列加索夫於四月二十六日近午時分得知車諾比核電廠發生意外。列加索夫是亞歷山德羅夫在核能研究所最信任的副手，負責研究所日常庶務，掌理實驗室與工廠約一萬名員工。接獲消息時，他在中型機械製造部開會並聆聽八十七歲的部長斯拉夫斯基演講。斯拉夫斯基此時已任職部長二十九年，他還想繼續待到一百歲，創造歷史。[49]

列加索夫獲悉當局已成立特別委員會來處理這場災難，而他則被指派為委員會科學顧問之一。雖然車諾比核電廠並非斯拉夫斯基帝國的一部分（當時蘇聯的核能業務已轉至能源部），但RBMK仍是眾人的智慧結晶，某種程度也是核能研究所的責任，列加索夫被選入委員會自是理所當然。前往基輔的班機一個半鐘頭後起飛。趕往機場前，列加索夫先去了一趟研究所，盡可能整理一些跟RBMK有關的文獻。在未來的幾天或甚至幾個星期，這些資料對身為化學家的他絕對能派上用場。

那天下午，列加索夫打包好行李，準備開啟大家都以為只會去幾天的旅程，登梯上機，加入六十六歲的蘇聯副總理鮑里斯．謝爾比納所領軍的特別委員會。謝爾比納此行的任務是盡快解決車諾比問題。他曾擔任烏克蘭共產黨書記，並且因成功開採圖門油田，使其成為蘇聯最主要的油氣產區並因此打響名號。當時列加索夫的頂頭上司亞歷山德羅夫認為油氣已是夕陽產業，未來將屬於核能。現在，這位油氣巨人一手掌握政府能源部門，其中自然也包括核能。[50]

飛機起飛後，列加索夫把握時機向副主席簡報核子事故史，甚至特別把三哩島事故提出來討論。列加索夫解釋，三哩島事故與車諾比南轅北轍，毫不相干，兩者的爐體結構完全不同。就他們所知，車諾比的問題雖讓人不快，卻比三哩島好處理。委員會手上的資訊來自車諾比核電廠廠長布留哈諾夫，後者報告總結如下：四號機機組發生爆炸並損及部分廠房，但反應爐安然無恙；火災已滅，外洩的輻射量也不高，冷卻水仍持續送入反應爐以降低爐溫。[51]

但這只是他們一廂情願的想法。待委員會抵達基輔機場，列加索夫看見前來接機的烏克蘭官員個個神情嚴峻，當下直覺實際情況可能比謝爾比納或委員會其他人所設想的還要糟糕。謝爾比納和列加索夫一抵達普里皮亞季就看清了車諾比的恐怖現況。當天稍早已有兩名莫斯科的科學家先行抵達，他們才剛搭了直升機去現場繞一圈回來：反應爐似乎還「活著」，但受損嚴重，不斷從生物屏障混凝土棚頂和爐槽頂端之間的空隙「呼出氣體」，模樣十分危險。生物屏障一片通紅。「現在該怎麼辦？」一名政府官員問道。飛往現場探勘的兩名科學家之一的波里斯．普魯辛斯基回答：「天曉得。反應爐的石墨都已經燒起來了，當務之急是先滅火。但是要用什麼東西、什麼方法滅火？我們得好好想想。」[52]

核能產業於一九五七年的溫斯喬火災時首度遭遇「石墨起火」問題，而這現在成了謝爾比納的首要任務，也是列加索夫要解決的第一個科學難題。處理過油田大火的謝爾比納建議水攻，但列加索夫及其他科學家告訴謝爾比納，水只會讓問題變得更糟。這群蘇聯科學家正與當年溫斯喬的同行一樣，擔心水會釋出氫氣，與氧氣混合後即可能引發爆炸。列加索夫等人不願像當年的溫斯喬人那般鋌而走險，建議先往燃燒的反應爐頂扔硼砂袋。身為國家特別委員會的頭頭，謝爾比納被授予非凡的權力，他指示空軍上將尼古萊．安托什金負責這項任務。鑑於當時天色已晚，安托什金建議等到破曉再行動。

在此同時，反應爐突然又活了起來並再度爆炸，朝空中吐出更多殘骸和輻射物，連中央黨部都能看見和聽見這場核子煙火。「拜託各位下令民眾撤離，因為我不曉得明天還會出什麼狀況。反應爐已經無法控制了。」列加索夫向委員會提出請求。於傍晚前抵達普里皮亞季的委員會成員皆目睹市民像往常一樣在街上活動：孩子在戶外玩耍、即將結婚的愛侶悠閒散步，渾然不知三公里外的核電廠危機已迫在眉睫。負責民眾安全的烏克蘭官員贊成撤離，也著手調派所有能動用的公車巴士從基輔趕來馳援普里皮亞季。[53]

但是莫斯科的醫療官卻固執己見，認為累積輻射量未達到強制撤離標準七十五侖琴。若採取非強制撤離，可能害他們惹上大麻煩：除了浪費社會資源，還會被當局究責，說他們「散布恐慌，害蘇聯成為西方宣傳攻擊的目標」，這些都是很嚴重的指控。所以就連謝爾比納也猶豫了。他們必須取得黨高層同意，但是幾位黨書記都不願拿自己的職業生命冒險。當天深夜，謝爾比納終於聯絡上主掌經濟與工業事務的中央委員會書記弗拉基米爾・多爾吉赫。多爾吉赫贊成撤離。支持他做出這項決定的理由並非城裡的高量輻射，而是擔心反應爐再次爆炸。

最終准許全城撤離的命令來自蘇聯政治局成員暨總理尼可萊・雷日科夫。四月二十七日中午剛過，反應爐爆炸已超過三十六小時，當局命令普里皮亞季近五萬五千居民備好證件、衣物行李，領取備糧，搭上來自基輔的巴士；他們被告知核電廠發生意外，必須離家避難數日，但數千名核電廠員工得留下來善後。預先抵達的直升機飛行員開始行動，朝反應爐扔硼砂袋；輻射處理與化學防護部隊亦同時進駐，試圖了解實際嚴重程度，並同時在地圖上確認地點座標；警察則開槍繼續射殺流浪狗。轉眼間，普里皮亞季幾近空城。這次離開的人大多沒再回來過，就連短暫地拜訪也沒有。[54]

* * *

一九八六年四月二十八日上午，即事發後兩天半，蘇聯共產黨中央委員會總書記暨國家領導人戈巴契夫首度與政治局同僚討論車諾比事故。沒有證據顯示，當時莫斯科明白他們要處理的是一場國際大災難。爆炸當晚，從賈特洛夫開始的「拒絕、否認」態度一路延續至其後數日、數周，最後蔓延至基輔與莫斯科的權力走廊。

時年五十五的戈巴契夫接任總書記剛滿一年，前三任總書記布里茲涅夫、安德洛波夫和契爾年科交給他的是一個經濟急遽下滑的蘇聯社會，他們在一九八二年十一月至一九八五年三月內相繼去世。不僅油價從一九八〇年的每桶六十美元，及至一九八六暴跌到略高於十美元；光是一九八五這一年，蘇聯本身的產油量亦驟減一千兩百萬噸。戈巴契夫只能指望核能工業創造奇蹟，拯救他脫離經濟泥淖。剛好就在幾周前，一九八六年三月的黨代表大會上，同志才做成決議，要讓下一個五年計畫啟用的反應爐數目比前期增加一倍。現在他竟然得處理來自車諾比的壞消息。[55]

日前批准普里皮亞季撤離計畫的中央委員會書記多爾吉赫向戈巴契夫提交報告，表示有一百三十位平民接觸高量輻射，據信是氫氣爆炸的輻射外洩所致。四月二十八日上午，反應爐附近輻射值已達一千侖琴，普里皮亞季市區則為兩百五十毫侖琴。根據前一日取得的資料，輻射餘跡已朝反應爐北面延伸，擴散範圍長三十一英里（五十公里），寬九至十六英里（十五至二十五公里），覆蓋面積約三百八十六方英哩（一千平方公里）。此外，他們也預期放射性煙流將會進一步朝西北方擴散。多爾吉赫告訴戈巴契夫與眾委員書記，反應爐確定報銷，必須掩埋處理。「沙袋和硼砂是從空中扔的嗎？」戈巴契夫問。「直升機已經開始空投了。」多爾吉赫回答。

「我們不能放棄核電廠。我們必須採取一切必要手段，確保安全。」戈巴契夫宣示。他提出的下一個問題是：「該怎麼對外發布消息？」幾分鐘前，國安局長維克托・切布里科夫才向中委會報告，目前民眾反應冷靜，然已有少數人聽聞此事。事實上，截至當時，蘇聯境內沒有一家媒體報導車諾比事故，隻字未提。但中委會對此意見分歧。多爾吉赫認為，在全盤掌控整起事件之前，政府最好一個字也別說，可是戈巴契夫的想法截然不同：「我們必須盡快發表聲明，不能拖延。」與會者開始討論。曾任蘇聯駐美大使長達二十五年的新任中委會書記阿納托利．多勃雷寧對三哩島事故記憶猶新，他認為，美方不管怎麼樣一定都會知道車諾比出事了，但蘇聯必須記取美國人的教訓，審慎處理核子事故。[56]

會議結束，眾人決定採納戈巴契夫提出的處置方式，包括動用一切資源清理善後，調查事故起因，妥善安置撤離民眾。中委會也同意在晚間新聞發布簡單聲明：「車諾比核能發電廠日前發生事故，導致一座反應爐損毀。」女主播面無表情地唸稿。「政府已展開善後清理措施，提供災民必要協助並成立事故處理委員會。」就這麼短短幾句。但即使是如此簡短的聲明，戈巴契夫也已經打破蘇聯政府過往進行宣傳時「報喜不報憂，絕不向人民發布壞消息」的不成文規定。[57]

蘇聯國營電視臺於四月二十八日晚上九點首度公開事故消息，此時歐洲各國早已和蘇聯的核能及環境管理單位展開熱線，要求說明影響歐洲國家的高量輻射從何而來。那天早上，瑞典佛斯馬克核電廠偵測到輻射量異常偏高；他們先自我檢查，然後確認瑞典境內其他核電廠的狀況，結果一切正常。依當時的風向研判，他們只推斷出一項合理結論，輻射來自波羅的海東岸。瑞典立刻通報總部設於維也納的國際原子能總署，並要求蘇聯回應。但蘇聯沉默以對。後來終於有極高層人士出面承認，不過時間已經是晚上了。[58]

蘇聯民眾也不滿意。這次電視聲明在蘇聯近代史上可謂前所未有，暗示車諾比真的出了相當嚴重的大事。但可能的後果及細節等資訊卻來得很慢。住在核電廠附近的居民尤其不安，他們亟需這類資訊。白羅斯醫生瑪麗亞·庫夏基娜就住在車諾比旁邊的小村莊，她還記得眼睜睜看著反應爐燒了好幾天。輻射量測員來過以後，集體農場場長立刻要求大家進屋別出門。根據蘇聯醫生在克什特姆所做的研究，暴露劑量達到一百至四百毫西弗就可能對孩童與嬰兒造成影響。當時村里的輻射量已達到每小時四百毫西弗，某些熱點更飆至每小時一千九百毫西弗。按理說，這個白羅斯村莊的居民必須在四天內離開，當局卻拖到一個星期之後才展開撤離行動。庫夏基娜記得，好多村民身上都出現了輻射灼傷病灶。[59]

繼四月二十八日晚間的簡短聲明後，當局再以同樣精簡的方式陳述情況的嚴重性並試圖安撫觀眾，表示一切都在控制之中。對戈巴契夫與蘇聯政治局來說，向國內民眾與國際社會傳達「一切都在控制中」的訊息尤其重要，因為再過幾天就是俄國兩大重要節日之一的「勞動節」。若說十一月七日紀念的是布爾什維克黨於一九一七年秋天在聖彼得堡發動的「十月革命」（俄國東正教儒略曆為十月二十五日），五一勞動節就是將全球勞動人民團結在一起的日子，不僅表明俄國布爾什維克主義的國際淵源，亦顯示該主義創造的政權所懷抱的全球野心。

儘管其他國家的勞動人民多半不怎麼重視這個日子，但蘇聯的勞動群眾卻是在黨的命令之下，透過上街遊行來展示其意識形態的熱情：神情歡欣的勞工與村民穿著慶典服飾，跟孩子們一起隨著樂隊伴奏大步前進，這完完全全就是蘇聯政治文化的標準樣版。這種政治展示行為在車諾比事故後更形重要，顯示蘇聯共產黨，尤其是戈巴契夫，已牢牢掌握並控制事態發展。五月一日上午，戈巴契夫與烏克蘭共產黨中央第一書記弗拉基米爾・謝爾比茨基通了電話，確認距離受損的反應爐僅有一百公里的基輔，其勞動節遊行將如期舉行，向全世界傳達正確形象。當時國際社會得不到莫斯科方面的說明，只能仰賴外媒記者捕風捉影；謠傳指出，車諾比發生大爆炸，重創核電廠，當場造成八十人死亡及兩千人被送往醫院。60

滿頭灰髮、當時已六十八歲的謝爾比茨基不僅是蘇聯第二大共和政體的黨中央老大，也是前領導人布里茲涅夫時代的老幹部，他懇求戈巴契夫取消基輔大遊行，理由是在事故發生後最初幾天，風確實是往北吹，將輻射吹離烏克蘭首府及兩百萬居民，但現在變成往南吹了。基輔的主要幹道「赫雷夏蒂克大道」剛好夾在兩座山丘之間，此地輻射正逐漸升高。但戈巴契夫聽不進去。他告訴謝爾比茨基：「你要是敢破壞這次遊行，我們會把你開除出黨。」通話結束，謝爾比茨基把這段話轉述給同事聽。「開除」意味著解職，這無異宣判這位烏克蘭領導人政治死刑。

謝爾比茨基雖有抱怨，也只能照辦。基輔大遊行按計畫於上午十點準時開始，但不到兩個鐘頭就結束了，而往常是四小時。參加遊行的不僅有成年人，也有孩童，大家為這場活動練習好幾天了，現在終於有機會向熱烈群眾展現他們正步踢得有多高、多會跳舞。後來，國安局人員盡可能收集孩子們練習時與五一遊行當天穿過的衣服，送去除汙。61

遊行翌日，戈巴契夫的兩名全權代表，即四月二十九日獲派領導政治局工作小組處理車諾比核災的蘇聯總理雷日科夫，以及戈巴契夫在黨內的得力助手葉戈爾・利加喬夫抵達基輔，謝爾比茨基在基輔迎接兩人並陪同前往車諾比。兩人出發前曾見過戈巴契夫，但領導人無意親自前往。兩位來自莫斯科的客人見了謝爾比納、列加索夫等一干政府要員，巡視現場狀況。直升機仍持續空投任務。五月一日那天，他們寫下空投一千九百噸硼砂等滅火物的輝煌記錄。飛行員冒著極大的健康與生命危險出勤，因為他們必須在開了口的反應爐上方盤旋。當時共計有三百三十四架直升機、一千四百名飛行員承受了超過容許上限的過量輻射，但反應爐石墨仍持續燃燒，朝天空噴吐輻射物。62

離開車諾比廠區之前，雷日科夫批准了擴大撤離範圍的提案，從反應爐的半徑方圓十公里（六英里）擴至三十公里（十九英里）。新規劃的撤離區不只包括普里皮亞季市區，還有車諾比及鄰近數個村落，故須追加撤離八萬至九萬人。除了人，牛也得走，所以整個撤離行動大概要到五月底才能完成。當局之所以決定擴大撤離區，主要是因為他們發現「輻射熱點」的散布範圍遠遠超出原本預計的十公里。但輻射分布圖尚未出爐，他們只能猜測。當年設置三十公里禁區的標準和今日差不多，禁區內除了高汙染區，也包括一些相對「乾淨」之處。隨後，當局不得不依現場狀況一步步擴大禁區或撤離區範圍，才能把較遠的熱點涵蓋進去。今日的車諾比禁區橫跨了烏克蘭與白羅斯的部分領土，完全不像個圓形。63

* * *

雖然戈巴契夫與卡特不同，事發近三年間，他一次也沒視察過車諾比現場，但是他的代理人在事故現場的權力，卻遠遠超過當年由卡特指派的丹頓。

三哩島出事後，美國總統雖調派核管會的各項資源，本人亦隨時跟進事件發展，但主導整個善後工作的並非卡特。技術方面主要由大都會愛迪生高層和三哩島核電廠管理部門協同處裡，至於該在何時撤離哪些人則交由賓州州長理查・桑堡決定。然而，在車諾比從撤離範圍到石墨滅火等各種大小決策，完全由戈巴契夫的代理人與中央政府代表決定。自從副首相謝爾比納率領一干莫斯科特別委員會代表抵達後，車諾比核電廠廠長布留哈諾夫即淪為跑腿辦事員。現在，決策權再從謝爾比納上交給老闆雷日科夫，由後者負起全責。

五月二日，雷日科夫在車諾比地區巡視數小時後，當天傍晚即返回莫斯科主持政治局工作小組會議，動員全國資源處理善後。蘇聯領導人至此終於了解整起事故的真實規模；該如何協調政府各部門支援核電廠，戈巴契夫全權委由幾名副手負責。雷日科夫巡視後數日，謝爾比納亦回到莫斯科向政治局述職，接著便直接到治療車諾比操作員與消防員的同一家醫院報到，因暴露過量輻射，身體不適。謝爾比納又撐了四年，於一九九〇年八月過世，得年七十歲。與此同時，雷日科夫指派另一名副手伊萬・西拉耶夫前往車諾比接替謝爾比納領導特別委員會。西拉耶夫日後將在一九九一年八月策劃推翻戈巴契夫的莫斯科政變*中，領導葉爾欽的俄羅斯聯邦政府；不過此刻的他是車諾比善後行動最高負責人。未來，這個事故處理特別委員會的成員與領導人將以輪值方式產生。64

雷日科夫可以輪流指派政府高官代表他前往車諾比處理政務，但科學顧問這邊卻不能如法炮製，因為人才嚴重不足。雖然列加索夫跟謝爾比納一樣，於事發最初數日便承受高量輻射，也和謝爾比納一同來到莫斯科報告核電廠事態發展，上頭卻要求他重回車諾比，他也答應了。雷日科夫離開後，車諾比的情況每況愈下，反應爐周圍的輻射值從五月一日每小時六十侖琴，五月四日飆升至兩百一十侖琴。此外，善後人員也在廠內偵測到微量的「釕－103」：其熔點為華氏一千二百五十度（攝氏六百六十七度），顯示反應爐內的溫度迅速攀升。輻射外洩的情況也同樣嚴重。如果五月一日的估計值為兩百萬居里，五月二日直接跳到四百萬，五月三日五百萬，五月四日七百萬；到了五月五日，粗估有八百萬至一千兩百萬居里的輻射外洩。[65]

五月九日，列加索夫回到核電廠，反應爐再度爆炸；推測是堆積在爐頂的砂土和殘骸掉落所致，不過大家都不知道接下來該期望什麼了。原本極力阻止基輔居民大規模出走的烏克蘭政府，現在也開始祕密準備撤離全城兩百五十萬人。戈巴契夫打電話給人在車諾比的列加索夫，質問他到底是怎麼回事，同時抱怨西方對蘇聯政府以及他個人處理核災的批評聲浪愈來愈大了。列加索夫不知道該如何回答，也不知道該怎麼做：他本來打算用大量砂土埋掉反應爐，但此刻這個決定狠狠倒打了他一耙，因為砂土使反應爐無法排出高熱，更有可能引發大爆炸；再者，五千噸的砂及殘餘物落在毀損的反應爐上，最後也可能壓垮整座爐，後果難料。[66]

＊編按：一九九一年八月發生的蘇聯政變。主導者為蘇聯共產黨內的強硬派成員，包括蘇聯的副總統、總理、國防部長、內政部長、國安局局長和蘇聯國防會議副主席等。他們認為戈巴契夫的改革計畫過於激進，已影響蘇聯政府的基本架構，且過度將中央權力分散於各加盟共和國政府。因此他們發動政變，企圖廢除戈巴契夫的蘇聯共產黨中央委員會總書記兼蘇聯總統職務。政變雖然沒有成功，但最後卻加速了蘇聯的解體。

另外還有一項日益嚴重的隱憂。自從災難之夜的那場爆炸以來，計有兩萬噸的水被灌進反應爐，後來阿基莫夫、托普圖諾夫等多名大夜班人員也因此喪命；這些水蓄積在反應爐廠房底部，成為一顆不定時炸彈。原因不只是這些都是高汙染水，還有「所在位置」，導致這些水隨時可能引發另一次爆炸。「我們擔心燒熔的燃料會直接掉進水裡，產生大量蒸汽，增加廠外的輻射強度。」列加索夫回憶。他們需要有人自願穿過蓄積輻射汙水的淹水走廊，打開反應爐下方的起泡池閥門，放掉積水。三名工程師被選中並答應前往。他們穿上防護裝備，穿過積水走廊並完成任務。這三人承受極大量輻射，鮮少人認為他們能長命百歲；但他們全都活下來了。二〇一九年，HBO推出迷你影集描述車諾比事件及他們的英勇事蹟，當時其中兩人依然健在，獲頒烏克蘭的英雄獎章。[67]

列加索夫還擔心一件事。他想到《聖經》中「苦艾星」的預言：「就有燒著的大星好像火把從天上落下來，落在江河的三分之一和眾水的泉源上。」他擔心輻射會汙染附近的普里皮亞季河。如果河水遭到汙染，輻射就會被帶進普里皮亞季河的主流聶伯河，隨聶伯河水進入黑海，最後流進地中海與大西洋。列加索夫即刻下令在普里皮亞季河畔建土牆，避免雨水將輻射帶入河中；建築工事從五月四日開始。五月十一日，雷日科夫命令配有特殊裝備的飛機執行空中任務，利用化學物凝結雲汽，盡力阻止車諾比地區下雨。飛進輻射雲層的飛行員，付出了巨大的健康代價，讓車諾比地區「滴雨不沾」：一九八六年整個五月及六月大多時候，禁區上空的雲層沒降下半滴雨水。[68]

《聖經》裡的災星從天而降，所幸車諾比輻射未降入河中。但地下水呢？葉夫根尼．維利霍夫反覆揣想這種可能性。維利霍夫跟列加索夫一樣，都是亞歷山德羅夫在莫斯科核能研究所倚重的副手，同於五月初被送到車諾比協助善後。列加索夫是化學家，維利霍夫則是物理學家；兩人在研究所是死對頭，這會兒在車諾比對於該如何對付反應爐同樣意見相左。維利霍夫擔心，爐心的過熱燃料會燒穿廠房的混凝土基座並汙染地下水，屆時輻射依舊會循不同途徑進入聶伯河、黑海及全球海洋，殊途同歸。業界稱這種可能性為「中國症候群」。[69]

列加索夫在他的核災回憶錄中提到，維利霍夫被《大特寫》這部一九八一年秋天於蘇聯首映的美國災難片給洗腦了。當時，蘇聯每年僅准許六部，最多七部美國片進入蘇聯市場。這部片之所以雀屏中選，理由是它批判了美國的政治及社會秩序。不過另一位參與車諾比善後工作的物理學家拉斐爾·阿盧提烏里安於一九八四年也看過這部電影。他回憶道，首先讓蘇聯記者與社會大眾明白「即使反應爐停機，爐內蓄積的熱和能量依舊會釋出輻射與噴火龍，燒穿反應爐底座」的正是《大特寫》。「這實在很難想像，就在一年半後，我們竟然不得不面對現實人生中的神祕惡龍。」阿盧提烏里安寫道。在車諾比，想起這部片的不只他一人。[70]

科學家打算怎麼對付中國症候群？維利霍夫主張，為防止燃料進入地下水，他們必須在反應爐底下蓋引水迴廊，並設法凍結下方土壤。列加索夫質疑這項做法，但雷日科夫的副手西拉耶夫不願冒險，決定同時採納兩位科學家的意見。全國各地的礦工被召進車諾比，著手在爐底下挖坑道；這些人幾乎是冒著生命危險，赤手空拳地作業。為了保護反應爐地基，他們決定不讓大型機具進場。眾人在反應爐底下裝了一座強大的冷凍設備，但它就跟車諾比其他許多善後設施一樣，最後證明根本沒必要。當科學家發現燃料不會熔穿底座，進入地下水，他們立刻重新評估中國症候群的危險性。結果列加索夫是對的。[71]

這群進入車諾比挖坑道的礦工是總數排名第二，僅次於軍隊的工作人員。在接下來的數周、數月間，蘇聯共產黨從全國動員了至少六十萬人進入災區，其中不少是後備軍人。後來他們被稱為「清理人」，這個名字源自蘇聯政府賦予他們的任務：為車諾比核災清理善後。政府最大的計畫是為四號機蓋「石棺」，即隔絕受損反應爐的巨大混凝土結構。工程始於一九八六年六月，同年十一月竣工。

按理說，這些清理人的累積劑量一到上限二十二侖琴就該立刻送走，但他們配戴的個人輻射計數器幾乎無法確定何時達到閾值，造成不少人暴露過量，返家後便出現多種中毒症狀。一九九一年蘇聯解體，隨後成立的烏克蘭等邦國也著手制定適用於「清理人」與「受害者」的特別法條，包括經濟補助和優先使用醫療設施等等。[72]

＊＊＊

一九八六年五月十四日，事故發生後第十八天，戈巴契夫首度對全國人民談及核災後續。雖然他竭力打破蘇聯官方絕口不提壞消息的傳統，但他畢竟仍是傳統的一部分：唯有當他認為最糟糕的情況已經過去了，他才發表談話。

五月中，當戈巴契夫決定發表聲明時，列加索夫等人亦做出結論，認為反應爐應該不會再有新一波的恐怖爆炸。由於爐心的石墨幾乎燒光，輻射量逐漸下降。戈巴契夫在演講中以「一樁不幸事件重創全國」為開場白，接著褒揚參與善後的清理人員，然後抨擊西方世界拿車諾比作為針對蘇聯的意識形態武器。這次演說的內容仍偏重美蘇兩國的和平意圖。九天前（五月五日），民主世界的七大工業國領袖齊聚東京峰會討論車諾比事件，並於會後發表聲明，向蘇聯人民致同情之意並允諾提供協助，但也同時要求蘇聯政府提供更多事故資訊。然而這份聲明並未完整反映全球公民對蘇聯掩蓋事故後果的共同憤怒。[73]

戈巴契夫顯然處於守勢。之前他不顧克里姆林宮保守派的意志和建言，主動於四月二十八日針對事故首度發聲。現在他允諾讓位於維也納的國際原子能總署總幹事長漢斯・布利克斯親訪車諾比。即便如此，戈巴契夫還是不願意讓蘇聯國民與全世界知道這場災難的大部分細節。蘇聯媒體僅獲准報導當時最先反應並因此犧牲的勇士們，特別是消防員，但他們和其他操作員的葬禮只能祕密進行：消防指揮官普拉維克與基貝諾克，還有大夜領班阿基莫夫皆於五月一日過世，媒體隻字未提。

身為政治局工作小組頭頭的雷日科夫拍板拒絕募款，也未在車諾比多待一天協助善後，惟恐讓外界留下「本次事故造成巨大經濟損失，導致蘇聯政府難以解決隨之而來的種種問題」的印象。戈巴契夫同意了。此外，蘇聯一直有糧食短缺的問題，故無法不接收來自放射性落塵汙染區的農產品。蘇聯農業部長、也是戈巴契夫門生弗謝沃洛德・穆拉霍夫斯基遞交的一份備忘錄供工作小組參考，建議將汙染奶品製成奶油和乳酪，受汙染牛隻在洗淨屠體、移除淋巴結後，亦可宰殺食用。儘管雷日科夫並未反對這些提案，但數日後仍決定禁止車諾比落塵區的農產品運往莫斯科。雷日科夫命令特別委員會建立管理規範，嚴格落實這項規定。[74]

七月初，戈巴契夫主持政治局會議並得出結論，認定車諾比事故肇因於兩項共同因素：操作員違反安全規範，和反應爐存在重大設計缺陷。「反應爐本身的物理特性決定了事故規模。」受邀參加政治局會議的一名官員陳述。「沒人知道反應堆在那種情況下有可能加速反應，也無法確定後續其他作業能不能保證完全安全。我可以肯定地說，往後我們不應該再建造RBMK了。」戈巴契夫等政治局成員同意他的第一段陳述，但並不同意第二段。蘇聯承擔不起中止運轉及停止興建RBMK的後果。因此，政治局雖認定反應爐有問題，仍決定保密不公開。媒體僅提及作業不當與相當於犯罪的管理疏失。廠長布留哈諾夫即刻去職，問罪起訴。[75]

反應爐操作員被塑造成社會大眾眼中唯一罪魁禍首的原因有好幾個。首先，蘇聯能源部門必須繼續仰賴十數座RBMK持續運作，是以承認RBMK有缺陷，將導致所有同型反應爐被迫關閉，亦將危及蘇聯出口更安全的VVR的生意。除此之外，蘇聯當局還有其他考量。當初設計及監製這款不安全反應爐的可是兩名資深官員：主管核能的中型機械製造部長斯拉夫斯基，和蘇聯科學院院長亞歷山德羅夫。兩人都出席了一九八六年七月的政治局會議，也雙雙躲過輿論批判，因為當局仍須借助兩人之力為核災善後。

一九八六年夏天，斯拉夫斯基多次往返車諾比監督石棺建造工程，亞歷山德羅夫與他的人馬則擔任政府顧問，建議如何處理當前的危機。戈巴契夫永遠記得，亞歷山德羅夫曾經保證這款反應爐非常安全，甚至可以蓋在住宅區；在戈巴契夫眼中，他指的是紅場，故亞歷山德羅夫最後仍因此去職。後來他回憶道，「車諾比出事那天我就想過，我的人生和我的研發生涯都完蛋了。」那年秋天，當隔絕反應爐的石棺完成後，斯拉夫斯基與亞歷山德羅夫雙雙悄無聲息地低調下臺。[76]

ＲＢＭＫ反應爐之父多列扎爾從未受到公開批評，主要是因為他在一九七九年曾投書《共產黨人》，針對蘇聯歐洲地區續建該款反應爐提出質疑。雖然他從未表明他設計的反應爐不夠安全，不過就時空背景來看，這點並不重要。在當年倡議核能的擁核人士中，多列扎爾是唯一高調出聲質疑過核能安全的人，這使得戈巴契夫十分器重這名學者，認為是學術機構忽視他的合理擔憂。戈巴契夫甚至還在一九八六年七月的政治局會議上拿多列扎爾和列加索夫做對比，後者發表過多篇文章，宣稱核能工業安全無虞。但戈巴契夫的器重仍保不住多列扎爾的飯碗，最後他同樣黯然離開自己創建的反應爐研究所。[77]

儘管ＲＢＭＫ的多位發明者幾乎都在一九八六年秋天悄悄離開，他們的退休算是直接肇因於車諾比核災。ＲＢＭＫ與蘇聯核能工業的名聲，卻在核能機構與一票共黨大老的維護之下逃過一劫。一九八六年八月，列加索夫在國際原子能總署於維也納召開的會議上交出一份空前坦白的事故報告；雖然他謹守黨的路線，先將錯誤歸咎於操作員，再檢討反應爐本身的問題，但同事認為他公開太多祕密而受到排擠。列加索夫深受急性輻射綜合症所苦，對他懷有敵意的同事又百般阻撓，不讓他接替亞歷山德羅夫，坐上蘇聯科學院院長大位，於是他一九八八年四月二十七日自殺了，也就是事故發生兩年後。列加索夫身後留下錄音帶與回憶錄，陳述他對核災的起因與後果的種種看法。[78]

一九八七年夏天，布留哈諾夫、賈特洛夫及上司福明，還有另外三名車諾比核電廠的管理人員都被送上法庭受審，被控怠忽職守及違反安全規範。審判幾乎都是祕密進行，因為這些人全被扣留在禁區中心的車諾比鎮，外人必須取得特殊許可才能進去。法官裁定，任何與反應爐設計缺陷有關的資訊皆不予採信，而法院傳喚的專家證人則清一色來自該款反應爐的設計機構。車諾比操作員奧萊克希·布勞斯就在證人群中認出自己以前的教授，他們全都來自多列扎爾主持的單位。[79]

國安局安排線民住進布留哈諾夫等人的牢房，監視他們的言行舉止與攻防策略。據報，布留哈諾夫和福明認為政府已經決定判他們有罪，刑期也定好了，庭審只是走個形式而已；但賈特洛夫還想繼續抗爭。國安局擔心賈特洛夫的自辯之詞可能橫生枝節。據國安局報告，賈特洛夫「仍積極準備抗辯並堅持己見，認為事故主因為反應爐設計缺陷。他打算在審判後繼續上訴，透過他在部裡的熟人強調反應爐本身有問題。本局將採取必要手段，透過線民『沃瓦』影響賈特洛夫，讓他在出庭時放棄提交數據資料，以免損及我國核能計畫名聲。」[80]

布留哈諾夫、賈特洛夫和福明都被判處十年徒刑，這是當時蘇聯刑法對此類罪行的最高刑期。一九九一年秋季三人陸續假釋出獄；約莫在同一時間，接替亞歷山德羅夫擔任核能研究所所長，並領軍某特別委員會的維利霍夫也提出一份報告。報告結論指出，該為這場大浩劫及其後果負責的不只有操作員的行為，蘇聯核能工業對安全要求不高的產業文化，和RBMK反應爐的建造缺陷也都難辭其咎。這跟戈巴契夫及蘇聯政治局在一九八六年夏天做出的結論大致相同，但當時他們祕而不宣，不讓自己的人民和世界其他國家知道。維利霍夫的這份報告終於通過國際認可，給了交代。[81]

* * *

戈巴契夫曾經表示，車諾比事件確實改變了他。但覆水難收，他無法復原封鎖事故真實原因所造成的傷害，亦無法挽回核災對他的國家，以及他身為國家領導人的影響。一九九一年九月，當布留哈諾夫獲釋之際，換戈巴契夫為自己的政治生涯奮鬥，盡力維持蘇聯完整，當時的蘇聯因獨立運動而瀕臨解體，其中有些即衍生自不滿政府處理核災消息的反核示威行動。[82]

率先宣布脫離蘇聯獨立的是立陶宛共和國。一九八八年秋天，立陶宛伊格納利納核能發電廠展開反核示威，該廠的兩座RBMK反應爐功率總和超過車諾比；一九九〇年三月，新選出的立陶宛國會正式宣布脫離蘇聯。烏克蘭也走上同樣的道路。一九八八年四月，首次車諾比示威爆發警民衝突；同年十一月，當局眼睜睜看著基輔市中心上演一場大到禁止不了，也擋不下來的反核集會。民眾要求當局公開「車諾比真相」，但政府拒絕回應。烏克蘭反核示威遂演變成獨立運動，在一九九一年八月密謀推翻戈巴契夫的政變失敗之後的動盪中，帶領烏克蘭走向獨立。[83]

經濟民族主義在立陶宛和烏克蘭兩國反核運動的推波助瀾之下，成為蘇聯解體的一項重要因素。這股獨立運動浪潮由立陶宛首先發難，當烏克蘭於一九九一年十二月一日公投獨立，蘇聯注定滅亡。一周後，也就是十二月八日，受車諾比放射性落塵影響最鉅的俄羅斯、烏克蘭、白羅斯等三國領袖，即俄羅斯的葉爾欽、烏克蘭的克拉夫朱克這兩名政治老手，還有原是物理學家的白羅斯國會議長舒什克維奇，他們連袂發表簡短聲明，解散了蘇維埃社會主義共和國聯邦。但即使是這份簡短的聲明，亦再度提及一個關於車諾比的計畫：三國領袖誓言互助合作，共同克服核災苦果。車諾比核災打從一開始就是國際問題，自此終於以某種形式真正的國際化，這是車諾比核電廠的創建者們在一九七〇年代所難以想像的。今日的車諾比禁區分布在兩獨立國境內，一是白羅斯，一是烏克蘭。[84]

烏克蘭與早一步脫離蘇聯的立陶宛在真正獨立之前，已先行通過法令，中止境內所有反應爐的新建工程，並預計在數年內逐步關閉既有反應爐。然而，在獨立之後，隨著國有國營事業瓦解而導致經濟走下坡，這些獨立共和國不僅被迫撤銷前述法令，甚至比過去更依賴核能作為電力來源，以保障國家主權。雖然一九八〇年代晚期、由車諾比核災激起的反核運動聲勢徹底壓過一九六〇、一九七〇年代催生核能的政治與社會體制，但是前蘇聯的核能工業終究還是在這場鉅變中倖存下來。

蘇聯於一九九一年底解體消失，但車諾比的最後一座反應爐卻拖到二〇〇〇年底，才終於在西方國家強力施壓下宣布關閉。今日，烏克蘭有一半的電力來自核能發電，全歐最大核能設施、擁有六座裝置容量達一〇〇〇百萬瓦「水水高能反應爐」（VVER）的「札波羅熱核能發電廠」也在烏克蘭。該國總計有十五座反應爐處於運轉狀態，平均壽命超過三十二年。儘管車諾比所有機組已在新千禧年來臨前全數安全關閉，但是在事故發生後，俄羅斯仍保留並改造了多達十座RBMK，持續運轉至今。[85]

蘇聯從未清償車諾比核災的善後費用，這筆債只能由烏克蘭、白羅斯在國際社會的援助下繼續承擔，粗估金額相當於白羅斯全年總預算的百分之二十。經多年延宕，由七大工業國政府主導、透過歐洲復興開發銀行撥款的國際聯貸終於在二〇一九年協助烏克蘭完成造價二十一億美元的車諾比四號爐掩體工程。預估在接下來一百年內，車諾比還得移出受損反應爐內的剩餘燃料，拆卸並移除其餘數座反應爐，完成全廠清汙作業。樂觀的話，最快應該可以在二〇六五年達成目標，或許這將成為舊蘇聯決定擁抱核能、興建車諾比核電廠的百年紀念事蹟，卻無法為車諾比對地球的衝擊畫下句點。[86]

車諾比內外留下的事故遺跡不僅讓今日的我們怵目驚心，後代子孫將同樣感同身受。儘管核電廠四周的禁區範圍已擴大至四千三百平方公里，但是受放射性落塵嚴重影響的地區粗估超過十萬平方公里。當年遭棄城的普里皮亞季和車諾比禁區已成為今日的觀光重鎮，除了提醒世人「原子能和平用途」管理不當的危險，亦得以窺見「沒有人類的世界」將是如何景象：植物與動物占據街巷廣場和空蕩蕩的公寓房舍，這畫面就算不致驚懼顫慄，也夠發人深省了。[87]

車諾比事故至今已釋出五千三百拍貝克（五十三萬兆貝克）輻射，粗估是三哩島事故釋出量的一百萬倍。車諾比釋出的碘131，也就是會引發甲狀腺癌的碘放射性同位素，粗估也達到一千七百六十拍貝克（即十七萬六千兆貝克，三哩島約五千六百億貝克）。從普里皮亞季、車諾比禁區內及禁區鄰近村莊撤離的民眾，他們接觸到的輻射物主要是碘和銫的放射性同位素。受輻射影響者則以甲狀腺問題為最大宗。其中，成年人暴露的游離輻射劑量約為七十毫西弗，孩童則高達一千毫西弗。據估算，大約有十萬名撤離民眾承受平均約十五毫西弗的輻射。

因這場核災喪命的人數至今不明。絕大多數的受難者並非死於急性輻射綜合症，而是癌症，但致癌原因並不限於輻射曝露。事故後出現急性輻射傷害者約一百四十人，和三十一人喪命，包括反應爐操作員阿基莫夫與托普圖諾夫，兩人暴露的游離輻射量達十戈雷*。事故期間在核電廠內救援並遭輻

＊譯注：輻射劑量零點一至一戈雷即可能出現噁心、嘔吐等非特異症狀，大於二戈雷即為大劑量暴露。據調查，長崎原爆倖存者接觸的劑量都低於三戈雷。

射曝露者估計約四百人。由聯合國數個組織組成的「車諾比論壇」估計，約有四千人死於車諾比輻射引發的癌症與白血病；若從遺傳風險的角度來看（遺傳風險評估輻射總劑量對人體健康的影響，不限於車諾比事故），死亡人數為前者的十倍，即四萬人，但「憂思科學家聯盟」認為應上修至五萬人，綠色和平組織估計的數字更是高出許多。[88]

在所有探討車諾比核災衝擊的研究領域中，參與人士皆無異議的大概只有一項，那就是「受放射性落塵影響的孩童罹患甲狀腺癌的比例巨幅上升」。截至二〇〇五年為止，於事發當時未滿十八歲、且曾經暴露於車諾比輻射的甲狀腺癌病例已逼近七千人，然而國際科學團體卻直到一九九〇年代中期才意識到這波「甲狀腺癌大流行」。[89]

曾有蘇聯科學家及醫學專家向全球示警，表示罹患甲狀腺癌的兒童在一九八〇至一九九〇年代初期有大幅升高的跡象，但也有不少人持反對立場。首先是一群挑剔懷疑的西方學者，其中又以受聘國際原子能總署和原能總署統籌的聯合國計畫學者為代表。由於他們不常造訪災區，這群學者硬是不願相信低劑量輻射可能對人體健康造成巨大衝擊。其次是蘇聯國安局。他們無所不用其極，想方設法阻撓國內科學家及醫生把車諾比影響健康的相關資料偷渡給西方夥伴。

然後還有第三股勢力，也就是研究過城堡喝彩及一九五〇年代內華達試爆下風區居民資料的美國學者。他們曉得放射性落塵帶來的低劑量輻射是當地兒童罹患甲狀腺癌的主要原因，卻無法公開討論，因為上頭擔心這會影響放射性落塵受害者控告美國政府的判決結果。即使前人觀察到朗格拉普島民在返回遭輻射汙染的朗格拉普環礁後，因攝取具放射性的食物而增加輻射曝露風險，這群學者依舊閉口不談。美國對城堡喝彩造成的健康衝擊沉默以對，如此態度使得車諾比災民難以擺脫輻射陰霾，在一九九〇年代的後蘇聯經濟崩潰時期，他們甚至只能靠輻射森林裡的菇類、漿果為貧瘠的餐桌加菜。[90]

關於車諾比落塵對環境的傷害程度，學者至今未有共識，唯一能確定的是森林區吸收了最多輻射，受到的傷害也最大。反應爐附近一片松樹林被稱為「紅色森林」，因放射強度太高，必須就地掩埋；數十萬英畝的可耕地也不能再作農地使用。科學家在禁區內外各處採樣調查，顯示野生動植物毫無疑問普遍遭受輻射衝擊：有些品種的壽命比無汙染區的同種生物要短許多，鳥類出現白化症及遺傳變異的程度偏高。但證據也指出禁區顯現極高的生物多樣性，許多從未或數十年未曾棲身此處的動物，包括野狼、熊、野牛和大山貓等等，如今皆以這片土地為家。有些物種因輻射而吃盡苦頭，離開了汙染最嚴重的部分區域；但其他物種卻在人類離開後移入，讓此地成為安全的避風港。[91]

若說我們還有太多疑問卻得不到滿意解答，那是因為至今無人針對車諾比核災做過類似廣島、長崎原爆後的「低劑量輻射對人類及環境影響」大規模綜合研究。原因之一是隨著蘇聯解體後，RBMK已改良爐體設計並且逐漸式微，核能業者遂藉此向世人宣稱他們已從車諾比學到教訓，往後不會再發生類似事件。但這充其量只是一廂情願的想法：下一場大型核災與車諾比核災相隔差不多二十五年，地點就在一九四五年的核子時代起點，日本。

第六章

核子海嘯：福島核災

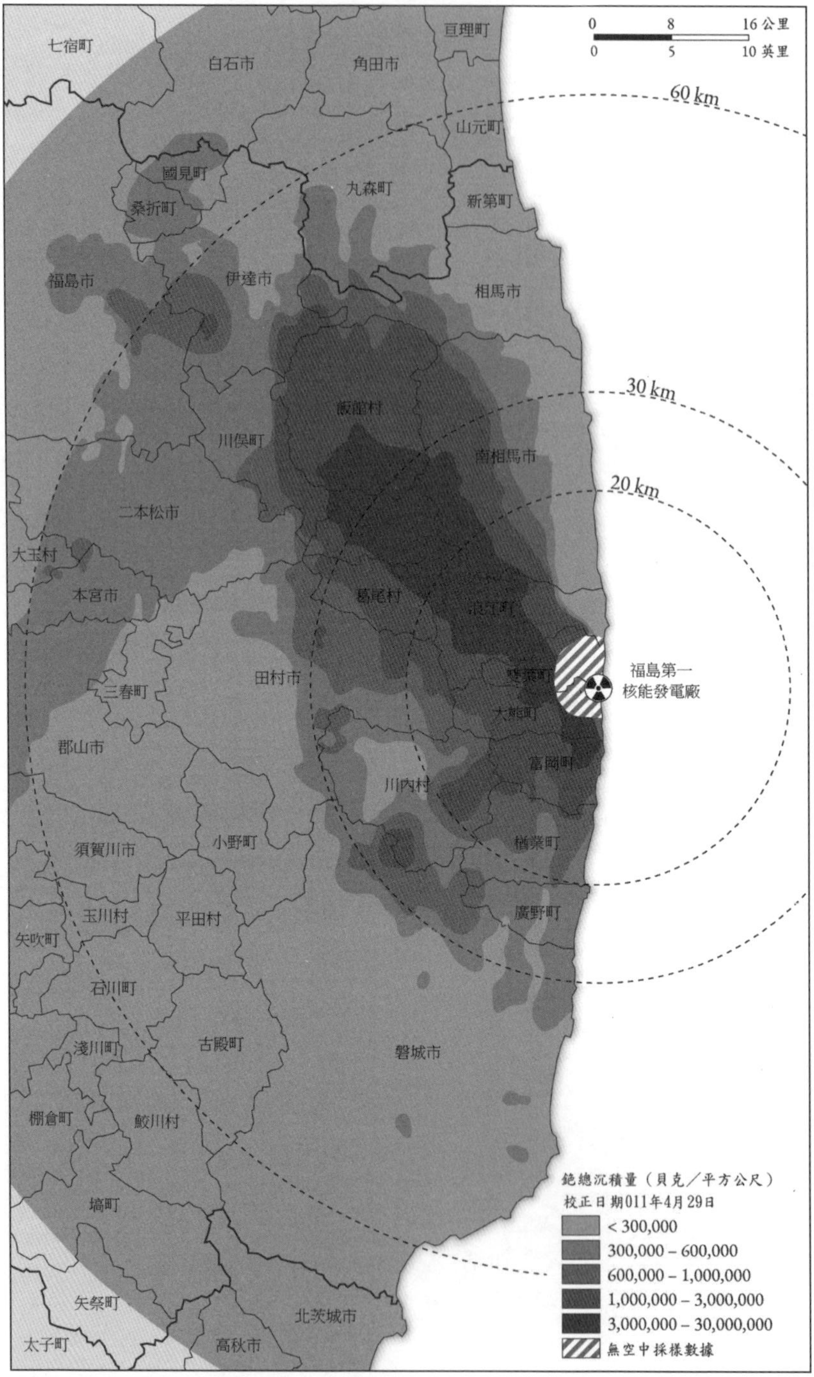
0 8 16 公里
0 5 10 英里
60 km
30 km
20 km
七宿町
白石市
角田市
亘理町
山元町
國見町
桑折町
丸森町
新第町
福島市
伊達市
相馬市
川俣町
南相馬市
二本松市
大玉村
本宮市
葛尾村
田村市
三春町
福島第一
核能發電廠
郡山市
富岡町
川內村
小野町
須賀川市
楢葉町
玉川村
平田村
廣野町
矢吹町
石川町
古殿町
磐城市
淺川町
棚倉町
鮫川村
塙町
矢祭町
北茨城市
太子町
高秋市
銫總沉積量（貝克／平方公尺）
校正日期011年4月29日
< 300,000
300,000 – 600,000
600,000 – 1,000,000
1,000,000 – 3,000,000
3,000,000 – 30,000,000
無空中採樣數據

一九八六年五月四日晚間，日本首相中曾根康弘在東京赤坂離宮迎賓館向參加晚宴的各國政要致詞，場內氣氛緊繃。這群經濟最發達的民主國家領袖為了第二十屆七大工業國組織高峰會議齊聚東京，對於該如何因應亟待解決的「國際恐怖主義」問題抱持不同看法。中曾根得找到一種方式，就不同的問題凝聚共識、開啟對話。他相信他找到方法了：車諾比。[1]

七國高峰會本來的目的是討論全球經濟，卻經常被政治議題綁架，東京峰會也不例外。第一晚接風宴前數小時，中曾根正在赤坂離宮草坪迎接法國總統密特朗時，竟有不明人士朝赤坂離宮的方向發射五枚土製砲彈，所幸並未命中目標，砲彈在離宮後方的街上爆炸，也未造成傷亡。事後，日本最大激進組織「中核派」聲稱對這次攻擊負責；當天約有上千名中核派成員及其支持者在市內一處公園示威遊行，抗議美國轟炸利比亞。[2]

中曾根致詞歡迎貴賓蒞臨，提及近日蘇聯的車諾比核電廠四號機爆炸事件，順勢打開話題。他希望七大工業國能發表一份聲明。中曾根對於賓客的解讀相當正確。後來的報告指出，晚宴氣氛好轉，與會貴賓無不擔心鐵幕後的情況，亦無法容忍莫斯科隱瞞事故資訊的做法。各國領袖指示幕僚徹夜趕工，草擬一份關於核能安全的聯合聲明。眾人於是以日本的草案為底，著手準備。[3]

繼瑞典發出放射性落塵警告、蘇聯也承認意外之後，日本於四月二十九日得知車諾比發生事故。外務省下令駐外人員蒐集蘇聯核災資料，言及該事件「可能對日本的核能政策造成巨大衝擊」；官方也擔心國內出現反核示威，惟當時還看不出跡象。五月一日，日本政府完成「蘇聯核電廠事故因應計畫書」，這份祕密文件強調「日本必須繼續使用核能」，但民眾對這起新聞如何反應則是最大未知數。中曾根於五月三日向外務大臣提及一九五四年的第五福龍丸號的輻射汙染事件，「日本社會尤其在意『死亡塵埃』。」[4]

七大工業國針對車諾比事件所發表的聯合聲明，徹底反映中曾根及日本政府的擔憂。「只要善加管理，『核能』這種能源的應用範圍會愈來愈廣，現在如此，未來亦是必然。」在最後定稿中，他們把「輻射」、「擔憂」等字眼都拿掉了。該聲明除了向災民表達關心，也允諾提供蘇聯政府必要協助，同時要求莫斯科提供「核能緊急事件及事故的完整詳細資料」。此外，「七大工業國願意承擔責任，也促請此次並未妥善負起車諾比事故責任的蘇聯政府回應我方（七國）及其他國家的要求，即刻提供相關資料。」[5]

這份針對車諾比的東京宣言雖激怒戈巴契夫，卻也保全日本的核能產業，免遭自家人及國際社會審查：日本資源能源廳寄出一份協議備忘錄，表明日本政府將「以安全第一為本，繼續推動核能發展」，等於對日本核能計畫大開綠燈。「不管是政府當局或產業界都沒有意識到，日本的核電廠並非萬無一失，也沒有意識到我們或多或少能從車諾比學到教訓。」活躍於當年政壇的某日本外交官回憶道。一九七三年，日本將核能定為能源優先發展項目；及至二〇一一年，核能發電已占全日本供電量的三成。鑑於日本的能源有九成仰賴進口，日本政府計畫在二〇一七年達到核能供電占比提高至四成的目標。[6]

＊　＊　＊

中曾根首相與日本政府必須謹慎拿捏，在「國內經濟對核能的依賴逐漸升高」與「國民對核能揮之不去的擔憂」之間取得平衡。城堡喝彩落塵與第五福龍丸號的悲劇，又一次強化了日本社會對核爆、對廣島長崎原爆輻射遺留的恐懼。諷刺的是，日本啟用核能其實跟城堡喝彩試爆關係密切：試爆善後期間，華盛頓方面向東京積極引介核能計畫的好處，中曾根更是這段歷史的重要角色。

時間回到一九五四年三月二十二日，第五福龍丸號的報導引爆日媒還不到一星期，美國艾森豪總統即於前一年秋天成立、負責協調國安政策的任務協調小組建議：「捍衛核能的非戰事用途」或可作為「及時制衡蘇聯外宣、縮小對日傷害」的有效辦法。這樣提議符合艾森豪去年十二月「原子能和平用途計畫」的基本原則，即減輕國際社會對美國表面推銷「原子能和平用途」，實則擴展「原子能戰爭用途」的焦慮。[7]

一九五四年九月，美國國會通過《原子能法案》，鬆綁一九四六年分享核能技術的法規限制，日本遂成為美國新核能政策的理想試驗對象。美國駐日大使館幾乎第一時間就在東京展開一系列「原子能和平用途」公關宣傳，包括籌辦核能展、規劃參訪行程、演講和影片播放；其中一場活動吸引近八萬人參加，最不可思議的是竟然沒有人到場抗議。日本政府也和美國一搭一唱，同意美方在日本建造一座實驗性質的反應爐，也對兩國在核能領域的進一步合作樂觀其成。一九五四年，日本政府撥款兩億三千五百萬日幣投入核能研究。

當時的中曾根還只是一名年輕國會議員，他全心全意支持核能發展。中曾根因為批評日本帝國輸掉戰爭、容許美國將軍麥克阿瑟占領日本國土而聲名大噪，但現在，他認為美國的核能技術能幫助日本重拾往日榮光。一九五五年，日本政府投入五十億日圓（一千四百萬美元）研究核能，中曾根功不可沒；相較於前一年的兩億三千五百萬日圓，經費可謂大幅增加。同年十二月，他大力推動《原子能基本法》，該法致力於「確保未來能源供應無虞」，並依法成立「日本原子力委員會」、「原子力安全委員會」、「日本原子力研究所」等多個核能發展基礎機構。[8]

城堡喝彩試爆後不到兩年，日本就買了美國「原子能和平用途」的帳，擁抱核能。美國早就準備好要推銷核能的和平用途，遂於一九五五年與日本簽訂協議後，立即協助日本興建第一座研究用反應爐，並於一九五七年達到臨界。而一九六〇年代的日本更因為用電成長幅度超過國民生產毛額（GDP）成長，亟欲再向前一步，蓋一座類似美國碼頭市的商用核電廠。當日本政府發現，美國當時的法律還不允許輸出商用反應爐技術，遂轉投英國卡德霍爾核電廠懷抱。雙方一拍即合，於是，日本首座工業級反應爐即是擁有英國血緣的鎂諾克斯石墨反應爐，與溫斯喬的原型相比更有顯著改進。[9]

一九六一年三月，裝置容量一六六百萬瓦的反應爐破土動工，地點在東京北方約七十五英里（一百二十公里）、日本最大島本州東岸的東海市。該反應爐在一九六五年十一月達到臨界，後於一九六六年七月併網發電。在廣島、長崎遭轟炸整整二十年後，日本終於拿回核能工業主控權。不過，日本首座商用反應爐雖系出英國，但英式石墨反應爐在日本的壽命並不長。一九六〇年代初期，美國發動銷售攻勢，將英式反應爐逼出日本市場。美式反應爐造價較低，發電功率更大；於是東海市的第二座反應爐於一九七八年十一月併網發電，供應商已換成美國奇異公司。[10]

奇異公司賣給日本的款型是沸水式反應爐（BWR），最初的研發單位是設於芝加哥大學的阿貢國家實驗室。BWR與三哩島壓水式反應爐（PWR）的最大差別在於BWR構造相對簡單：三哩島的PWR有兩套冷卻系統，即「雙循環」，一是加壓水，一是普通的水；加壓水在反應爐心受熱後，將熱傳給第二套系統的冷卻水，後者汽化並推動渦輪。而BWR只走一道冷卻循環，即反應爐直接把通過爐心的冷卻水變成蒸汽，驅動渦輪。11

BWR反應爐的簡單設計大大降低了建造成本，因為它不需要混凝土圍阻體，也就是三哩島事故中避免核災擴大的水泥構造。事實上，BWR也非常難加蓋三哩島式的圍阻體：為了簡化結構而去除大量附加管線，設計師在BWR槽頂安裝分離器和乾燥器，使得整座反應爐高達六十英尺（十八公尺）。這也是車諾比和蘇聯其餘核電廠的「石墨水冷式反應爐」（RBMK）無法在爐外加蓋圍阻體的原因。不過，為了確保安全，BWR設計師把爐體放進厚二．五公分、名為「馬克一型」的不鏽鋼圍阻體內。馬克一型出過一些重大的性能問題，而設計師也據此改良其設計，認為毛病差不多都解決了。

與西屋公司為日本設計的PWR相比，奇異的BWR構造更簡單、造價相對便宜。兩家公司在日本市場互別苗頭，奇異因為起步較早、造價低廉而略占上風。一九六三年十一月，奇異的第一座BWR在東京的西方約二百英里（三百二十二公里）外、俯臨日本海的敦賀核能發電廠破土興建，一九七〇年三月達到臨界。一九六七年二月，離敦賀核電廠不遠的美濱核能發電廠也開始建造另一座BWR，並於一九七〇年十一月連上輸電網。當年，任何投身「日本電力事業」這門新興產業的人若要考慮核能發電，奇異公司的BWR絕對是第一選擇。自一九七〇年到二〇〇九年為止，日本境內總計蓋了三十座

BWR和二十四座PWR反應爐。[12]

＊　＊　＊

福島第一核能發電廠是日本首批興建運轉的奇異BWR沸水式反應爐的核電廠。該廠建有六座反應爐，一號機於一九六七年七月動工，位在本州太平洋岸的大熊町與雙葉町之間，約在東京的東北方一百四十英里（兩百二十公里）處。一九七一年三月，福島第一併網，最開心的莫過於福島縣政府。自一九五八年起，不少人以促進地方經濟繁榮為名，遊說縣政府於境內興建核電廠；同感振奮的還有日本最大私營電力公司「東京電力公司」，福島BWR是東電嘗試踏入「核電」這個陌生領域的第一步。

福島的第一座BWR裝置容量僅四六〇百萬瓦，但這只是第一步。到了一九七九年十月，總計有五座機組依序加入核電廠營運，機組其中的最大裝置容量達一〇〇〇百萬瓦。福島第一核電廠的總發電量達四七〇〇百萬瓦，名列全球前十五大核能發電廠。一九八一至一九八六年間，東電又在附近的福島第二核能發電廠陸續興建四座BWR，並於接下來十數年在全球最大核電廠「柏崎刈羽核能發電廠」啟動了另外六座BWR＊。日本電力需求劇增，東電準備隨時支援前線。[13]

名嘉幸照是協助奇異公司將核能技術轉移給福島電廠的專業人士之一。他本是奇異的核能工程師，後來成為東電承包商的公司負責人。名嘉投奔美國核能技術的歷程就和他的祖國一樣，從一開始的抗拒到後來的接受，這一路可謂一波多折，意外連連。名嘉出身沖繩的漁民家庭，曾積極參與學生運動，抗議美軍占領、部署核武。後來他立志離開小島並成為海事工程師，環遊世界，最後在一位曾服役於美國核子潛艇的友人的遊說下，進入奇異工作。名嘉決定試試自己的能耐，受訓成為奇異的BWR操作員。

一九七三年，名嘉來到福島第二核電廠。「我把奇異的技術手冊翻成日文，它也成為東電首座BWR訓練中心的教科書。」名嘉回憶。「在見識過這個世界以後，」他又說，「我深信核能會是資源匱乏的日本的唯一出路。我以我的工作為榮。」然而在東電那幾年，名嘉注意到該公司的管理風格和文化漸漸變了。「一九七〇年代那時候，在廠房現場作業的工程師很多。」他憶道。名嘉喜歡跟這群管理人員討論、開會，其中包括一位經常造訪廠區的副社長；後來情況丕變。「從一九八〇年代開始，」名嘉回憶，「東電把電廠運作全部交給供應商和製造商，顯然只重視管理效率。」14

不過最大的改變要屬東電看待反應爐安全的態度。這地方跟車諾比一樣，達到產能目標比安全考量更重要。名嘉還記得，一九八八年底，某個泵浦的渦輪葉片斷了，一小片金屬刺穿爐心，渦輪的振動頻率也因此增加；名嘉建議管理部降低輸出功率，但「他們告訴我『不可能』，因為當時正好是年底。」他回憶。高層擔心核電廠無法達到年度發電目標。名嘉擔心發生事故而輾轉難眠，直到一九八

＊編按：柏崎刈羽核能發電廠共計有七座反應爐機組，第一座於一九八五年運行，後續六座則於一九九〇至一九九七年陸續運行。

九年一月反應爐終於停機後才鬆了一口氣。這套機組幾乎一整年都在檢修，後來在反核人士與當地支持者的抗議聲中重新啟動。負責該機組的經理人連坐下來跟抗議者好好談一談都不願意。「我們……可以說是在向下沉淪。我們掩蓋事故，為的是不要面對社會壓力。」名嘉回憶。[15]

二〇〇二年，爆發東電安全報告造假的重大醜聞：東電人員從一九七七年就開始造假。至少有兩百份報告涉及偽造資料，有些檢測根本未執行，有些是篡改報告掩蓋問題。東電會長、社長、副社長引咎辭職。主導此次內部調查的是該公司資深經理人，時年六十二歲的勝俁恒久，並於調查結束後接下社長一職。勝俁恒久以精明幹練著稱，他步步晉升，終於在二〇〇八年成功坐上會長大位。[16]

勝俁和新任社長清水正孝齊心合作，竭力清理門戶，改善安全標準與公司文化。東電比其他電力公司更常停機檢修反應爐，勝俁想傳達公司亟欲洗心革面、重整旗鼓的新形象。二〇〇七年，地震導致柏崎刈羽核電廠發生輻射物外洩事故，勝俁和清水為因應此次事件，同時回應國際原子能總署發出「福島第一核電廠不符合新抗震安全標準」的警告，於二〇一〇成立東電緊急應變中心，作為重大地震事件的備用指揮總部。[17]

不過，對於抗震安全的新標準與要求，東電也只打算做到這一步而已，如此絲毫無助於改善核電廠的整體安全。根據設計，福島第一核電廠能承受的最大地震規模為七．〇；另一項擔憂是東電從未述及大海嘯的可能性。福島第一核電廠及日本其他所有核電廠一樣都蓋在海邊，這項安排能降低建造冷卻塔的巨大成本。設計師用一條條巨大的混凝土送水管連通大海，利用海水給反應爐蒸汽降溫；冷凝的水可再次吸收反應爐的蒸汽熱，如此反覆循環。但這個設計的唯一隱憂是海嘯。[18]

不只福島第一核電廠，日本所有的核電廠都有重重防波堤和一道高約十九英尺（五．七公尺）的防嘯海堤保護。可是原子力安全保安院認為海堤高度不足，並於二〇〇六年警告東電，表示福島第一核電廠可能因為海嘯而喪失外部電力。二〇〇八年，東電內部專家做出結論：若海嘯高於五十一．五英尺（十五．七公尺）則會漫過防嘯海堤，淹沒核電廠。勝俣不以為意，在研議這個問題之後，「公司內部大多認為不會發生這種規模的大海嘯。」後來勝俣如此表示。[19]

＊＊＊

對於勝俣、清水等一干東電管理階層的「研議」在二〇一一年三月十一日下午二點四十六分被無預警腰斬：日本東岸外海約七十五英里（一百二十．七公里）的太平洋發生規模九．一的大地震。[20]

這場以「東日本大地震」為名載入史冊的地震，乃是地球最大的兩塊板塊發生錯動所造成的：一邊是面積一億零三百萬平方公里、承載整個太平洋重量的太平洋板塊，另一邊則是位於北美洲、格陵蘭和部分西伯利亞下方，面積約七千六百萬平方公里的北美板塊。兩塊板塊互相擠壓碰撞已持續數百萬年，隨著太平洋板塊逐漸往北美板塊下方隱沒，美國加州和日本每年至少可拉近三．六英尺，或是超過一公尺的距離。兩塊板塊通常不會突然錯動，但偶爾會有一段卡住；板塊互鎖的壓力會透過雙方突然移動來釋放，繼而引發地震，造成海嘯。

日本不偏不倚就位在這兩塊板塊交界處，使得這個島國每年都要經歷上千次地震。有些板塊移動幅度較大，有些較小。而發生在二〇一一年三月十一日那天的則是大到無以復加，堪稱千年來最大規模的一次板塊運動。地震當天，被鎖住至少千年的太平洋板塊突然釋放累積的壓力，一口氣向西（日本方向）往北美板塊下方俯衝四十公尺，使得本州在三分鐘內向東偏移三至八英寸*（八至二十公分），更加靠近加州，地軸也因此偏移十七公分（六點五英寸）。這次錯動發生在太平洋海床下方十八英里†（二十八・九公里）處，釋出巨幅能量：一場當時記錄為八・九級，也是日本有記錄以來最大的地震，撼動了整個島國。劇烈的搖晃與震動持續至少三分鐘才停下來。

地震引發了巨大海嘯。這場海嘯與一般海嘯無異，共發出三道主波：第一道速度快但能量相對較低，破壞力也較弱，第二道較慢，但威力與破壞力都比第一波強；第三道波速度最慢，卻最為致命。大部分的海嘯波與帶起海嘯波的能量會直接灌進幅員遼闊的海洋：海洋能吸收能量，並且在震波抵達北美西岸之前減緩衝擊強度。但由於日本東岸離這次震央太近，因此遭受重創。這場地震的震央離日本海岸僅約七十公里，第一道波不及十秒即觸陸，但這只是警告。移動更慢、破壞力更強的巨浪即將到來。這次地震引發日本有史以來傷亡人數最高的海嘯，造成一萬五千八百九十九人喪生，兩千五百二十九人失蹤，六千一百五十七人受傷。然而最棘手的還在後頭：福島第一核能發電廠。[21]

* * *

福島第一核電廠廠長、時年五十六歲的吉田昌郎坐在七十平方公尺的辦公室裡，一邊簽核文件，一邊等待排定三點開始的外派人員會議。這時，四周的一切開始搖晃。

時間是下午兩點四十六分，第一道震波剛撞上本州。吉田意識到發生地震，暗暗祈禱不要太嚴重；他才起身要離開辦公桌，突然發現即使緊抓桌緣也站不穩。當左右搖晃轉成上下震動，吉田想著要躲進辦公桌底下，但劇烈的震動害他根本躲不進去，只好抓住桌子設法穩住身體。前方的電視機摔落地面，部分天花板也片片墜落，震動伴隨隆隆地鳴持續了至少五分鐘，這是他此生經歷過最可怕的一場地震。

待震動終於停歇，吉田衝出辦公室、狂奔過走廊，一拉開門，滿目瘡痍的景象比自己的辦公室還要糟糕。他最先想到廠內六千多名員工，還有正要去開會的工程師與技工們的安危。吉田才衝出廠房大樓，旋即看見數十名甫離開搖搖欲墜辦公室的同仁們在寒風中瑟瑟發抖，當時氣溫不到攝氏八度。他大步走向緊急應變中心，這棟抗震建築去年才蓋好，三月初驗收完畢。吉田要求屬下立刻清點人數，查明有沒有人在地震中受傷。

這是三天來的第二起大地震了。三月九日，規模七．三的地震襲擊日本列島，震動觸發自動安全系統，反應爐急停，將控制棒送入爐心反應區。那次地震並未對核電廠造成任何損傷，反應爐迅速重啟，吉田衷心希望這回也同樣幸運。他拋出第一個問題：「機組停了嗎？」當時，核電廠緊急應變組

＊編按：日本氣象廳是寫偏移十公分。

†編按：日本氣象廳的數據是震源深度二十四公里（十四點九英里）。

員正陸續趕來控制大樓二樓集合。「沒事，廠長。」有人回答。「都正常急停了。」這說的是一號、二號和三號機。四號、五號和六號機在幾天或幾周前剛好停機填充燃料，照理說應該都很安全。[22]

一號、二號機共用一個控制室，負責這兩座機組緊急停機作業的是五十二歲的值班主任伊澤郁夫。兩點四十七分，第一波強震襲擊後一秒，福島第一核電廠一號機警示燈亮起，代表「所有控制棒完全進入爐心」，九十七根控制棒自動朝爐心移動。下一個步驟是確保冷卻水仍持續灌入過熱的反應爐，伊澤就是在這時候意識到情況並未按著劇本走：停電了。配電線被地震扯壞了。幸好柴油發電機及時啟動，控制臺和供水設備瞬間起死回生，冷卻水再度灌入反應爐。伊澤安心許多。「挺順利的。」他心裡想。

警報聲和閃爍的警示燈此起彼落，伊澤眼前最重要的任務就是保持冷靜。火警警鈴最惱人，伊澤決定無視規定關掉它：警報聲響個不停，任誰都不可能在這種情況下保持專注。現在他們可以透過控制臺好好監控反應爐，順便分析現況。冷卻水一進入反應爐，爐溫便迅速下降，其實一號爐的溫度降得太快了，蒸汽可能直接凝結在爐槽內並形成真空，導致連通反應爐的注水管道塌癟。[23]

一名操作員關掉隔離冷凝器注水閥。隔離冷凝器是安裝在反應爐廠房頂端的大水槽，光靠重力就能讓冷卻水流進反應爐，停電時可維持三天供應量，儼然是對付意外流失冷卻劑的完美辦法：因為它只需要打開閥門即可運作。操作員此刻關閉水閥並非不合理，若爐溫下降速度變慢，屆時再打開就行了。結果事實證明，這個舉動大錯特錯：因為不到半小時後，機組將再度失去電力，但這回就連緊急備援電力也掛了。沒有電，伊澤及組員無法重新打開水閥，甚至連水閥是開是關都不知道。[24]

電力供應中斷的原因並非地震，而是海嘯。福島第一核電廠的位置離震央約一百八十公里，幾乎沒測到第一道海嘯波；下午三點二十七分，主震發生後四十分鐘，威力較強的第二波衝向核電廠，但核電廠依舊毫髮無傷，五．七公尺高的防嘯海堤輕輕鬆鬆擊退四公尺大浪。三點三十五分，第三波海嘯波襲來，規模大到超出所有人的預期：十三公尺高的水牆摜破矮了半截的海堤，將一切吞進水裡。

這波巨浪鏟起了房屋商辦，沖走了船隻車輛，並捲走了那些未及時意識危險的人們。不出幾分鐘，反應爐廠房的白色高牆被充斥著殘骸、髒兮兮的棕色海水給淹沒。當時正好有兩名技工在某棟樓的地下室作業，但他們再也沒有機會重回地面。那天下午，當海嘯巨浪退回大海，帶走的戰利品不只有屋舍殘骸、車輛設備和罹難者遺體，還有福島第一核電廠的重要基礎設施，令其頓失所依，苦苦求生。

雖然福島第一核電廠反應爐及渦輪的基座都高出海平面十公尺，但是包括緊急抽水泵等多數設備機械都在這個高度以下。首先被海水吞噬的是負責引入海水、給反應爐冷卻系統沸水降溫的混凝土送水管和抽水泵。海水灌進低樓層，而早先因為地震破壞電線、正常供電中斷而緊急啟動的備用柴油發電機就裝在這裡：這絕對是毀滅性的一擊。福島第一核電廠的三座機組因地震而緊急停機，此刻正需要電力取得冷卻水；隔離冷凝器照理說不需要電力，單靠重力就能運作，但一號機上方的注水閥卻被關上了。[25]

「柴油發電機跳電！」一名年輕操作員在一、二號機聯合控制室裡叫道，時間是下午三點五十三分。沒有人願意相信，或者能夠想像他們剛才聽見什麼了，但證據就在眼前：控制室照明燈一盞接一盞熄滅，控制臺儀表指針停住不動，信號燈全滅。「全廠停電！」伊澤大喊。他才剛抄起電話，準備通知緊急應變中心，這時有個全身衣服被海水浸透的操作員衝進控制室大叫「我們完蛋了！」反應爐廠房進水。這實在很難接受，卻也是唯一能解釋停電的理由：渦輪機房地下室的柴油備用發電機被海水淹沒。[26]

人在緊急應變中心大樓的吉田廠長茫然不知所措。「我想不通到底怎麼回事。」他回憶。「我們誰也沒真正見識過海嘯。」沒人預期會有十公尺以上的巨浪。吉田回過神來的第一個念頭是：這事為什麼要發生在他值班的時候？還有，萬一他們沒辦法把水送進反應爐會怎樣？答案恐怖又明白：爐心熔毀。「這完全超出我以往想像過所有最嚴重的意外狀況。有那麼一瞬間，我不知道該怎麼辦。」吉田憶道。「照理說，我當下應該非常驚慌，但奇怪的是，當我開始擔心這可能變成另一場車諾比事件時，心裡有個聲音叫我要保持冷靜，著手計畫。」然而千頭萬緒，從何下手？

吉田最先想到的是把發電車叫來，恢復控制臺運作。他打給東電總部請求支援，對方允諾照辦。然後他又想到，可以用消防車把水直接灌進反應爐，不過廠裡的三輛消防車有兩輛被海嘯淹沒，只剩一輛可用；於是吉田向自衛隊求援，調派消防車。在此同時，值班主任伊澤來到緊急應變中心，決定派組員前往反應爐廠房了解狀況，檢查設備並架好水龍，消防車一來馬上就能用。下午四點五十五分，第一班人員離開應變中心，但他們還肩負一項任務：確認一號機隔離冷凝器狀態。因為稍早有操作員把注水閥關掉了。[27]

各反應爐廠房情勢嚴峻。一號、二號機控制室的控制臺儀表指針動也不動，手邊唯一沒壞的設備是輻射計數器，但讀數同樣令人擔心：一號機廠房四樓入口的計數器已經破表，伊澤組員不得不折返，無法檢查冷凝器狀態。此時三號機傳來唯一的好消息：備用發電機正常供電，控制臺運作良好，操作員可重新啟動隔離冷凝系統，把水送進反應爐。一號、二號爐的命運昭然若揭。

自吉田走進緊急應變中心視訊會議室以來，他的屁股就黏在椅子上沒起來過。「那一整天，我覺得我連上廁所或抽根菸的時間都沒有。」他事後回憶。五點十九分，他們派出穿戴適當抗輻射裝備的另一支隊伍，再度前往一號機探查。六點半，小組人員架好水龍，準備連接反應爐緊急冷卻系統。吉田忙著與各小組聯絡協調，但通訊愈來愈困難，因為電話也不通了，不僅如此，他還是這個受苦受難的核電廠與東京東電總部、政府部門首長，最後甚至直達首相辦公室的主要聯絡人。[28]

＊　＊　＊

時年六十四歲的日本首相菅直人感受到地震的天搖地動時，他正在參議院開會。建築物開始搖晃，天花板水晶吊燈晃來擺去，菅直人神色自若。他瞄了吊燈一眼，把資料往旁邊一推，再把眼鏡收進外套內袋，然後靠著椅背、握住扶手，隨著椅子前後擺動，這時議員們全躲進桌子底下，幕僚隨扈亦衝向他提供必要協助。最後，議長宣布休會，首相離開議事廳。

對菅直人來說，在這個時間點休會不全是壞事。地震發生當下，審計委員會的議員正在質問他收受外國人政治獻金一事。二〇〇九年十二月，由菅直人領導並擔任黨魁的日本民主黨中斷了自民黨把持數十年的政權，所以他和他的一舉一動無不被放在放大鏡下檢視。「質詢火力相當猛烈。」菅直人回憶。他覺得自己像個忘了寫作業，卻因學校為了某個緊急原因臨時放學，而躲過老師責罵的小學生。不論菅直人對質詢中斷作何感想，剛才他逃過一劫的這場地震無疑規模極大，傷害肯定也相當嚴重。[29]

菅直人和幕僚從參議院直奔首相官邸地下室的危機管理中心。這位首相以沒耐性、不拖延聞名。就讀東京工業大學期間，他主修專利法，經常參與一九六〇年代的政治與學生示威活動。當選議員後，他問政犀利、攻擊對手毫不留情，博得「暴躁菅」的名號。二〇一〇年六月，菅直人當選日本首相，而他的臭脾氣也跟著進了首相辦公室，距離這場大地震不到一年。[30]

進入官邸的危機管理中心，菅直人在巨大的橢圓桌桌首坐定，內閣首長及緊急災害應變小組成員圍桌入座，每個人都拿著手機，各自聽取來自執掌單位回報的最新狀況。看來情況不妙。這無疑是日本近代最大的地震和海嘯。政府單位各司其職，舉凡滅火、處理倒塌樓房、在突然被水淹沒的路口拉起封鎖線或是照顧流離失所受傷死亡的民眾，無不按部就班行動。「根據收到的消息，福島電廠的緊急自動裝置在地震發生後就馬上停掉反應爐了。」菅直人憶道。「我還記得，聽到這個消息，我當場鬆了口氣。」[31]

下午四點五十五分，菅直人換上政府官員在緊急事故時經常穿著的軍裝式藍制服，對全國發表談話。日本本州東北地區，即福島縣所在區域，遭到極猛烈、規模粗估八．四的強震襲擊。首相向所有遭受雙重災難的民眾衷心致意慰問，也籲請社會大眾保持警覺和冷靜，隨時留意通知。政府已經成立危機管理中心，由他本人坐鎮指揮。這是一份僅有四個段落的簡短聲明，卻有一段特別提到核電廠，內容尚稱安心。「當地的核能發電設施已有部分自動停止運作。」首相表示。「目前，我們還沒收到輻射物或其他任何可能影響周圍環境的物質外洩報告。」[32]

發表談話時，菅直人還不曉得福島電廠或其他核電廠種種令人不安的消息；不過，他一離開記者會就被告知福島第一核電廠發生緊急狀況。記者會開始前大約十分鐘，東電通知政府單位，核電廠的操作員無法測量其中兩座機組（一號與二號機）的冷卻水位。核子事故一觸即發。早在下午三點四十二分，也就是海嘯沖垮防嘯海堤、衝擊備用電力系統後七分鐘，東電官員即發布「一級警戒」，但範圍僅限核電廠；至於是否宣布進入二級警戒「全面緊急狀態」，必須由政府決定。[33]

經濟產業大臣海江田萬里和原子力安全保安院院長寺坂信昭一起向菅直人報告福島電廠問題。「柴油緊急發電機無法啟動。」菅直人在自己的筆記中寫下。他意識到情況危急。他記得自己當下的念頭是「核電廠即將失控」。菅直人事後坦承：「我震驚到五官都變形了。」海江田建請首相宣布「緊急核子事故」，但菅直人想掌握更多資訊。他要求寺坂說明，但後者答不出來。「我只能告訴首相，我不知道福島出了什麼事。」寺坂回想當時的對話。「技術方面你懂不懂？」首相問他。寺坂表示，就任原子力安全保安院院長前，他在經產省通商局做事。「找個精通核能技術的人進來。」菅直人指示。[34]

晚間七點過後，菅直人認為福島一號機的狀況已經嚴重到足以宣布全面緊急狀態了。他成立「核子事故緊急應變指揮中心」，自任指揮官，要求部屬找地方安置這個新指揮中樞。由於事發突然，眾人毫無準備，只能勉強找個能俯瞰地震海嘯危機管理中心的地下室夾層湊合著用。這個夾層間或許是個躲避核災的好地方，卻非常不適合用於應變管理：這地方頂多能擠十個人，只有兩條電話線，而且手機訊號還不通。危機疾速攀升，房裡的電視機成為他們最主要的資訊來源。這個應變指揮中心直到隔天早上才移師官邸五樓的首相辦公室，不過眼下他們得先熬過這一晚。

晚間七點四十五分，副首相暨內閣官房長官枝野幸男發表談話，嘗試安撫民心，向社會大眾保證發布緊急狀態宣言僅為預防手段。「目前看來應無發生災損之虞。」枝野表示。「儘管核災發生機率極低，鑑於災損後果影響甚鉅，並確保一切皆按正確程序進行，政府決定發布緊急狀態宣言。」不過福島縣政府絲毫不敢大意。晚間八點五十分，福島縣下令實施自主預防措施：先行撤離電廠周圍兩公里內的居民。[35]

但枝野認為撤離令屬於中央政府職權。晚間九點，他召開閣員及政府專家會議，商討福島第一核電廠迅速惡化的局勢。「首相已宣布進入緊急核子事故，」枝野對與會人士表示，「請大家集思廣益，想想該如何規劃撤離當地居民。」根據政府作業規範，他們必須撤離方圓十公里內的居民，人數相當龐大，但情勢還未明朗，事態是否嚴重到值得採取如此大規模行動的程度。幾番討論後，他們決定採取較為寬鬆的規定，也就是國際原子能總署建議的「預防撤離範圍」（三至五公里），最後拍板定案為半徑三公里。[36]

晚間九點二十三分，會議開始不到半小時，中央指示福島縣政府將撤離範圍從兩公里擴大至三公里。核電廠周圍十公里內的居民必須進入室內避難，不得外出。大熊與雙葉這兩個町因為離核電廠最近，町內的一萬兩千名與七千名居民遂成為主要撤離對象。此外，由於地緣關係，大熊町與雙葉町的住民與房舍先後遭強震與海嘯襲擊，受災程度就算不比核電廠嚴重，也絕不亞於核電廠。這群驚魂未定的倖存者才正要努力恢復表面上的平靜，卻再度面臨必須拋棄家園、躲避核輻射危險的嚴重打擊。

當地電臺反覆播送避難指示，宣傳車穿梭大街小巷，請居民留意最新緊急規定。警察與消防員挨家挨戶敲門，告知居民「核電廠有狀況」，協助居民打包啟程。與車諾比和普里皮亞季不同的是，這幾個町只有寥寥幾輛巴士供民眾搭乘，大多數人必須自行駕車，擠上水洩不通的半毀公路：一邊是被迫撤離的車陣，對向則是馳援核電廠的救災車輛。除了一路朝西、逃離受損的核電廠外，災民不知該往哪兒去。安置中心一下子就塞爆了。陸續抵達的災民不得其門而入，只好再次上路，再次擠進車流，繼續往更西邊移動，盡可能遠離福島第一核電廠。[37]

＊ ＊ ＊

晚間九點左右，原子力安全委員會主委班目春樹抵達設在官邸地下室的臨時應變指揮中心，參加官房長官枝野主持的會議。首相菅直人及幕僚終於找到一位「熟知核能技術」的顧問了。

「原子力安全委員會」為政府組織，負責推廣核能、提供內閣及政府部門核能政策制定準則。說到推廣核能，班目絕對是打著燈籠也難找的夢幻主委人選：他除了擁有東京大學機械工程博士學位，在東大核子工程學部與核工研究實驗室任教與研究，班目還是反應爐安全專家、核能的堅定擁護者，也是推廣核能的重量級權威人物之一。二〇〇七年，他代表濱岡核能發電廠的營運方出庭作證，駁斥地震學者石橋克彥的警告，因石橋憂心「核電廠可能在大地震時徹底喪失電力供應」。班目認為，如此臆測將使得「什麼東西都永遠蓋不了」。[38]

二〇一〇年，班目就任原子力安全委員會主委；而現在，他必須處理跟石橋當年預言一模一樣的狀況：失去外部電網電力與緊急發電機電力，即「雙重供電中斷」所導致的冷卻劑流失危機。他力圖保持樂觀。「目前並未發生輻射外洩。雖然電力供應出了問題，但核連鎖反應應該已經停下來了。」他向政府官員報告。「現在只剩冷卻反應爐這一件事。」問題是該怎麼做？「讓我們想想。地下室那邊應該有兩座緊急柴油發電機對吧？」班目詢問被叫來首相官邸的東電代表武黑一郎。武黑答不出來，也沒辦法直接聯絡總公司，應變指揮中心只能透過小房間外的市內電話向東電總公司討資料，而武黑要求架設的傳真機也拖了兩天才裝好。

當班目發現應變指揮中心連一張福島核電廠的平面圖都沒有，他氣瘋了。「原子力安全保安院有副本，他們為什麼沒給首相的人準備一份？為什麼我們手上沒有半點資料？」班目破口大罵。「原子力安全保安院在幹什麼？」他們最需要的平面圖恰恰不在手邊，再加上手機不通，要取得這份文件可謂難上加難。應變指揮中心如果要跟外面的人聯絡，不管是誰都必須走出這個小房間才能打電話。「不能用手機要怎麼做事？」經產大臣海江田咆哮。班目口中未善盡職責提供文件與資訊的原子力安全保安院就歸海江田管。「這叫我們怎麼蒐集資料？」

主持會議的官房長官枝野詢問班目：「萬一這種狀況繼續下去，最後會怎麼樣？」班目告訴他任何一個了解反應爐的人都曉得的明顯事實：「如果我們找不到辦法把冷卻水打進反應爐，燃料棒會暴露在外，導致爐心損壞。」與會專家皆同意，當務之急是修復電線恢復供電，讓水泵得以運作，沒有電，冷卻水就進不了反應爐，但這項任務光聽就知道不簡單。枝野繼續發問。「萬一沒辦法讓反應爐散熱呢？」「那就得排氣洩壓了。」班目回答，東電代表武黑也同意他的看法。「反應爐排氣」意味著輻射將直接進入大氣層。不過班目和武黑認為排氣是最後手段，眼前最重要的還是盡快恢復水泵運轉。[39]

＊ ＊ ＊

當副首相枝野在地下室率領眾人腦力激盪時，對外聯繫幾乎完全斷絕；首相本人則在他五樓的辦公室忙著打電話，設法把電力和水送進飽受摧殘的福島核電廠。東電總部回應廠長吉田的要求，緊急調派其他電廠的發電車馳援福島第一核電廠；可是地震與海嘯使得公路幾近半毀，支援的車輛先是卡在車陣裡，最後不得不繞道而行。

菅直人著急地想親自做點什麼。「車子多大？多重？能用直升機吊過去嗎？」他詢問內閣成員。東電已備妥二十輛發電車準備支援，但有鑑於路況極差，菅直人決定空運過去。他找上防衛省。「這事辦得到嗎？」菅直人問。「報告長官，沒辦法。車子太重了。」聯絡官回答，因為光是一輛發電車就有八噸重。但菅直人不放棄。他轉而向首都西邊的橫田空軍基地駐日美軍求助（該基地離東京市中心僅三十公里），答案同樣是否定的。此時首相幕僚們也沒閒著，他們安排警力為塞在路上的發電車開道。深夜十一點左右，東電派出的第一輛備援發電車終於開到福島第一核電廠，自衛隊支援的三座發電機沒多久也送來了。[40]

支援設備陸續抵達，吉田廠長應該可以暫時喘口氣；有了移動式發電機組，操作員終於測到反應爐不鏽鋼圍阻體內的壓力讀數，原以為能稍稍解脫，結果卻令人失望。讀數證實了吉田最深的恐懼：壓力超過爐體設計上限。由於冷卻水供應中斷，爐槽內的鈾燃料匣大概在晚間七點左右開始熔化，導致圍阻體內壓上升；他們必須及早釋壓，防止圍阻體爆炸，因此洩壓作業勢在必行，而且要快。

吉田命令屬下著手準備。「雖然各位極可能接觸到相當程度的輻射量，我還是希望你們能到現場去，徒手操作。」他這麼宣布，不過最後決定權並非掌握在他手裡。三月十二日凌晨十二點半，危機爆發的第二天，吉田通知東電總部必須執行反應爐洩壓作業。總部批准了，但高層希望得到政府背書，於是便向首相官邸的應變指揮中心請求准許排氣洩壓。[41]

凌晨一點，菅直人在地下室夾層小辦公室跟應變指揮中心小組成員開會。據報，「反應爐內壓持續升高，可能在十小時內引發熔毀事件。情勢極為嚴峻。」班目建議排氣洩壓。「為了確保圍阻體結構完整，必須實施內部釋壓作業。」他在會中表示。小組成員推估，一號機內的冷卻水位仍比燃料棒高出約一公尺（但事後證實他們錯了），因此洩壓作業不會釋出過多爐內輻射物質。會議決定暫時不擴大撤離區，直接排氣。

為了讓相關人員有充分的時間做必要準備，洩壓作業定於凌晨三點執行。三點剛過不久，經產省和東電連袂舉行記者會；幾分鐘後，官房長官枝野也在首相辦公室召開記者會。「我們準備好了，隨時可以開始。」東電代表告訴與會記者。「說不定現在已經開始了。」官員與東電擔心記者指控他們掩蓋事實，因此不計代價也要避免誤會發生，所以才會三更半夜開記者會——結果此舉根本操之過急：反應爐還沒開始洩壓，倒是讓首相官邸地下室的一票政府官員氣得吹鬍子瞪眼。42

清晨五點左右，菅直人再度離開五樓的個人辦公室，來到地下室夾層的應變指揮中心。「首相先生，目前尚未展開洩壓作業。」為了洩壓延遲一事而氣急敗壞的副官房長官福山哲郎向他稟報。稍早，班目和幾位專家已向福山解釋原由：因為停電，所以反應爐無法自動排氣洩壓，但徒手操作對員工又太危險，因為一號機附近的輻射程度正持續攀升。「如果一直沒辦法洩壓怎麼辦？」菅直人問班目。「爆炸機率有多高？」答案讓人捏一把冷汗：「不會是零。」於是，首相明白此刻的情勢比幾個鐘頭前更加糟糕。五點四十四分，菅直人下令將撤離區從三公里擴大至十公里。43

既然災民已逐步撤出核電廠所在的區域，菅直人決定親自走一趟災區。「我一向親力親為，」他於事後寫道，「我認為，領導者應該先用自己的雙眼核定事實再做決定。」起初他想去是為了搞清楚核電廠出了什麼事；現在他要去是因為他必須確定洩壓作業會如期進行。菅直人涉入救災指揮的程度遠遠超過前幾章所有處境相似的國家領導人：戈巴契夫三年一步不接近車諾比，卡特親訪三哩島安撫民眾、展現領導力，菅直人則是直接接管福島第一核電廠，防止災難進一步惡化。菅直人後來為此受到嚴厲批評，不過此刻他認為自己必須有所行動。44

三點多的記者會率先披露菅直人將視察核電廠的消息。「我打算跟現場負責的幾個單位談談，掌握最精確的狀況。」六點十五分左右，菅直人登上自衛隊的「超級美洲獅」直升機前，他如此告訴媒體記者。另一方面，吉田廠長得知首相即將來訪，對此十分不高興：「如果讓我直接和首相打交道，誰知道會發生什麼事？」但事實證明，菅直人發現吉田昌郎是個能信任，也可以討論事情的人，猶如丹頓之於卡特總統。[45]

早上七點十五分左右，菅直人換上防護衣和運動鞋，與十二名隨行顧問及幕僚抵達福島第一核電廠。「為什麼還沒開始洩壓？快執行呀！做就是了！」搭乘廂型車前往緊急應變中心的路上，菅直人怒飆東電副社長武藤榮，包含記者在內的所有同車人員都聽見首相氣急敗壞的喝斥。菅直人的幕僚拜託記者不要報導這段插曲，但菅直人認為自己沒有錯：「國家命懸一線，東電卻軟弱得無藥可救，遲遲不排氣洩壓，」事後他為自己辯白，「我沮喪得要命，怎麼可能不罵人？」[46]

來到緊急應變中心門口，武藤讓這群貴客跟著其他工作人員一一排隊，等著通過輻射劑量檢查站。菅直人已經受夠了。首相吼著他沒時間搞這一套。「怎麼回事？現在沒時間排隊了。我們是來見廠長的。」他記得自己這麼說。菅直人衝進大樓，裡頭擠滿了操作員和工程師，有些人剛值完班，筋疲力竭睡在地上，這幅景象令他聯想到戰地醫院。一行人終於順利抵達二樓會議室。「知道我為什麼決定來這一趟？」首相咆哮，一拳捶在桌上。

武藤此刻終於能夠回答首相在車上提出的問題。他告訴首相，現場需要四個小時才能電動洩壓。「四小時？我們等不了那麼久！動作再快點！」菅直人喝令。這時吉田出手相救。「我們一定會讓反應爐洩壓，」他說，「就算得派出敢死隊，我們也會完成任務。」菅直人這才冷靜下來。「我當下就知道，吉田是個可以共事的人。」他事後回憶。[47]

上午九點剛過，當吉田等人得知中央政府安排的周邊居民撤離行動已告一段落，敢死隊立刻出發前往一號機執行任務。吉田派出兩組，各由兩位穿妥防護衣鞋的人員組成，第一組前往洩壓閥所在的廠房二樓，設法在輻射劑量監測器發出離場警告前將閥門打開至少四分之一。這兩個人在現場待了十分鐘，總共承受二．五侖目（二十五毫西弗）的輻射，約莫是一年緊急暴露容許限值的四分之一。第二組的目標是廠房地下室的另一組關鍵閥門，但他們身上的監測器一口氣飆過每分鐘九十毫西弗，不得不立即折返；即便如此，其中一人依然承受了超過十侖目輻射（一百毫西弗），一整年的暴露容許劑量瞬間達標。第二敢死隊被迫放棄任務，無法執行手動洩壓。

下午兩點，吉田組員以電池供電的可攜式壓縮機執行電動洩壓，瞄準核電廠拍攝的電視臺攝影機立刻捕捉到明顯變化：一號、二號機共用的煙囪冒出陣陣白煙。電動洩壓奏效了。雖然輻射也一併隨之釋出，但此刻的目標是安然度過反應爐爆炸危機。核電廠其他陣線也傳來好消息：二號機供水泵順利接上交流電，兩座機組的冷凝器也連上消防幫浦，消防車隨時都能把水送進兩座爐槽。

但現在有個問題：淡水不足。有人提出異想天開的建議，直接把海水打進冷卻迴圈。由於海水的腐蝕力極強，用海水冷卻將會毀掉反應爐，使其永遠無法恢復運轉；此舉對東電來說損失極大，但東電高層也知道，眼前還有比顧慮反應爐成本更重要的事，遂批准執行。接近下午三點左右，吉田下令準備將海水灌進反應爐。看來他終於控制住這場事發至今已超過二十四小時的危機了。[48]

＊＊＊

接下來的發展完全超出眾人想像。下午三點三十六分，一聲巨響撼動一號機和周圍廠房建物。一如電視臺攝影機稍早捕捉到煙囪冒煙的畫面，福島第一核電廠後方山丘上的無人攝影機也拍到爆炸即時影像：環繞反應爐的白牆內升起一團深灰色煙雲。[49]

「我聽到轟的一聲。」吉田回憶。他不知道那是怎麼回事，但傷者開始湧入緊急應變中心，讓他幾乎可以斷定這場爆炸相當嚴重。「我們無法得知廠房內的情形，只能做最壞打算，也就是圍阻體鋼槽爆炸，輻射物質外洩。」吉田憶道。「我當下覺得，萬一爐心開始熔毀（燃料熔化，落至槽底），且反應爐也變得無法控制，那麼一切差不多就完了。」他認為自己活不成了。[50]

無人攝影機拍下的連續畫面不出幾分鐘就上傳到區域網路內，讓緊急應變中心的吉田等人得以看到爆炸的實際影像。下午四點四十九分，國營電視臺播出這段畫面。「首相先生！您得來看一下！」幕僚喊道，這也是會議室的人首度得知廠區爆炸。大家都以為菅直人會對班目發飆，因為班目曾向他保證不可能發生氫爆；但顯然十分震驚的菅直人卻放了班目一馬。「他就是沒能預見這件事，我再怎麼罵也沒用。」後來菅直人評論。他要知道更多關於這場爆炸的消息，但什麼資料也沒有。

「為什麼東電或保安院拿不出半點資料？」惱怒的首相質問幕僚。「吉田在廠裡吧？他應該可以告訴我們這場爆炸究竟是怎麼回事？」晚上六點，離爆炸已整整過了一個鐘頭，官房長官枝野面對記者詢問依然無話可說，因為首相辦公室一干人等也只能仰賴電視畫面取得資訊。枝野表示有「類似爆炸現象」，卻無法回答發生地點是不是一號機廠房。下午六點二十分左右，菅直人決定擴大撤離範圍至半徑二十公里。稍晚，待核電廠狀況更為明朗後，他親自上電視宣布相關訊息：爆炸地點確實是一號機廠房，但不鏽鋼圍阻體結構完整，沒有大量輻射外洩的疑慮。[51]

吉田小組用臨時接上的儀器測量反應爐內壓和水位。他們發現幸好壓力並無變化，研判稍早的爆炸應該是氫爆。爆炸地點在廠房二樓的操作層，就在反應爐正上方。雖然廠房屋頂被炸開，但未損及圍阻體結構。除了爆炸造成五人受傷，並使得輻射擴散至整個核電廠區，截至目前為止無人因此喪命。吉田認為應該是用於渦輪發電機的氫氣發生爆炸，不過當他們得知渦輪廠房完好無缺，這個猜測不攻自破。事後推測，應該是暴露的燃料棒溫度急遽升高（達到攝氏兩千八百度）導致鋯護套氧化，與蒸汽反應產生氫氣，這些氫氣再和空氣中的氧作用，進而爆炸。[52]

目前的壓力與水位尚能維持反應爐結構完整，然而，若不提高冷卻水位，圍阻體仍有可能爆炸。BWR反應爐的不鏽鋼圍阻體「馬克一型」與PWR反應爐使用的混凝土圍阻體不同，前者在冷卻劑意外流失時，沒有多餘的空間讓蒸汽膨脹。為了解決這個問題，BWR的設計師設計了一套系統，強迫這些意外產生的蒸汽通過水，並藉此降溫凝結成水，然後再用泵送回反應爐。只不過，這個系統的紙上作業的成效優於現實，迫使奇異公司不得不調整馬克一型的設計。儘管該公司做了不少改良，馬克一型發生蒸汽爆炸的問題與可能性依舊懸而未決。[53]

眼前唯一確定能避免爆炸的做法是持續供水。發電機與消防車已就位，廠方再次著手準備將海水灌進反應爐。這回下令的層級頗高，由經產大臣海江田下達口頭命令。晚間六點左右，一號機的海水灌注作業正式展開：為拯救反應爐免於爆炸，只好徹底毀了它。[54]

晚間大概七點多，吉田接到二樓會議室小組打來的電話，來電者是正在參加核能緊急災害應變會議的東電代表武黑。「關於把海水灌進一號機這件事，別的先不說，首相擔心是否會引起連鎖反應？」武黑問吉田。「這事一定要得到首相的諒解才行。」「但我們這邊已經開始了。」吉田說。「那就停下來吧，拜託。」武黑下令。「首相這邊還在討論方案是否可行。」

吉田聯絡東電總部，總部的代表認為他們不能違背這個「聽來應該是」首相下達的命令。吉田沮喪不已，因為他很清楚注水作業稍有拖延，即可能引發第二次、破壞力更強的爆炸；於是他決定不理會首相和東電的命令。「事有輕重緩急……為了避免災難擴大，我決定繼續。」吉田回憶。他把一位經理級的部屬叫來。「等等我會叫你暫停灌注作業，但你不要真的停下來。」然後他在連線東電總部的視訊會議的攝影機前大聲下令「停止注水！」正式命令雖已下達，但海水灌注作業仍持續進行。

接近八點左右，菅直人終於同意灌注海水。事後他否認自己想過海水可能引發連鎖反應，也未試圖阻止注水。顯然他從一開始就不曉得海水灌注已在進行，所以才要幕僚在再次注水（海水）前考量各種後果及其可能性。八點二十分左右，東電通知吉田「可繼續注水作業」。這樁「違紀真相」最後是在災後調查時才被調查人員揭發，也使得菅直人與吉田廠長雙雙惹上麻煩，前者是因「干預危機管理」，後者則是因「無視東電長官命令」。55

＊＊＊

三月十三日，長夜將盡，曙光漸露，眾人以為福島第一核電廠最糟糕的災難已然過去，但這份希望並未持續太久。

問題的源頭完全出乎意料，是三號機。災難發生的頭兩天，廠方不太需要關注這座機組，因為它的備援發電機在海嘯的摧殘下倖存下來，能夠繼續把水送進反應爐心。然而，就在三月十二日午夜前不久，三號機的主冷卻系統卻突然失靈。操作員啟動了備援的「高壓爐心注水系統」（HPCI），但它沒撐多久也壞了。吉田向東電總部報告，三號機的高壓爐心注水系統於凌晨兩點四十四分停止運作。幾小時後，吉田收到了更多壞消息：「乾井（圍阻體上段）的壓力持續升高。這也就是說，現在三號機有可能像一號機一樣，發生氫氣爆炸。」

原本在一號機爆炸後已升高的廠內輻射量，在下午三點過後又進一步往上升。反應爐中央控制室測得的數字是每小時十二毫西弗。「這樣不行，」吉田再次與總部視訊，「以三號機來說尤其糟糕。現在它的狀況已經很不好了。」吉田等人有所不知：其實三號反應爐的燃料這時正開始熔化；即使吉田拚了命把水送進反應爐、設法排氣減壓，但燃料仍持續熔化。傍晚五點，三號機煙囪冒出蒸汽，跟一號機爆炸前一模一樣。現在三號機隨時都可能爆炸，吉田快要壓不住脾氣了。「這裡的人腦子都清楚嗎？」他對著視訊攝影機咆哮，因為剛才總部高層問他，目前每一座反應爐各灌了多少水進去。「你們一直拿這些亂七八糟的問題來煩我們，那就別指望我們會給出你們想要的答案！」[56]

令人意外的是，三月十三號那天，竟然沒發生任何爆炸就結束了；不過三號機的情況仍未在一夜之間有所改善。「早上六點十分左右，水位已經掉到燃料棒基座以下。」吉田向東電總部報告。「坦白說，我認為核電廠已經處於『假設性意外事故』的程度了。」二號機那邊也出了問題：輻射讀數持續上升，現場很難架設水線，把海水灌進爐槽。這會兒已經沒有人想著要阻止海水灌注、保全反應爐，他們只希望反應爐別再爆炸了。

眾人以為會在前一天爆炸的三號機，終於還是在十四日上午十一點左右炸了。吉田大吃一驚。當時他正在跟總部開另一場視訊會議，爆炸撼動了他所在的緊急應變中心大樓。「我聽見爆炸。」吉田憶道，視訊攝影機也拍到控制室上下震動的景象。「麻煩大了，」吉田報告上司，「三號機炸了。應該是蒸汽爆炸。」聞言，東電長官要求吉田「盡快回報輻射讀數，這樣才能夠決定要不要把你們全部撤出來。」[57]

這一回，遙控攝影機不只拍到了爆炸煙塵，連火球也看得一清二楚。燃料熔毀產生氫氣蓄積在廠房頂端，然後爆炸，炸掉屋頂並摧毀廠房部分外牆。這次爆炸造成十一人受傷，包括正在對反應爐進行注水降溫作業的中央核生化武器防護隊隊員。輻射粒子逸入大氣、爆炸殘骸落回地面，廠區輻射讀數又升高了：目前數值為每小時一侖目，三號反應爐殘骸附近甚至達到每小時三十侖目，而核電廠員工的暴露容許限值為十侖目。吉田所在的緊急應變中心大樓安全無虞，不過三、四號機組的聯合控制室就沒這麼好運了。[58]

幸好三號機這次爆炸也跟一號機那次一樣，僅傷及廠房建築，但無損於反應爐。然而，爆炸也對二、三號機的降溫作業造成相當程度的影響：二號機組的電路、圍阻體洩壓管線和吉田小組臨時架設的注水線皆因這次爆炸受損。晚間七點，小組成員終於克服新舊種種障礙，重啟注水行動，將海水灌進反應爐。吉田本來想先排氣洩壓，但應變指揮中心的班目否決這項請求。

但眾人很快就發現，海水灌注的效果不如預期，無法令反應爐降溫：首先，過熱且爆出匣套的燃料提高了反應爐內的壓力，使注水難以進入反應爐；其次是爐內溫度極高，水一進入反應爐便立刻汽化。吉田需要馬力更強的新型泵，但廠內沒有，從其他地方調來亦緩不濟急。菅直人要求直接與吉田通話。「我們可以，也會繼續嘗試！」吉田聲音疲憊地報告首相。「但這邊設備不足，要是有能對抗超高反應爐內壓的強力泵就好了。」[59]

東京這邊，東電總部已做了最壞打算：下一個爆點應該會是二號機，粗估爐心在晚上八點以後就會開始熔毀。視訊會議錄影顯示，當時東電總部的人個個以手摀臉，沮喪萬分，其他人則是靜默異常。看來，排氣洩壓是現下僅剩的唯一選擇。「喂，吉田，」某東電高層喊道，「你那邊有辦法洩壓的話，就趕快開始吧。愈快愈好。」東電再次對吉田強調排氣洩壓有多重要：「如果你們到撤離之前都還沒辦法打開洩壓閥，情況會變得非常棘手，難以控制。所以請你們務必完成開啟閥門的任務。」吉田不僅贊成，甚至還懇求上司：「那就拜託各位別再干擾我們，我們正在設法打開圍阻體鋼槽閥門。」[60]

不過東電管理階層並未抱持太大希望。他們開始討論並計劃把福島第一核電廠的員工撤離至該地區另一座，也就是福島第二核電廠。福島第二核電廠挺過了海嘯，反應爐亦無重大損傷。「能否請總部這邊確認，是不是要把福島第一的人全部撤到福島第二核電廠的訪客中心？」視訊會議錄音錄到了這一段話。但東電總部的人認為他們無權擅自下令撤離。社長清水正孝打電話聯絡政府官員，然後對會議室的人宣布：「我先釐清一件事：現階段我們還沒做出全員撤離的決定。現在我要開始跟各主管機關確認相關程序。」

但東電始終未能做成決定。當清水終於聯絡上經產大臣海江田，並告知他「我想把福島第一核電廠的員工全部撤到第二核電廠，您可以幫忙嗎？」海江田並未答應。內閣官房長官枝野直接打給吉田廠長，確認廠方並未實施全員撤離。「核電廠已經控制住了對吧？你們不用現在離開吧？」他問吉田。「長官，我們不會走的。」吉田回答，「我們一定會竭盡全力控制現場。」然而，聽在心煩意亂的內閣官員耳中，吉田的「竭盡全力」還不夠好。61

內閣叫醒小睡中的首相。「東電打算拋棄電力公司的責任嗎？」菅直人憤怒質問。「他們知不知道自己在講什麼？沒有全員撤離這個選項。」首相明顯氣炸了。「聽見東電要求全員撤離的那一刻，我有種『即使必須賭上整個政治生涯也要解決這問題』的覺悟。」菅直人憶道。「他們的要求讓我覺得完全不合時宜。」菅直人的幕僚也有同樣的感受。「我們要求東電堅守崗位，就算組成敢死隊也要守住核電廠。」一名幕僚說。東電高層事後否認他們曾提出福島第一核電廠全員撤出的請求；據稱，他們當時考慮的是「撤離非必要人員」。62

不過，從東電被迫釋出的視訊會議影像看來可不是這麼回事，這段記錄支持菅直人的理解，也就是東電打算徹底放棄核電廠。「假如我們沒辦法遏制危機擴散，東電也撤守核電廠，那麼整個東日本都會完蛋。」菅直人對隨行人員這麼說。「我們不能逃避。如果我們逃了，他國必定出手干預，這將會重創日本，後果不堪設想。」他回想自己當時的想法。「我甚至想到我母親在三鷹的老家（東京西邊）。照這樣下去，那邊還能住人嗎？」

首相把東電社長清水正孝叫來辦公室，後者於清晨四點十七分抵達。「東電不能撤，絕對不行。」菅直人說。「是的，我明白。」清水回答。「我要在東電設立緊急應變整合指揮中心，便於共享資訊。」菅直人繼續說。此舉事實上等於接管民營企業的營運總部。「是，我能理解。」清水回答。菅直人詢問最快何時能進駐。「兩小時內。」清水表示。「太慢了。」菅直人無法接受，「設法在一小時內完成。」清水帶著震驚離去。深夜召見東電社長，並宣布即刻進駐東電總部已是史無前例，而政府直接在東電總部成立整合指揮中心，完全無視民營企業的合法權利並剝奪其事故處理責任，此舉不僅聞所未聞，亦不合法律規定。[63]

約莫一個鐘頭後，菅直人快步走進東電總部，向管理高層宣布成立整合指揮中心：他親任總指揮，經產大臣海江田與東電社長清水為副總指揮。接下來，他對指揮中心成員發表一段冗長談話。「現在有問題的不只二號機。如果我們放棄二號機，天曉得一號、三號、四到六號，甚至是福島第二核電廠還會發生什麼問題？若是我們全面棄守，每一座反應爐和所有核廢料都會在幾個月內分解，並滲出輻射物質。我們說的可是十幾二十座反應爐和儲料槽，堪比兩倍或三倍於車諾比核災的大浩劫呀。」[64]

「三倍於車諾比核災」成為菅直人心中無法抹滅的印象。「日本擁有無與倫比的核能技術，優秀的專家與工程師，因此我曾相信日本核電廠不會發生車諾比那樣的重大事故。」後來菅直人寫道。「然而，最令我震驚的是，後來我才知道，這一切竟是一個龐大、握有權勢的既得利益團體『核能村』所創造出來的核安神話。」但菅直人此刻精神講話的對象正是「核能村」代表人物，他甚至還得想辦法激勵、鼓舞這群捏造「日本無敵」錯誤假象的罪魁禍首，阻止他們棄守逃跑。「直到太平洋戰爭結束前，為國捐軀在我國本就被視為理所當然之事。上至指揮官，下到士兵和平民皆一視同仁，譬如在沖繩作戰的日本軍民，沒有例外。」菅直人寫道。他心知戰後的日本已成為個人至上，而非國家至上的國度，用他的話來說就是「人命變得比地球還重要」，但他無論如何都要訴諸傳統價值，懇求，其實是要求，東電的人員能夠為國犧牲。[65]

菅直人雖訴諸罪惡感與責任感，但最重要的還是民族自尊。此外他也呼籲要犧牲小我，完成大我。「日本危在旦夕，大家必須齊心協力控制這場災難。我們無論如何都不能撤離，不能撒手不管。」他繼續說道：「如果我們無所作為，其他國家一定會強硬介入與控制……在場的各位都和這場危機有直接關係，所以我請求各位以性命相搏，眼前已經沒有退路了……不管要花多少錢，東電都必須盡力而為。在這個危急存亡的緊要關頭，我們沒有撤離這個選項。我要求社長、董事長做好最壞打算。若是擔心員工安全，那就派六十歲以上的人去現場。我本人也不會退縮的。」[66]

身著全套防護裝備，在會議室聆聽首相談話的福島第一核電廠主管與各級操作員，全都震驚得說不出話來。根據某在場人士轉述，菅直人當時說的是「就算所有六十歲以上的主管都得進現場去拚上一條命，我也在所不惜。」身為主管之一的伊澤心想：「他竟然要我們去死。我們卯足全力奮鬥到現在，憑什麼叫我們聽這種話？」[67]

＊　＊　＊

三月十五日清晨，就在東電高層正愁苦地聆聽菅直人訓話的同時，在福島第一核電廠二號機執行洩壓作業的前線人員聽見反應爐底傳出一聲爆炸。看來，二號機也即將步上一號機與三號機的後塵了。

幸好這次小爆炸並未引發另一次大爆炸，這讓大夥兒鬆了口氣。由於冷卻水汽化、燃料熔化，反應爐主圍阻體的壓力槽被炸出一個洞，內容物也隨之流入反應爐廠房。照理說，壓力槽內的氫氣應該會像前兩座機組一樣聚集在廠房上部，引發爆炸。但結果並非如此：原來是因為一號機爆炸時已損及二號機廠房，使二號機的部分氫氣和輻射氣體經破洞逸出，進入大氣。[68]

二號機雖然沒發生一號、三號機那樣的大爆炸，但爐內的輻射物質仍不受控地外洩擴散，所以這實在稱不上好消息。即便如此，福島第一核電廠的連環爆炸看來似乎暫時告一段落了。地震當時仍在運轉的三座反應爐都發生某種形式的爆炸，其餘的三座（四、五、六號機）由於停機檢修，照理說應該都很安全。然而，接下來的情節猶如一場永無止境的夢魘，吞噬核電廠現場以及不在現場的所有人。筋疲力竭的吉田小組再也擠不出一絲氣力去表示驚訝了。

二號機發生小爆炸後幾分鐘，一記大爆炸掀掉了四號機廠房屋頂，廠房上半部亦嚴重損毀。「我在緊急應變中心大樓聽見爆炸聲，」吉田回憶，「但不知道是哪棟建築爆炸。」時間是清晨六點十四分，拍下一號、二號機爆炸畫面的無人攝影機再度錄到現場實況，只不過這次的黑煙與放射性塵雲的規模比前兩次大上許多，在四號機附近的作業小組甚至得逃跑保命。這次爆炸造成大量輻射外洩，福島第一核電廠正門口的監測讀數也從微高於每小時七十三毫西弗的程度，一口氣飆升至一萬一千九百三十毫西弗，暴增整整一百六十倍以上。這無疑是一場長夜噩夢，誰也看不見黎明曙光。[69]

首相菅直人得知四號機爆炸時，人還在東電總部。他並未改變不允許全員撤離的想法，但他答應清水的要求，讓六百五十名福島第一的工程師與操作員撤離至福島第二核電廠，僅留下七十人堅守緊急應變中心隔震大樓。據其他人描述，撤離大部分員工，只留下必要人員的決定出自吉田之口。吉田並未否認這項說法。「情況時時在變，我沒辦法預見下一刻會發生什麼事。」他憶道。「我想到最糟糕的場景就是爐心持續熔毀，徹底失控。到時候全部的人都完了。」清水要求將撤離區擴大至三十公里，菅直人也答應了。當時，這個決定差點就要來不及了，但今天有許多人卻認為這個決策下得太晚，因為當時的風向已不再從陸地往海洋吹，而是反過來，將輻射物質送進日本本土。[70]

所以四號機究竟出了什麼事？當時專家唯一能提出的解釋是「廠房上方樓層的用過核燃料池發生爆炸」。幾天前，四號機停機填充燃料，從反應爐移出的用過核燃料就堆放在用過核燃料池內。池水溫度通常維持在攝氏二十七度，但專家推測，用過核燃料導致水溫過熱並蒸發，使得燃料棒露出，造成爆炸。現在他們也像當年的車諾比一樣，只是車諾比是投擲硼砂，而他們則用直升機投水，以降低用過核燃料池的溫度。五號機和六號機據信也面臨類似的爆炸威脅，因此整個救援行動正式擴及福島第一核電廠的六座反應爐。

菅直人堅持調派自衛隊直升機。三月十六日，救援行動在防衛大臣北澤俊美的監督下展開；十七日，來自東京的消防員與警力也支援直升機任務，利用高壓噴水車朝用過核燃料池射水降溫。不過這次的直升機行動也跟車諾比差不多，基本上毫無用處：因為四號機並非用過核燃料池過熱才導致爆炸。[71]

直到數個月後，夏季來臨，工程師這才想通四號機為何爆炸。四號機和三號機共用一根煙囪，但由於海嘯阻斷電力供應，原本防止交叉汙染的閥門遂因此失去作用，使得包括氫氣在內的多種氣體從三號機經煙囪進入四號機，蓄積在屋頂下方並且爆炸。當時沒人曉得四號機爆炸的真正原因，但吉田與工程師們卻做出了正確決定：他們在五號與六號機屋頂打洞，讓可能蓄積的氫氣從開口排出去。[72]

＊＊＊

在內閣官員的記憶中，三月十四日那一夜堪稱是福島第一核電廠危機發生以來最戲劇化的時刻，而三月十五日清晨四號機爆炸則是整個過程中最出乎意料、壓力最大的事件；不過，那也是福島第一核電廠全廠的最後一次爆炸。

幸運的是，幾次爆炸損害的都是反應爐廠房，而非反應爐體。雖然世人都擔心車諾比事件可能重演，但或許正因為這些擔憂，福島並未發生車諾比那樣的反應爐爆炸意外。然而，在三月十五日這一天，菅直人、清水、吉田及數百名工程師、操作員、軍警消防員等所有竭力遏制災難擴大的危機處理成員並不知道，這場災難最糟糕的時刻已經過去了。事實上，要不是他們在十五日那天仍繼續奮勇救災，這場災難說不定還不會結束。當時所有參與救災的人最掛心的就是用過核燃料池可能爆炸，因此持續朝反應爐射水仍是第一要務。

福島第一核電廠救災人員的身心已瀕臨崩潰邊緣。「我的人已經連續工作八天八夜，期間也多次反覆進入現場。他們要注水、檢查儀器、定期添加油料。我已經害他們接觸太多輻射了。」三月十八日，吉田如此報告東電總部。他還說，「所有工作人員的暴露劑量已經接近或甚至突破兩百毫西弗。廠裡輻射程度這麼高，我實在沒辦法再叫他們進去接電、處理管線了。」總部向他保證，援兵就快到了。「我們正在召集人手、擴大徵召範圍，退休員工也是我們徵詢的對象。」某資深經理回答。東電確實正在盡全力增援。[73]

三月二十一日，一號、二號、五號與六號機率先恢復外部供電；翌日，三號與四號機的電力也恢復了。此時恢復電力真是再恰好不過，因為他們二十四日才得知一則令人驚恐的消息：福島第一核電廠說不定會發生類似車諾比的反應爐爆炸事故，因為一號機的爐溫已達攝氏四百度，比設計容許值攝氏三百〇二度又更超出了三分之一，隨時都可能爆炸；幸好電力即時恢復，讓他們能把更多水注入反應爐，並如預期發揮降溫效果。到了二十五日清晨，反應爐的溫度已順利降到危險的紅線以下了。[74]

廠內的每個人都在注水，不論鹹淡，一律往反應爐噴送。二十九日，駁船運來淡水，首先供應一號機；三十日再納入二號與三號機。不過這些源源不絕注入反應爐降溫的海水和淡水，最後都變成輻射汙水，也必須以某種方式排出去，因此福島跟車諾比一樣，廠房的所有地下桶槽、地下結構和地下室全都蓄滿了輻射汙水。然而與車諾比不同的是，福島的汙水不只來自一座，而是六座反應爐，持續注水的時間也不光是幾小時，而是數天甚至數周。最後粗估有十萬噸汙水滲出廠房地下結構，進入環境，終而流向並汙染海洋。

三月二十七日，部分汙水已流入大海。「我覺得我們好像什麼也做不了，只能等死。我實在沒辦法不這麼想。」三月三十日，吉田在跟總部視訊時說道。「彷彿只要一想到槽裡的水位，我的心跳就隨時可能會停。」他要求總部「盡快安裝可精準遙控的水位變化監控裝置」，東電允諾著手研辦此事。

四月二日，福島核電廠的人員又發現多處輻射汙水滲漏。「我們確認最糟糕的情況已經發生。」福島第一核電廠的某主管表示。「帶有極高輻射量、超過每小時一千毫西弗的汙水，正流進大海。」廠方迅速在二號機附近的坑道找到一處寬二十公分的裂縫，粗估在修補完成之前會有五百二十噸的輻射汙水由此滲出逸入海洋。四月四日，東電宣布將再排放十一．五噸的汙水的進入海洋。這次排汙勢必對民眾造成影響，若食用核電廠附近撈捕的漁獲，吃下的輻射劑量約為全年容許限值的四分之一。考量當前處境，這聽起來是個可勉強接受的風險，卻也是別無選擇的絕望之舉：核電廠必須排出汙染程度較低的輻射汙水，騰出空間來容納嚴重汙染的輻射汙水。[75]

二號機附近的裂縫於四月六日修補完成，輻射汙水不再不受控地滲入海洋，廠區員工也能稍微安心地上床睡覺，迎向明天。但意外驚嚇還沒完。四月七日，福島核災發生後的第二十八天，另一場規模七．一的大地震再度撼動福島第一核電廠。幸好地震雖強，卻未對反應爐及廠房建築造成更嚴重的損傷；廠區輻射量依然很高，但也維持在本次地震發生前的程度。這確實讓人大大鬆了口氣。相關人員終於可以制定計畫，好好為這場災難善後。[76]

在吉田昌郎的記憶中，他們「一直到六月底都過得非常辛苦」。據他表示，核電廠的情況一直要到七、八月才勉強穩定下來。二〇一一年十二月，六座反應爐完成冷停機作業。同月，吉田從福島第一核電廠廠長的崗位上退下來，他的任務終於告一段落。儘管東電曾一度考慮對吉田做出違紀處分，因為他在三月十二日抗命，並未停止對一號機灌注海水，他的「被退休」並不是東電高層或政府幹的好事。而是吉田被診斷出食道癌後，退休入院靜養。東電發言人為此向社會大眾表示，吉田罹癌與輻射曝露無關，因為輻射引發的癌症不會這麼快發病。二〇一三年七月，吉田過世，得年五十八歲。

吉田步下崗位，走進歷史，但他的離去和布留哈諾夫為了一九八六年車諾比核災而黯然下臺截然不同。吉田已成為日本人心目中的英雄，名列「福島五十勇士」之一。在四號機爆炸後，僅留下一小群人堅守核電廠，媒體遂以此稱之。在這場核災神話中，拯救全日本躲過更大災難與浩劫的正是這群福島勇士，事實上，當時留守核電廠的工程師與各部門員工估計超過七十人。[77]

* * *

二〇一一年十二月吉田廠長退休，福島核災史極重要的一章也畫下句點，另啟新頁。同月，東電與政府單位連袂公布《福島第一核電廠一號至四號機中長期除役計畫》。第一階段預計移除四號機廠房內的用過核燃料，粗估需時兩年；第二階段預計在十年內移除其餘所有反應爐的燃料與用過核燃料；第三階段與第四階段將徹底清除全廠輻射物質，復原環境，初步估計將歷時三、四十年才能完成。[78]

福島核電廠一至四號機的除役成本初估為一百五十億美元；不過，在針對爐體狀態、周遭地域環境進行更多背景調查之後，價格大幅提高。二〇一六年十二月，日本政府估計的除汙費用約在四兆日圓（三百五十億美元）之譜，受災補償金則逼近八兆日圓（七百億美元）。與最初預估的數字相比，重新估算的善後總成本暴增將近一倍，達到二十一．五兆日圓，約為一千八百七十億美元。[79]

福島核災發生後，日本當局將此次災難級數（即事故的廣泛影響程度）從五級調升至最高的七級，與車諾比核災並列「最嚴重意外事故」。各國政府得依其領土內的核災嚴重程度，獨立判定核災級數，而福島事故無疑是嚴重程度最接近車諾比事故的核災事件；幸好，福島核災尚不如車諾比核災，並未對人類和環境造成毀天滅地的衝擊。儘管福島第一核電廠各機組的爐心熔毀程度不一，但該核電廠並未發生車諾比式的反應爐爆炸事故，這是BWR設計優於RBMK的結果，也是日本團隊自我犧牲，一連數日數周，日以繼夜不斷朝反應爐注水的成果。

車諾比爆炸當下即造成兩人死亡，另有二十九人在數周內因接觸過量輻射而喪命，至少一百四十人被診斷出急性輻射中毒。反觀日本，沒有一個人在爆炸當下，或於事後因過量輻射死亡。緊急救災人員中有一百七十三人承受超過一百毫西弗的輻射劑量，超過兩百五十毫西弗者有六位，超過五百毫西弗（國際訂定的輻射緊急暴露限值）僅有兩人，最高值達到六百七十八毫西弗。在核災相關癌症死亡人數方面，目前估計福島為最多一千五百人，車諾比為四千至五萬人。死因與福島事故有關者，至今估計約一萬人。

福島核災釋出的輻射粗估為車諾比核災的十分之一。若排除車諾比釋出的惰性氣體，這個估計值今日依然成立：相較於車諾比的五千三百拍貝克，多數研究認為福島的數據為五百二十拍貝克。福島第一核電廠外洩的輻射有百分之八十已隨風飄向大海，然而當時被地面吸收的輻射仍持續移入海洋。

據估計，福島第一渦輪機地下室的輻射汙水所含的銫137強度為車諾比釋出的二・五倍。不過，整體輻射量較低並不意味著不具輻射傷害，也不代表暴露後不會造成不良影響。研究福島核災對動植物影響的學者指出，有些樹木生長異常，鳥類、蝴蝶與蟬群體總數下降，另外還有蝴蝶型態異常等問題。[80]

二〇一一年四月，日本政府劃定二十公里「管制區」，範圍跟車諾比劃定的禁區差不多，並嚴格限制原居民若未取得特殊許可不得返回該區；後來為納入放射性煙流移動方向，撤離區再往西北延伸，定名為「計畫撤離區」。儘管日方兩次劃定的警戒範圍皆不及車諾比禁區的一半面積（因為福島第一核電廠方圓二十及三十公里內大部分是海洋），但這塊區域在事故發生前是人口稠密區，由此地撤離避難的災民多達九萬人。若將兩區域以外自願離開的人數也算進來，本次核災的總撤離人數約為十五萬人。

這個數字與烏克蘭在車諾比核災後撤離的十六萬人差不多。如果再加上十三萬白羅斯和五千多俄羅斯災民，還有烏、白、俄三國境內自主離開，未列入官方統計的人數，車諾比災民人數目前粗估為五十萬，而福島災民的總人數大概不到三分之一。即便如此，「撤離」本身依舊對受影響民眾的福祉與當地社經生活造成巨大傷害，福島縣人口至少因此減少二十萬人。撤離的過程與經驗極為擾人，災民半數搬過三、四次家，甚至有超過三分之一被迫遷居五次以上。[81]

核災地區的生活漸漸恢復常態，但步調緩慢。部分地區仍維持封閉，禁止居民返家。事故發生後，超過十五萬五千居民被迫離開家鄉，後來約有十二萬人在政府當局的許可及協助之下重返家園。儘管災區輻射量自二〇一一年起持續下降，有些地區仍高達二十毫西弗，也就是核電廠員工的最高暴露容許限值。日本政府推動多項計畫，期望在二〇二〇年七月，也就是東京奧運開幕前協助全員返鄉；但因新冠病毒大流行而延至二〇二一年三月止，也就是核災十年後，尚有三萬七千人名列災民，其中多數已無意歸鄉。[82]

眼下還有一個尚待解決的大問題：廠區內仍儲放上千桶、約一百二十五萬噸輻射汙水。這些汙水何去何從？二〇二一年四月，核災十年後，日本政府決定自二〇二三年起將處理過的輻射汙水排入大海，這道程序將持續至少數十年。維也納國際原子能總署支持日本政府的決定，但這項決定也在日本國內外遭受強烈批評：國內的反對聲音主要來自福島地方政府官員和漁會組織，國外則來自通常不太可能站在同一陣線的南韓與中國，還有海洋科學家及綠色和平組織。有人認為不該把輻射汙水排入海洋，而應該讓其就地蒸發。但不論是排放或蒸發，未經處理吸附的放射性同位素終究會進入自然環境。[83]

誰該為此負責，將來又是誰不得不承擔後果？日本國會對於福島事故原因的調查認為，政府部門、監管單位和東電管理階層同流合汙，共謀勾結。有些國家與國際組織亦展開調查，惟相較於三哩島與車諾比事故，報告內容較少著墨技術與設備問題，這是三哩島與車諾比兩事故的解釋重點，卻花了相當篇幅討論廣義的人為因素。安全意識不佳，操作員訓練不足，緊急應變計畫漏洞百出，這些問題在在顯示東電並未從前幾次核災學到教訓。此外還有當地與本次震災的特別因素：除了必須加強核電廠的地震警報系統外，政府監管體系、令人困惑的決策過程，以及對員工的過度要求也都是必須正視的問題。[84]

二〇一九年九月，東京地方法院在經過兩年的刑事訴訟審理後，宣判當時已七十九歲的東電前社長勝俣恒久，及另外兩位副社長無罪，他們躲過了五年牢獄之災。原告在民事訴訟方面成果較佳，因為從地方到中央，法院大多跟災民站在同一陣線：超過一萬名撤離者在核電廠鄰近地區居民支持下，向東電提出數十起民事訴訟。他們主張，東電應該有能力，也有責任預測海嘯，也應該要能防範本次發生在核電廠，爾後擴及全社會的諸多損害。眼見東電必須支付高額災害賠償金，日本國會遂於二〇一二年通過《核損責任基金法》，防止東電破產。[85]

日本政府依前法成立「核損賠償支援機構」，處理災民的賠償申請及支付作業。其資金來自核電公司與政府公債，總計金額達六百二十億美元。東電每年都必須向該機構繳交費用，期望在未來的十到十三年內清償向政府支借的基金，恢復民營。世界核能協會網站有篇文章寫道：「日本政府與電力公司該如何分攤核損的無限責任，尚無明確結論。」[86]

＊　＊　＊

正如同美國三哩島事故和蘇聯車諾比事故效應，福島核災也使得人民開始質疑政府與電力公司管控核能的能力，導致反核意識高漲。然而在日本上演的這波反核浪潮卻是有史以來最激烈、對核能產業衝擊最深的一次。

二〇一一年三月，日本國內計有五十三座反應爐處於運轉狀態，供應全國三成電力。福島核災硬生生將其中四座拉出供電行列，其餘的BWR或PWR反應爐機組則全數停機待驗。最初的規劃是完成安全檢查後再重啟，但因福島輻射事故，全日本民眾對於核能安全的憂慮有增無減，恐核意識抬頭，甚至還有人懷疑因海嘯而堆積在岸邊的殘骸破片也有輻射，使得重啟反應爐對各地政府來說幾乎成為「政治不正確」或不可行的舉措。二〇一一年四月，超過一萬七千人在日本各地示威抗議，反對政府繼續倚賴核能；同年九月，光是東京就有超過六萬人為此上街遊行。[87]

二〇一一年秋天，日本因為無法重啟反應爐而嚴重缺電，然而，對於這個才遭遇過「核災瀕死經驗」的國度來說，這股反核浪潮並未因此消退。缺電重擊了日本經濟，但還不到停滯的程度；節電措施與增加化石燃料進口補足了核電缺口。二〇一二年五月，日本達到零核電狀態，國內所有反應爐皆停機未運轉。日本民眾認為政府管控救災不力，以選票教訓菅直人與民主黨，使其在十二月的大選中兵敗如山倒。不過，因民主黨失勢而東山再起的自民黨卻主張必須逐步恢復反應爐運轉，因應持續增加的用電需求。

日本於二〇一二年六月即著手重啟核能，預計在接下來數年間讓九座反應爐重新運轉。日本政府希望核能能夠重回賽局，並於二〇三〇年達到全國發電占比兩成的目標。東京官員曾經表示，唯有如此才能達到《巴黎協定》對各國的減碳要求。業界本已摩拳擦掌，準備振興核能，但福島核災帶來的變化，尤其是「原子力規制委員會」成立之後，明顯削弱了菅直人等人所稱「核能村」（自民黨的擁核盟友、經產省重量級人物與核能產業巨頭）的龐大勢力，故直至二〇二〇年，日本僅有六座反應爐重啟運轉。[88]

從產業角度來看，若說福島核災衝擊最大也最直接的是日本，那麼長期效應最明顯有感的莫過於遠方的德國了。德國聯邦議院早在二〇〇一年即通過法令讓核能逐步退場，打算用二十年時間終結核能。這個目標並非不可能，卻也十分艱難，因為德國當時有百分之二十二的電力來自核能，而石化燃料發電也因為氣候變遷而飽受抨擊。二〇一〇年，德國修改法令，准許核電延役至二〇三〇年以後，但福島核災戲劇性地改變德國社會與政府的態度：二〇一一年六月，聯邦議院以壓倒性票數通過決議，宣告「二〇二二年以前關閉境內所有反應爐」。

車諾比核災激發了德國的反核意識，福島核災則鞏固並強化了這股反核趨勢。西方國家再也不能將核災歸咎於失能的共產主義制度。德國有幾位政治人物特別提到：如果連科技先進、社會高度發展的日本都有可能發生福島這樣的核能災難，難保這種浩劫不會降臨在德國。福島核災後，當時的德國總理梅克爾成立「能源供應安全倫理委員會」，該委員會同樣強調核能的危險性，以及不該把核廢料問題丟給下一代，同時提出發展再生能源的必要性。是以德國推動多項計畫，將再生能源之於總能源消耗率的占比提升至百分之十八，降低百分之四十的碳排放量，再將能源效率提高百分之二十。[89]

不只日本和歐洲受到福島核災的衝擊，中國也難置身事外。當時中國處於運轉狀態的反應爐有十四座，大多蓋在海邊，也使用海水冷卻；因此核災新聞瞬間造成消費者恐慌，有些人誤以為萬一發生反應爐事故，食鹽中的碘能保護甲狀腺，遂一口氣買足五年份的鹽。此外，中國正在興建的反應爐有二十六座，計畫興建的有五十二座，後者更直接因此喊停。國務院暫緩同意新爐興建計畫，要求運轉中的機組即刻進行安全檢查；相關單位迅速通過新規定，採用新的安全規範。儘管這個專制政府迅速對人民的疑慮做出回應，但只有四成民眾支持發展核能；江蘇核廢料處理場預定地附近的居民甚至遊行抗議，「別汙染我家後院」的訴求大行其道，迫使當局不得不在二〇一六年放棄興建計畫。[90]

在中國發生的反應只是全球趨勢的一部分。二〇一三年《世界核能產業現狀報告》提到：「二〇一二年，全球核能發電占比延續前一年百分之四的下降趨勢，史無前例地巨幅下降百分之七。」有些人認為福島核災宛如核能喪鐘，不過核能產業終究還是挺過來了。儘管核電公司還未回復至核災前的營運水準，但為了緩解氣候變遷而漸進淘汰化石燃料的要求，反而讓這個產業重新燃起希望。核能產業最大的遊說團體「世界核能協會」就主張提高核能發電占比，認為在二〇五〇年以前要從今日的百分之十增加至百分之二十五。[91]

結語　何去何從

二〇一二年二月九日，總部位於馬里蘭州北貝賽斯達的美國核能管制委員會進行了一次歷史性投票，准許新建兩座反應爐。這是從一九七九年三哩島事故以來，該委員會首度核發反應爐興建執照。

這次投票具有多方面的歷史意義：時年四十一歲的物理學家、核管會主席格雷戈里．賈茨科在當天投下反對票，爾後則以四對一的票數，於二〇一二年五月被自己掌理的委員會趕下主席位置。二月投票後不久，有人問賈茨科為何反對。「福島事故是原因之一。」賈茨科在福島核災期間負責協調美方回應等要務，他表示：「我不能假裝福島事故從沒發生過，就這麼同意核發建照。」他希望本案申請人的母公司，總部於亞特蘭大的天然氣及電力控股公司「南方電力」簽訂附加條款，言明「該設施必須完成福島核電廠目前預計與計畫實行的各項改進措施，方得啟用營運」，但其他委員否決了這項要求。[1]

對於這次投票，南方電力公司的總裁湯瑪斯．范寧認為，因福島教訓所做的反應爐技術修正較適用於「目前運作中的機組，而非新一代反應爐技術」。他所稱的新一代技術，即南方電力子公司將在喬治亞州「沃格特爾核能發電廠」興建、由西屋公司製造的兩座「AP1000 型」PWR反應爐。當時計算的興建成本約為一百四十億美元，美國政府提供了八十三億擔保金。兩座反應爐原本預計於二〇一六、二〇一七年達到臨界，但由於諸多延誤（部分原因是西屋公司於二〇一七年破產）沃格特爾一號機正式商轉的時間延至二〇二一，再延至二〇二二年。*成本粗估已達兩百五十億美元。[2]

許多人認為沃格特爾象徵了美國及全球核能產業的再復興，惟起步坎坷。若從賈茨科的評論來看，福島核災應該是最直接的因素；但顯然整個核能產業都支持范寧的看法，認為福島教訓僅限技術層面，幾乎不適用於新一代的反應爐。新一代反應爐的技術是核能產業得以延續的理由。該產業的國際遊說團體「世界核能協會」期許，在未來三十年內，核能發電占比可以從目前的略高於百分之十提升至百分之二十五。「要實現這個目標，」協會網站陳述，「意味全球核能發電量在二〇五〇年必須達到現在的三倍。」這項計畫預計在未來三十年增加一兆瓦發電容量，差不多等於一千座車諾比的RBMK或西屋AP1000型反應爐的總輸出功率。[3]

賈茨科在辭去核管會主席之後出了一本回憶錄，提及為了要「真正符合氣候變遷需求」，人類需要的不是一千座反應爐，而是數千座反應爐。賈茨科最擔憂的是，大幅擴充反應爐機組意味著事故發生率也可能提高。「首先，也最重要的是，」他寫道，「我們必須知道，這類事故仍會繼續發生。如果有愈來愈多核電廠和機組上線運作，核子事故勢必也會愈來愈多。」賈茨科認為，比起技術本身，產業的經濟因素與廣泛定義的人為因素才是將來發生事故的最主要危險因子。「刪減預算的壓力一旦

---

*譯注：AP1000機組於二〇二三年連接輸電網及商轉。

增加，反應爐安全注定遭殃。」賈茨科表示。「勞動力縮減，代表廠方能夠及時發現問題的人力便會減少。為了省錢，設備檢修也會傾向偶一為之。」[4]

「事故風險」對宣揚核能產業顯然是個十分敏感的詞彙，以致世界核能協會製作的《核能史大綱》中通篇看不到「事故」二字。但賈茨科不是唯一預言意外事故的人：來自明斯特應用科學大學和倫敦大學學院的兩位科學家托馬斯·羅澤和崔佛·斯威汀認為，核子事故史離完結篇還早得很呢。這兩位學者分析數十起大小事故數據（其中許多都是茶壺裡的風暴，只有業內人士知曉），估測出每三萬七千「爐年」*就會發生一次爐心熔毀事件。什麼意思？研究進行期間，全球運轉中的反應爐有四百四十三座；以百分之九十五的信賴區間來看，接下來二十五年內發生事故的機率介於〇·八二與七·七之間。這意味著在二〇三六年以前應該會發生另一次核子事故。希望他們預測有誤，下一場嚴重事故（如果當真會發生的話）不要太快到來。畢竟我們還是能仰賴「學習效應」來降低犯錯機率。該研究報告提及：「每『爐年』發生事故的或然率從一九六三年的〇·〇一降至二〇一〇年的〇·〇〇四。」兩位學者表示，一九六三年以前，即核能發展初期的學習效應比現在更強更明顯。那麼，你我又能從本書描述的這幾場核子事故中學到什麼教訓？[5]

* * *

意外，包括核子事故在內，隨時都可能發生，其中大多可事先防範，也有因應的處理程序；還有一些則肇因於技術或人為因素，損害可大可小，有時還會伴隨輻射外洩。詹姆斯・馬哈菲畢生都在美國核能產業打滾，對業界瞭若指掌，也寫了一本書描述並分析其中最重要的數十起事件。[6]

在核能產業史上條列的數百起意外事故中，本書所描述的六件無疑是重中之重。雖然為事故分類並不算是太科學的做法，通常只能依事故發生國的評估方式來判定，但車諾比和福島多半被列為象徵最嚴重等級的七級事故，克什特姆為六級「嚴重意外事故」，溫斯喬和三哩島則屬於五級的「大範圍意外事故」。此一分級表從未納入城堡喝彩試爆，理由是分級表僅用於評估民用核災或核電廠、核設施事故，而不適用於炸彈試爆失誤。[7]

這幾場重大事故揭露的老問題，不是小失誤或技術故障等三言兩語就能簡單帶過的。它們將一些更廣泛的政治、社會、文化等重要意涵直接拉到檯面上，這些因素或許是間接的，也或許並不顯而易見，卻深刻地促成了這些災難。同時也指出科學家、工程師、業界領袖、政府部門及一般大眾在處理或面對這幾場核災或緊急事故時，有哪些相似與相異之處。

儘管冷戰敵對陣營和早期參與核武競賽的國家在思想體系、意識形態、政治經濟文化等各方面皆存在重大差異，但相同的是它們都一腳踏進了「核能」這個未知領域。尤其在核能發展初期，舉凡管理者、設計師、工程師和操作員都必須應付不同程度且還未完全理解並測試的新科學與新技術；這些新科技不僅有其風險，在緊急時亦無法預測，每個人都冒著巨大風險，以致幾乎無法避免事故發生。

＊編按：「爐年」是指反應爐運作的年限，一爐年，就是一座反應爐運作一年。

政府、官僚、軍方或其他單位也都一樣。大家都冒險要以「未經測試的核能技術」來實現國內或國際的目標。

要是美國軍方沒有「必須在相對短時間內，如期完成第一枚氫彈試爆」的壓力，城堡喝彩說不定就不會產生如此災難性的後果；假如英國政府未施加壓力，迫使工程師不得不延長兩次退火的間隔時間，溫斯喬火災也許根本不會發生。要不是車諾比廠方承受必須盡快連上輸電網發電的壓力，他們也不會在未完成必要試驗的情況下就冒然啟用反應爐；至於三哩島和福島事故則讓我們看見，政府機關和監管人員一旦與業界勾結或建立了友善關係，最後總會對安全違規事項睜一隻眼閉一隻眼。

由於政治與管理文化不同，事故發生國在處理核災及輻射、政治落塵方面也採取不同的做法。這些國家的科學家與工程師大多因為自負自滿而鑄下大錯，唯有蘇聯的管理者與工程師是在當局默許下，為了達成目標而故意違反安全指示規範。如果管理階層和操作員遵照使用規範操作反應爐，那麼克什特姆與車諾比這兩起事故根本就不會發生。蘇聯體制過度執著於達成雄心勃勃的生產配額，導致人民只能違反規定、走捷徑，否則難以達成目標。

蘇聯共產黨實行的政治監控全面掌控了蘇聯人的生活，由上到下的管理方式也使得低層行政人員幾乎沒有任何權力。譬如在車諾比，儘管領班阿基莫夫當晚也在控制室，但賈特洛夫大權在握，阿基莫夫只能聽命行事；其後一旦有更大的官員蒞臨現場，控制權亦自動移交至他們手上。在沒有法律保障，也無權拒絕服從上級命令的情況下，基層人員誰也不願意負責，遂把一切全交給莫斯科的政治高層來決定；可是這些高官沒有一個被追究事故責任，最後被送上法庭受審定罪的只有管理人員。

在美國、英國與日本，則認為授權核電廠的管理者來處理事故災難較為恰當。日本首相菅直人雖直接干預專家的決策過程，卻也招致相當程度的麻煩。另一位直接參與核災善後的政治領袖是戈巴契夫，儘管他在災後前三周異常沉默，但他其實是調度全國資源協調支援的幕後要角；後來他也主持政治局會議釐清事故原委，並指派負責人監督清理作業。

遭遇核子事故的兩位美國總統，在事發當時扮演的角色僅限於處理公共關係：艾森豪設法回應國際社會的強烈抗議，而卡特則試圖展現領導力，安撫國內民眾。英國首相麥米倫也同樣授權管理單位處理事故，由科學委員會釐清事因；他自己大多居於幕後，盡可能不讓媒體掌握災後資訊，避免美方得知事故的真正原因。

冷戰時期，各國政府處理災後訊息的態度頗為相似。蘇聯官方盡力不讓克什特姆和車諾比兩起事故及其前因後果等消息走漏，保密成果堪稱第一。但美國之所以壓制城堡喝彩事故的消息，與英國掩蓋溫斯喬起火的原因，其目的也都是防止資訊走漏到公眾領域。無獨有偶，核電廠管理階層亦頗好此道，不論是如溫斯喬火災那般出於保密或自負的文化背景，或擔心遭主管單位的不公平對待，如同車諾比事故那樣，管理人員經常延誤上報時間，導致政府單位或官員總是慢一步才得知壞消息。

因事發時間及發生國家的差異，各國政府在事故發生後隱匿資訊，或捏造或扭曲事實的嘗試，其有效程度也有所不同。在蘇聯，由於政府完全掌控媒體，國安單位亦可監控傳聞謠言，所以克什特姆事故在一九八〇年代結束前一直是個祕密；後來發生車諾比事故，蘇聯官方也同樣一再拖延，不願向民眾與國際社會發布核災相關訊息。即使在處理城堡喝彩試爆或溫斯喬火災這類國防事務時，民主政體同樣不得不處理新聞自由的問題。媒體在這兩起事件中儼然扮演獨立第三方的角色。再說到三哩島事故期間，媒體不只傳遞新聞，更散播恐懼，對事故餘波造成重要影響；福島事故當時，當地電視臺即時播放核電廠爆炸畫面，在災難初期儼然成為首相辦公室的主要資訊來源；車諾比事故致使戈巴契夫不得不展開蘇聯自由化改革，新聞媒體也因此成為呈現災難真實後果的主要管道。

值得注意的是，遭遇核子事故的國家也在災後開啟持續學習的歷程。城堡喝彩災難迫使科學家修正計算方式，美國海軍也因此更謹慎準備氣象與風向預報資料。這些事故甚至成為策動輿論影響政治決策的重要因素，終而促成核試驗全面地下化。英國在溫斯喬火災後讓反應爐直接除役，美國在三哩島事故後改變操作員訓練方式，蘇聯將ＲＢＭＫ反應爐升級，日本則是打造更高的防嘯海堤。

目前所有重大核災事故都跟一九五〇、一九六〇年代發展的爐體設計及反應爐技術有關，隨著新技術、新產業誕生而經常出現重大錯誤的初期階段已成為過去，這個事實反而為我們帶來些許希望。尤有甚者，隨著冷戰結束，各國移除諸多產業壁壘，不僅讓資訊交換成為可能，也強化安全規範與安全作業的國際約束力。在催生國際立法組織方面，車諾比的地位尤其重要：從今以後，各國政府必須負起交換核子計畫資訊與通報事故的責任。[8]

車諾比核災後近二十五年，全球不曾發生重大核子事故，因為科技進展、各國加強合作以及提高安全標準都發揮了很大的作用。但福島爆炸的驚天巨響再次提醒世人：這些改進措施仍不足以保證所有核電廠皆能安全運作。

＊　＊　＊

核子事故與核災是阻礙今日核能技術發展、使人類對於將其作為全球暖化解方戒慎恐懼的唯二因素嗎？實不盡然。你我今日面對的某些課題與冷戰時期即已存在的問題一模一樣，另外一些則是全新挑戰。

冷戰期間，未擁核武的國家把「核能技術共享」和發展核能設施基礎建設視為取得核武的途徑：巴勒斯坦軍事組織與北韓統治者即利用核電推廣計畫偷渡核武計畫，並取得核彈。今日的伊朗同樣利用國外供應的核能設施，自行發展核武。「原子能和平用途」創立者萬萬沒有想到的是，發展核能不僅未能阻止核武擴散，反倒推波助瀾，加速散布之勢。[9]

許多長年存在的政治、經濟與文化因素也成為核能發展的隱憂。今日的核子工業和發展初期一樣，仍需仰賴政府資金挹注與軍事技術進步才得以維持延續。頁岩氣與再生能源的競爭力日增，核能產業的經濟壓力愈來愈大，西屋等核電巨人即因此破產；美國電力公司只得買通行賄樣樣來，允諾或直接將數百萬美元放進政客與官員口袋，藉此換得數十億美元的補助金為核電廠續命。[10]

此外，今日核能也如同冷戰高峰期一樣，成為競爭國或甚至敵對政府手中的外交政策工具；其中又以獨裁政權為最。西方專事興建反應爐的民營公司持續擴展亞洲、非洲、中東等外銷市場，以平衡北美和歐洲核能產業的長期停滯狀態；不過他們也面臨俄國與中國的強力競爭，這些對手都有政府力量與財政撐腰。

核子大國的地緣政治野心與核能公司的貪婪胃口，一再挑起開發中國家加入「核子俱樂部」以尋求國際名聲、經濟效益與確保能源供應的渴望。眼見國際競爭愈來愈激烈，核子大國紛紛推銷自家反應爐，促使新買家傾向選擇較便宜而非更安全的機種。國家單位為求降低研究計畫成本，也會透過技術轉移協助企業攻占市場。[11]

各國對於核電與核能的渴求仍相當強烈，特別是已經擁有核設施的國家；即使在遭遇過最嚴重核子事故的日本、烏克蘭與白羅斯也是如此。日本境內的反應爐全數停機後，又有相當數量的反應爐重併網。在車諾比核災受害最重的白羅斯，民眾對核電的熱中程度仍持續增加，是以二〇二一年六月，該國的第一座核能發電廠就在鄰國立陶宛的抗議聲中達到臨界。在烏克蘭國會同樣推翻先前「零核電」的決議，甚至今日該國一半的電力都來自核能發電廠；烏克蘭也計劃新建另外十一座機組，但目前仍處於討論階段，尚未確定時程。二〇二二年二月，烏俄全面開戰，俄國軍隊占領車諾比禁區，在當地工作的烏克蘭人也成為人質。俄國坦克攪起放射性塵土，導致該區游離輻射量再度升高，震驚全球。[12]

往日的核能風險如今又添新料。氣候隱憂與氣候變遷導致水力供電量降低，能源不足與地緣政治野心，促使中東和非洲也加入核子戰局的前線；其中有些地區的政治現狀極不穩定，讓核子產業在原有風險外更添變數。如今，全球各國必須面對跨國恐怖主義對核子工業帶來的全新威脅，不論是以傳統方式攻擊或新興的網路恐攻皆然，甚至還有發動網路戰爭，透過網路攻擊核能電廠等諸多可能。

既存的危機揮之不去，新威脅又層出不窮，這讓我們很難樂觀想像一個沒有核能事故的未來。反應爐設計是目前仍懸而未決的根本問題，原因出在其原型的軍事用途（製鈽或提供潛艇動力）。而處理核廢料則是另一個大麻煩，目前我們把這個問題交給下一代去解決。許多國家提倡以核能因應氣候變遷，使得核電廠快速增建，發生事故的機率也隨之增加。儘管新科技有助於避開一些舊陷阱，但是未經試驗的反應爐和操作系統也將會帶來新的風險。

比爾．蓋茲及其公司「泰拉能源」所承諾的新世代反應爐仍處於電腦模擬階段，距離建造出實機可能得花上好幾年。儘管蓋茲表示這款新世代反應爐「單憑物理定律即可徹底防範事故發生」，但此言仍不可盡信。馬哈菲可以算是最支持核子工業的核能事故史學家，但正如他的觀察：「嘗試打造出永不出錯、完美運作的機器或系統確實是非常崇高的目標，但天底下豈有這等好事？」[13]

如今人類面臨氣候變遷日益嚴峻的挑戰，你我必須選擇要如何投入時間、金錢與資源。眼下我們只能在核能與再生能源之間做選擇，但核能大多建議作為彌補再生能源不足之用。兩種選擇都有風險，但理由不同，且程度互異。若要投入再生能源，我們必須賭上時間和科技，期望人類能及時做出能儲存再生能源的強大電池；這個選擇並非萬無一失，但至少還不到前幾場核災破壞環境的危險程度。

提高核電依賴亦有其風險，因為我們說不定根本來不及蓋好足夠的反應爐來阻止或有效緩解氣候變遷，卻已經將自身萬物與環境置於險境。建造反應爐的成本太高、時間太長，先天上的不安全不只源於技術問題，人為疏失也是風險之一。投資核能就等於減縮了再生能源發展，然而若少了再生能源，就連擁核派也不相信人類有辦法解決氣候變遷危機。

過去引發核子事故的諸多政治、經濟、社會與文化因素，今日依然存在，這使得核能產業極可能以不同的或意料之外的方式重蹈覆轍。若再發生事故，反核力量必定隨之而起；儘管這類重大事故有其地域性，發生地點都在國家管轄範圍內，但後續影響卻是不分國界的。即使放射性煙流並未跨越國境，消息也會外流出去，引發跨越政治文化的抗議與反核運動。誠如蘇聯人民在車諾比災後，或中國人面對福島核災的反應，顯示這類運動不再僅限於西方國家或民主社會。新事故勢必將箝制核子工業發展，令其停滯至少二十載，澆熄製造足夠電力、阻止氣候變遷的所有希望；這也使得核能除了潛在操作風險，終究不可能成為對付氣候變遷此一重大問題的長期解決方案。

假如核電並非未來的安全選項，我們應該對現有的核能產業如何作為？當前的挑戰是加強既有核設施的監控與管理，提高快速老化核電機組的穩定度與安全性，還得投入更多資源以達成前述目標。如果全球源自零排碳或低排碳發電的供電量因故減少百分之十以上，任誰也承擔不起這個後果；若以化石燃料填補缺口，勢必產生更多溫室氣體，但我們也不能讓核能產業在目前的經濟泥淖中苦苦掙扎，因為這只會讓下一場核子事故更快到來。賈茨科無疑是當前最不遺餘力批評核能產業的聲音之一。他表示：「我們必須確保核電設施盡可能不發生事故，安詳度過產業晚年。」14

可是，在二〇二二年二月二十四日，當俄國入侵烏克蘭並全面控制車諾比核電廠後，這份期盼卻徹底改變了。那日結束之前，烏克蘭國家核能管制委員會便已失去禁區內所有設施的控制權，監測儀亦顯示區內輻射量節節攀升，某些地區的伽瑪射線更是急劇衝高，位於白、烏邊境的小村「穆咯車佛」甚至已達往年平均量的十倍。幸好，這次輻射飆高與核廢料儲放設施或四號機的輻射外洩皆無關聯：原來是坦克、運兵車等各式軍用車大舉開進車諾比禁區，攪動了一九八六年事故留下的放射性塵土，令塵埃與輻射逸入空中所致。全球各國無不大大鬆了口氣。

國際原子能總署總幹事格羅西對此表達「強烈擔憂」，提出「相關人員應竭力克制，避免採取任何可能危及烏國核設施的軍事行動」之訴求，但他的呼籲並未特別指明特定人士，甚至完全沒提到俄羅斯（國際原子能總署的最大金主之一），此番發言讓人以為車諾比是被哪個非政府組織給占領了。國際原子能總署表示，區內輻射值「仍在禁區成立之初即確立的可控制範圍內」。

但烏克蘭當局另外發表聲明指出，根據國際規範，任何軍事行動皆不得觸及核電廠與核輻射區。烏克蘭尚能監控禁區輻射值，卻因廠區人員全遭俄軍俘虜而失去聯繫。烏克蘭總統澤倫斯基稱俄國占領核電廠的行為乃是「向全歐宣戰」，該國政府官員亦警告可能再次發生核事故。烏克蘭在俄國入侵第二天再次發表聲明：「俄國佔領核電廠及其可能採取的一切軍事行動，極可能引發另一場車諾比事件。」

四月初，戰況生變，據守核電廠的俄國軍隊為避免被圍困而撤出車諾比禁區。俄軍離開後，烏克蘭人發現車諾比汙染的噩夢離結束還早得很呢：駐紮期間，俄軍在具有放射性的「紅色森林」附近挖掘戰壕，車諾比核設施內也有上百件放射性物質材料不翼而飛。這些軍人後來都進了醫院，罪魁禍首應該就是他們所盜走的放射性物質。

在此同時，烏克蘭境內所有核電廠仍持續運轉。烏克蘭有四座核電廠，運轉中的核反應爐共十五座，可供應全國約半數的電力需求；問題是，其中兩座核電廠，南烏克蘭核電廠的三座反應爐和札波羅熱核電廠的兩座反應爐，都在俄國的攻擊範圍內。

時間回到三月初。當時，俄軍逼近札波羅熱省安赫德，也就是全歐最大核電廠的所在地；烏軍節節敗退，但鎮民不願讓侵略者入城，遂在城門口放置路障，豎起一面面烏克蘭國旗以明其志。俄軍起先有所顧忌，不敢砲轟這座核電廠小鎮，他們便請求居民讓他們以核電廠為背景「自拍」，好據此向莫斯科回報，宣稱已拿下安德赫。但鎮長拒絕了。

俄軍沒多久便捲土重來，這回帶上最充足的軍力配備：三月四日，俄軍在夜幕掩護下突襲安德赫。戍守核電廠的烏克蘭國家衛隊小分隊奮力還擊，電廠操作員則開始降低發電功率，啟動冗長的停機程序。他們透過廠區廣播向俄方喊話：「停止射擊電廠設施，太危險了！馬上停火！你們正在威脅全世界的安全！」對方充耳不聞，繼續砲轟，廠內的一棟建築也因此著火；幸好英勇的消防隊員順利撲滅火災，但核電廠和所有人員最後仍落入俄軍手中，不得不聽命於俄軍。

烏俄戰爭突然以完全出乎眾人意料的方式變成了一場核子戰爭。俄國軍方違反了所有安全規定，在反應爐附近埋設炸藥與地雷，而軍事佔領行動更讓電廠人員身心承受極大壓力，也更容易出錯。而一九八六年的車諾比事故就是人為疏失造成的。

烏克蘭總統澤倫斯基痛斥俄軍佔領札波羅熱核電廠的舉動無疑是核子恐怖行動；國際原子能總署總幹事格羅西亦發表個人聲明，指出「對核電廠區開火違反『必須時時刻刻保持並維護核子設施實體之安全』的根本原則」，[15]惟此番發言又一次轉移話鋒，矛頭並未直指俄羅斯。美國駐聯合國大使琳達・湯瑪斯格林菲爾德可就沒這麼拐彎抹角：「俄國昨晚的攻擊行動嚴重危及全歐最大核電廠的安全。此舉相當魯莽，危險至極。」大使在聯合國安全理事會緊急會議上作此陳述。她要求俄羅斯「遵守《國際人道法》。該法明令禁止敵對雙方刻意將平民和民用基礎設施列為攻擊目標」。

先前俄軍佔領車諾比核電廠設施時，烏克蘭國家核能管制委員會曾發表聲明，指控莫斯科違反了一九四九年《日內瓦公約》第一附加議定書第五十六條。條文言明「若軍事攻擊可能導致相關設施釋出危險力量，造成平民百姓嚴重損失，則即使核電廠等工程或裝置屬於軍事目標，仍不應成為攻擊對象」。[16]

儘管約文聽來言之鑿鑿，沒有半點模糊空間，但事實上它反而容許交戰雙方攻擊核設施，只要不造成輻射外洩就行了。不僅如此，如果該電廠「直接、固定並大量供應軍事行動所需的電力，而攻擊電廠是終結此電力支持的唯一可行辦法」時，這同一條條文反而會讓核電廠徹底失去保護：按條文解釋，由於核電廠輸出電力至輸電網，而輸電網又供應電力給守護核電廠的軍隊使用，故可視為符合國際規範的合法攻擊目標。

一九七七年六月，第一附加議定書開放各國簽署並執行，但美國和俄羅斯皆未簽署，亦不受其約束。此後十五年間，全球各地發生多起大規模核設施軍事攻擊事件：首先是伊朗於一九八〇年九月轟炸伊拉克圖威薩核設施。這場戰爭表面上是伊朗和伊拉克打得你死我活，但實際上卻是以色列在背後推波助瀾，因為以色列決心阻止伊拉克發展核武計畫。

一九八一年六月，以色列軍機突入伊拉克領空，炸毀奧斯拉克的核子研究設施。多年後，伊拉克還以顏色，分別在一九八四、一九八七年六度轟炸伊朗布什爾核電廠。一九九一年，美國也炸掉伊拉克的三座反應爐和幾處核設施；約莫在同一時間，伊拉克也向以色列設於狄莫那的反應爐發射飛毛腿飛彈。十六年後（二〇〇七年），以色列攻擊敘利亞一座興建中的核反應爐。對於上述種種攻擊行為，國際法幾乎使不上力，無從防範。

一九七七年確立的附加議定書即使不完善，好歹仍保全了民用反應爐。這類設施有時也會成為攻擊目標，惟攻擊者並非國家，而是其他組織。一九七三年，奉行毛主義的阿根廷人民革命軍占領仍在興建的阿根廷阿圖查一號核電廠，幸好未造成任何損害。一九八二年，南非的科貝格核電廠遭非洲民族議會激進派襲擊，引爆四枚地雷，炸毀了相當可觀的建物設施。各界普遍認為核電廠可能也是美國九一一恐攻的目標。長久以來，世界上沒有一座運作中的民用核電廠橫遭武力攻擊，直到二〇二二年三月。

俄軍佔領烏克蘭札波羅熱核電廠是近代首度以國家軍事力量奪取他國核設施的行動。俄國此舉不僅違反一九四九年《日內瓦公約》附加議定書和《國際人道法》第四十二條「禁止攻擊核設施」的規定，也違反俄國本身的法律：二〇〇一年，俄羅斯聯邦對該條文做出闡釋：「即使攻擊核電廠可能造成嚴重後果，故而使其成為軍事目標，敵對雙方仍不應將核電廠當作攻擊目標」。[17]所謂「嚴重後果」指的是輻射外洩和百姓傷亡。

二〇二二年三月初，負責監管全球核設施安全的國際原子能總署理事會通過一份正式決議，要求俄國「立即停止所有針對或直接在車諾比核電廠等所有烏克蘭核設施區域內進行的軍事行動」。[18]俄國並未理會這份決議，國際原子能總署也拿俄羅斯沒辦法。基輔提出在核設施方圓三十公里內設立非軍事區的要求亦遭漠視。直到二〇二二年秋天，札波羅熱多次遭俄軍轟炸之後，格羅西才率領代表團前往核電廠視察，國際原子能總署和國際社會也才對於烏克蘭的提案嚴肅以對。各國展開對話、討論劃定禁航區和非武裝區等事宜，惟作者寫述此時，仍未有明確結論。

俄國接管車諾比禁區及相關設施，以及爾後攻擊並佔領札波羅熱核電廠的行為，再度凸顯了核能發電長期遭世人忽視的一項弱點：核設施可能因戰事而引發單一或多重事故。烏俄交戰期間，車諾比禁區用於冷卻用過核燃料的供電系統遭軍方切斷，令眾人再度擔憂燃料棒過熱、釋出輻射逸入大氣；而札波羅熱也多次因戰事導致供水泵缺電停擺，反應爐過熱卻無水可冷卻，幾度瀕臨可能發生福島電廠爐心熔毀的險境。

到頭來，全世界對俄國採取的「挾核要脅」極端手段完全措手不及。國際原子能總署既沒有相應的權力去處理聯合國安理會常任理事國之一加諸於核反應爐的安全威脅，而且能作為採取行動的法律依據亦相當有限。目前，國際社會找不到有效的法律條文來阻止俄國鎖定烏克蘭的核設施為攻擊目標，也沒有專門處理軍事攻擊核電廠的國際條約。儘管公約與協定並非對抗國際犯罪行為的靈丹妙藥，但好歹能釐清攻擊核電廠的相關責任，然而現行的法律制度仍力有未逮，無法做到這一點。

除非核反應爐在交戰期間能得到有效的保護，否則我們不太可能認真考慮將核能當作解決當前氣候變遷問題的方案。在還沒找到方法保護現有的核反應爐之前，你我實在承擔不起新建更多反應爐的風險。

致謝

這本書是為了回答讀者對我上一本書《車諾比核災史》（*Chernobyl: The History of a Nuclear Catastrophe*）的提問所寫的。他們想知道蘇聯回應核災的方式究竟有多特別，所以我首先要感謝《車諾比核災史》的讀者們，希望他們對我在本書提出的回答不會太失望。

好些同事和朋友協助我修改初稿，因此我要特別感謝讀過最初版本並提供極佳改進建議的 Kate Brown 和 Jozsef Balogh。謝謝我在哈佛的同事 Ian Miller 向我介紹他最好的學生 John Hayashi，Hayashi 讀了福島章節初稿，給了我非常實用的批評和建議。此外，我和二〇一一年選修「核子年代史」的春季班學生們經常在課堂上討論這些問題，他們同樣惠我良多。此外不能不感謝總是幫我潤稿順句子的 Myroslav Yukevich 囉。

很榮幸能再次跟 W.W Norton 的 John Glusman、Helen Tomades，還有 Penguin U.K. 的 Casiana Ioanita 合作。三位編輯不僅讓原稿脫胎換骨，也多次拯救我避開尷尬錯誤。另外我也非常感激 Wulie Agency 的 Sarah Chalfant 說服兩家出版社，把我這本書列入出版書單。

最後也最重要的是感謝我的妻子 Olena，謝謝她在整個研究及寫書過程中給我的支持。就像我其他的作品一樣，沒有她的付出，我不可能完成這本書。

注釋

前言

1 Serge Schmemann, "Chernobyl Within the Barbed Wire: Monument to Innocence and Anguish," *New York Times*, April 23, 1991; "Pamiatnik pogibshim na ChAES Prometei," izi.TRAVEL, https://izi.travel/zh/cca2-pamyatnik-pogibshim-na-chaes-prometey/ru; Adam Higginbotham, *Midnight in Chernobyl: The Untold Story of the World's Greatest Nuclear Disaster* (New York, 2019), 23–24.

2 Address by Mr. Dwight D. Eisenhower, President of the United States of America, to the 470th Plenary Meeting of the United Nations General Assembly, Tuesday, December 8, 1953, *International Atomic Energy Agency*, https://www.iaea.org/about/history/atoms-for-peace-speech; Gerard J. DeGroot, *The Bomb: A Life* (Cambridge, MA, 2005), 192; "Remarks prepared by Lewis L. Strauss," United States Atomic Energy Commission, September 16, 1954, 9, https://www.nrc.gov/docs/ML1613/ML16131A120.pdf; Spencer R. Weart, *The Rise of Nuclear Fear* (Cambridge, MA, 2012), 88–90.

3 "Nuclear Power in the World Today," World Nuclear Association, https://www.world-nuclear.org/information-library/current-and-future-generation/nuclear-power-in-the-world-today.aspx; Marton Dunai and Geert De Clercq, "Nuclear Energy Too Slow, Too Expensive to Save Climate: Report," *Reuters*, September 23, 2019, https://www.reuters.com/article/us-energy-nuclearpower/nuclear-energy-too-slow-too-expensive-to-save-climate-report-idUSKBN1W909J; Amory B. Lovins, "Why Nuclear Power's Failure in the Marketplace is Irreversible (Fortunately for Nonproliferation and Climate Protection)," in *Nuclear Power and the Spread of Nuclear Weapons*, ed. Paul L. Levinthal, Sharon Tanzer, and Steven Dolley (Washington, DC, 2002), 69–84.

4 George Perkovich, *India's Nuclear Bomb: The Impact on Global Proliferation* (Berkeley, CA, 1999); "Iran and the NPT," Iran Primer, United States Institute of Peace, https://iranprimer.usip.org/index.php/blog/2020/jan/22/iran-and-npt.

5 World Energy Model. Scenario Analysis of Future Energy Trends, International Energy Agency, https://www.iea.org/reports/world-energy-model/sustainable-development-scenario; "Where Does Our Electricity Come From?" World Nuclear Association, https://www.world-nuclear.org/nuclear-essentials/where-does-our-electricity-come-from.aspx; "European Commission declares nuclear and gas to be green," *Deutche Welle*, February 2, 2022, https://www.dw.com/en/european-commission-declares-nuclear-and-gas-to-be-green/a-60614990.

6 "Electricity Explained," U.S. Energy Information Administration, https://www.eia.gov/energyexplained/electricity/electricity-in-the-us.php; "How Can Nuclear Combat Climate Change?" World Nuclear Association, https://www.world-nuclear.org/nuclear-essentials/how-can-nuclear-combat-climate-change.aspx.

7 "Nuclear Energy in the U.S.: Expensive Source Competing with Cheap Gas and Renewables," Climate Nexus, https://climatenexus.org/climate-news-archive/nuclear-energy-us-expensive-source-competing-cheap-gas-renewables/; Weart, *The Rise of Nuclear Fear*, 247–55; David Elliott, *Fukushima: Impacts and Implications* (New York, 2013), 2–5.

8 "General Overview Worldwide, "The World Nuclear Industry Status Report 2019, https://www.worldnuclearreport.org/The-World-Nuclear-Industry-Status-Report-2019-HTML.html.

9 Bill Gates, *How to Avoid a Climate Disaster: The Solutions We Have and the Breakthroughs We Need* (New York, 2021), 117–18.

10 "INES: The International Nuclear and Radiological Event Scale," International Atomic Energy Agency, https://www.iaea.org/sites/default/files/ines.pdf; "Fukushima Nuclear Accident Update Log," International Atomic Energy Agency, https://www.iaea.org/newscenter/news/fukushima-nuclear-accident-update-log-15.

第1章

1 Steve Weintz, "Think Your Job Is Rough? Try Disabling a Nuclear Bomb," *The National Interest*, January 7, 2020; John C. Clark as told to Robert Cahn, "We Were Trapped by Radioactive Fallout," *Saturday Evening Post* (July 20, 1957), 17–19, 64–66, here 17.

2 Major General P. W. Clarkson, *History of Operation Castle*, Pacific Proving Ground Joint Task Force Seven (United States Army, 1954), 121.

3 Clark and Cahn, "We Were Trapped by Radioactive Fallout," 18–19.

4 Clark and Cahn, "We Were Trapped by Radioactive Fallout," 64.

5 Clark and Cahn, "We Were Trapped by Radioactive Fallout," 65–66.

6 Bill Becker, "The Man Who Sets Off Atomic Bombs," *Saturday Evening Post* (April 19, 1952), 32–33, 185–88, here 33, 186; Gerard J. DeGroot, *The Bomb: A Life* (Cambridge, MA, 2005), 8–32.

7 Richard Rhodes, *The Making of the Atomic Bomb* (New York, 1986), 428–42; "Alvin Graves," Atomic Heritage Foundation, https://www.atomicheritage.org/profile/alvin-graves; Michael Drapa, "A witness to atomic history: Ted Petry recounts the world's first nuclear reaction at UChicago, 75 years later," University of Chicago, November 13, 2017, https://www.uchicago.edu/features/a_witness_to_atomic_history/.

8 DeGroot, *The Bomb*, 37–65, 82–105.

9 Becker, "The Man Who Sets Off Atomic Bombs," 33; Norman Cousins, "Modern Man Is Obsolete," *Saturday Review of Literature*, August 18, 1945, reprinted in Cousins, *Present Tense: An American Editor's Odyssey* (New York, 1967), 120–30; DeGroot, *The Bomb*, 74–75.

10 Philip L. Fradkin, *Fallout: An American Nuclear Tragedy* (Tucson, AZ, 1989), 89–91, 256; Becker, "The Man Who Sets Off Atomic Bombs," 33, 186; "Floy Agnes Lee's Interview," Voices of the Manhattan Project, 11–12, https://www.manhattanprojectvoices.org/oral-histories/floy-agnes-lees-interview.

11 Fradkin, *Fallout*, 106–11; Richard L. Miller, *Under the Cloud: The Decades of Nuclear Testing* (The Woodlands, TX, 1986), 363; *Operation Upshot-Knothole* Fact Sheet (Fort Belvoir, VA: Defense Threat Reduction Agency, July 2007).

12 De Groot, *The Bomb*, 162–84.

13 "Percy Clarkson, General, 68, Dies," *New York Times*, September 15, 1962, 25.

14 Richard Rh odes, *Dark Sun: The Making of the Hydrogen Bomb* (New York, 1995), 482–512.

15 "Interview with Edward Teller," National Security Archive, Episode 8, https://nsarchive2.gwu.edu/coldwar/interviews/episode-8/teller1.html; Rhodes, *Dark Sun*, 541–42; DeGroot, *The Bomb*, 177–79.

16 Alex Wellerstein, "Declassifying the Ivy Mike Film (1953)," Restricted Data: The Nuclear Secrecy Blog, February 8, 2012; We llerstein, *Restricted Data: The History of Nuclear Secrecy in the United States* (Chicago, 2021), 241–44, 248; Thomas Kunkle

and Byron Ristvet, *Castle Bravo: Fifty Years of Legend and Lore. A Guide to Off-Site Radiation Exposures* (Kirtland AFB, NM: Defense Threat Reduction Agency, January 2013), 49, 51.

17 Laura A. Bruno, "The Bequest of the Nuclear Battlefield: Science, Nature, and the Atom during the First Decade of the Cold War," *Historical Studies in the Physical and Biological Sciences* 33, no. 2 (2003): 237–60, here 246; W. G. Van Dorn, *Ivy-Mike: The First Hydrogen Bomb* (Bloomington, IN, 2008), 13, 36, 43–44, 170–71; Wellerstein, "Declassifying the Ivy Mike Film (1953)."

18 Cl arkson, *History of Operation Castle*, 10, 54.

19 Clarkson, *History of Operation Castle*, 4–8.

20 Clarkson, *History of Operation Castle*, 6; Ma rtha Smith-Norris, *Domination and Resistance: The United States and the Marshall Islands during the Cold War* (Honolulu, 2016), 44–50; Kunkle and Ristvet, *Castle Bravo*, 17.

21 Ku nkle and Ristvet, *Castle Bravo*, 30–31.

22 Cl arkson, *History of Operation Castle*, 220–29.

23 Kunkle and Ristvet, *Castle Bravo*, 88; Clarkson, *History of Operation Castle*, 79–80, 81, 135.

24 Cl arkson, *History of Operation Castle*, 44–47, 108.

25 Ku nkle and Ristvet, *Castle Bravo*, 31; Clarkson, *History of Operation Castle*, 119.

26 Clarkson, *History of Operation Castle*, 121, 181; *Operation Castle: Radiological Safety*, Final Report, vol. 2 (ADA995409, 1985), K 2, https://apps.dtic.mil/dtic/tr/fulltext/u2/a995409.pdf; Clark and Cahn, "We Were Trapped by Radioactive Fallout."

27 Walmer E. Strope quoted in "Castle-Bravo Nuclear Test Fallout Cover-Up," https://glasstone.blogspot.com/2010/09/castle-bravo-nuclear-test-fallout-cover.html.

28 *Operation Castle: Radiological Safety*, vol. 2, K 3: Clarkson, *History of Operation Castle*, 118.

29 Kunkle and Ristvet, *Castle Bravo*, 51–52.

30 *Operation Castle: Radiological Safety*, vol. 2, K 1–2.

31 Clark and Cahn, "We Were Trapped by Radioactive Fallout"; *Operation Castle: Radiological Safety*, vol. 2, K 3.

32 *Operation Castle: Radiological Safety*, vol. 2, K 3.

33 *Op eration Castle: Radiological Safety*, vol. 2, K 3, 4.

34 Keith M. Parsons and Robert A. Zaballa, *Bombing the Marshall Islands: A Cold War Tragedy* (Cambridge, 2017), 56–57; "Race for the Superbomb," transcript, *American Experience*, PBS, https://www.pbs.org/wgbh/americanexperience/films/bomb/#transcript; "World's Biggest Bomb," transcript, *Secrets of the Dead*, PBS, https://www.pbs.org/wnet/secrets/the-worlds-biggest-bomb-watch-the-full-episode/863/; Bill Bryson, *The Life and Times of Thunderbolt Kid: A Memoir* (New York, 2006), 123–24.

35 Clarkson, *History of Operation Castle*, 121–23.

36 Clark and Cahn, "We Were Trapped by Radioactive Fallout."

37 Clarkson, *History of Operation Castle*, 121; *Op eration Castle: Radiological Safety, Final Report*, vol. 2 (ADA995409, 1985), K 4.

38 Kunkle and Ristvet, *Castle Bravo*, 109; *Operation Castle: Radiological Safety*, vol. 2, K 4.

39 Kunkle and Ristvet, *Castle Bravo*, 107, 109.

40 Kunkle and Ristvet, *Castle Bravo*, 109; *Operation Castle: Radiological Safety*, vol. 2, K 4.

41 Kunkle and Ristvet, *Castle Bravo*, 111–12; *Operation Castle: Radiological Safety*, vol. 2, K 6.

42 *Operation Castle: Radiological Safety*, vol. 2, K 7; Kunkle and Ristvet, *Castle Bravo*, 112.

43 Kunkle and Ristvet, *Castle Bravo*, 115; *Operation Castle: Radiological Safety*, vol. 2, K 8–9; Clarkson, *History of Operation Castle*, 121, 126; Operation CASTLE Commander's Report, https://archive.org/details/CastleCommandersReport1954.

44 Jack Niedenthal, *For the Good of Mankind: A History of the People of Bikini and Their Islands* (Boulder, CO: Bravo Publishers, 2001).

45 Keith M. Parsons and Robert A. Zaballa, *Bombing the Marshall Islands*, 74; Jane Dibblin, *Day of Two Suns: U.S. Nuclear Testing and the Pacific Islanders* (New York, 1998), 25.

46 Stewart Firth, *Nuclear Playground* (Sydney, 1987), 16.

47 Parsons and Zaballa, *Bombing the Marshall Islands*, 73–74; Dibblin, *Day of Two Suns*, 24–25.

48 *Operation Castle: Radiological Safety*, vol. 2, K 7; Kunkle and Ristvet, *Castle Bravo*, 115.

49 Kunkle and Ristvet, *Castle Bravo*, 115; *Operation Castle: Radiological Safety*, vol. 2, K 9; Clarkson, *History of Operation Castle*, 127.

50 Kunkle and Ristvet, *Castle Bravo*, 122–24; *Operation Castle: Radiological Safety*, vol. 2, K 9; Cl arkson, *History of Operation*

Castle, 127–28.

51 Kunkle and Ristvet, *Castle Bravo*, 130; Clarkson, *History of Operation Castle*, 127–28.

52 Kunkle and Ristvet, *Castle Bravo*, 130.

53 Clarkson, *History of Operation Castle*, 54, 137.

54 "264 Exposed to Atom Radiation After Nuclear Blast in Pacific," *New York Times*, March 12, 1954, 1.

55 Clarkson, *History of Operation Castle*, 110; Beverly Deepe Keever, "The Largest Nuclear Bomb in U.S. History Still Shakes Rongelap Atoll and Its Displaced People 50 Years Later," *The Other News: Voices Against the Tide*, February 4, 2005, https://www.other-news.info/2005/02/the-largest-nuclear-bomb-in-us-history-still-shakes-rongelap-atoll-and-its-displaced-people-50-years-later-beverly-deepe-keever/.

56 "264 Exposed to Atom Radiation After Nuclear Blast in Pacific," *New York Times*, March 12, 1954, 1.

57 Ralph E. Lapp, *The Voyage of the Lucky Dragon* (New York, 1958), 6–26; Mark Schreiber, "Lucky Dragon's Lethal Catch," *Japan Times*, March 18, 2012.

58 Schreiber, "Lucky Dragon's Lethal Catch."

59 Matashichi Ōishi, *The Day the Sun Rose in the West: Bikini, the Lucky Dragon, and I* (Honolulu, HI, 2011), 18–19.

60 Clarkson, *History of Operation Castle*, 136.

61 Lapp, *The Voyage of the Lucky Dragon*, 27–54; Kunkle and Ristvet, *Castle Bravo*, 27; James R. Arnold, "Effects of Recent Bomb Tests on Human Beings," *Bulletin of the Atomic Scientists* 10, no. 9 (1954): 347–48.

62 Arnold, "Effects of Recent Bomb Tests on Human Beings," 347–48; Parsons and Zaballa, *Bombing the Marshall Islands*, 67–68.

63 Schreiber, "Lucky Dragon's Lethal Catch."

64 Lora Arnold, *Britain and the H-Bomb* (London, 2001), 19–20.

65 "Statement of Lewis Strauss," March 22, 1955, *AEC-FCDA Relationship: Hearings Before the Subcommittee on Security of the Joint Committee on Atomic Energy* (Washington, DC, 1955), 6–9; Wellerstein, *Restricted Data*, 247–48.

66 Arnold, *Britain and the H-Bomb*, 20; "H-Bomb Can Wipe Out Any City, Strauss Reports after Tests," *New York Times*, April 1, 1954, 1.

67 Parsons and Zaballa, *Bombing the Marshall Islands*, 71–72.

68 Wellerstein, "Declassifying the Ivy Mike Film (1953)"; "Operation Castle, 1954," film produced by Joint Task Force 7, https://www.youtube.com/watch?v=kfbHwj71k48.

69 Clarkson, *History of Operation Castle*, 132, 135–37.

70 Clarkson, *History of Operation Castle*, 140; "Operation Castle, 1954—Pacific Proving Ground," The Nuclear Weapon Archive, http://nuclearweaponarchive.org/Usa/Tests/Castle.html.

71 "Operation Castle, 1954—Pacific Proving Ground"; Timothy J. Jorgensen, *Strange Glow: The Story of Radiation* (Princeton, NJ, 2016), 170–73; Rhodes, , 541–43.

72 Clarkson, *History of Operation Castle*, 130, 190–91.

73 Smith-Norris, *Domination and Resistance*, 80–82.

74 Clarkson, *History of Operation Castle*, 143; Smith-Norris, *Domination and Resistance*, 82–83.

75 Clark son, *History of Operation Castle*, 143; Kunkle and Ristvet, *Castle Bravo*, 112.

76 Smith-Norris, *Domination and Resistance*, 83.

77 Clarkson, *History of Operation Castle*, 131–32; Smith-Norris, *Domination and Resistance*, 86–90; Kunkle and Ristvet, *Castle Bravo*, 119–20; A Permanent Exhibit, "The Republic of the Marshall Islands and the United States: A Strategic Partnership: The History of the RMI's Bilateral Relationship with the United States," https://web.archive.org/web/20160424042410/http://www.rmiembassyus.org/Nuclear%20Issues.htm.

78 Firth, *Nuclear Playground*, 18; Calin Georgescu, "Report of the Special Rapporteur on the Implications for Human Rights of the Environmentally Sound Management and Disposal of Hazardous Substances and Wastes," Mission to the Marshall Islands (March 27–30, 2012) and the United States of America (April 24–27, 2012), 5, https://www.ohchr.org/Documents/HRBodies/HRCouncil/RegularSession/Session21/A-HRC-21-48-Add1_en.pdf; "Zhertvy amerikanskikh ispytanii atomnogo i vodorodnogo oruzhiia," *Pravda*, July 8, 1954, 3.

79 "Atomnoe oruzhie dolzhno byt' zapreshcheno," *Pravda*, February 8, 1955.

80 Milton S. Katz, *Ban the Bomb: A History of SANE, the Committee for a Sane Nuclear Policy, 1957–1985* (New York, 1986), 14–

15; Ralph E. Lapp, "Civil Defense Faces New Peril," *Bulletin of* the *Atomic Scientists* 9 (November 1954): 349–51; Ralph Lapp, "Radioactive Fallout," *Bulletin of the Atomic Scientists* 1 (February 1955): 45–51.

81 "The Russell-Einstein Manifesto, London, 9 July 1955," *Student Pugwash, Michigan*, http://umich.edu/~pugwash/Manifesto.html.

82 Smith-Norris, *Domination and Resistance*, 50–613; Fradkin, *Fallout*, 91; Firth, *Nuclear Playground*, 42; Louis Henry Hempelman, Clarence C. Lushbaugh, and George L. Voelz, "What Has Happened to the Survivors of the Early Los Alamos Nuclear Accidents?" Conference for Radiation Accident Preparedness, Oak Ridge, TN, October 19, 1979 (Los Alamos Scientific Laboratory, October 2, 1979), https://www.orau.org/ptp/pdf/accidentsurvivorslanl.pdf; https://web.archive.org/web/20130218012525/http://www.dtra.mil/documents/ntpr/factsheets/Upshot_Knothole.pdf.

83 Schreiber, "Lucky Dragon's Lethal Catch"; Kunkle and Ristvet, *Castle Bravo*, 129.

84 Smith-Norris, *Domination and Resistance*, 75–77, 86–92.

85 James N. Yamazaki with Louise B. Fleming, *Children of the Atomic Bomb: An American Physician's Memoir of Nagasaki, Hiroshima and the Marshall Islands* (Durham, NC, 1995), 109–12; Firth, *Nuclear Playground*, 41; Kate Brown, *Manual for Survival: A Chernobyl Guide to the Future* (New York, 2019), 244–45.

86 Robert A. Conard, "Fallout: The Experiences of a Medical Team in the Care of Marshallese Population Accidentally Exposed to Fallout Radiation," iii, https://inis.iaea.org/collection/NCLCollectionStore/_Public/23/053/23053209.pdf?r=1&r=1; Steven L. Simon, André Bouville, and Charles E. Land, "Fallout from Nuclear Weapons Tests and Cancer Risks: Exposures 50 Years Ago Still Have Health Implications Today That Will Continue into the Future," *American Scientist* 94, no. 1 (January 2006): 48–57; Parsons and Zaballa, *Bombing the Marshall Islands*, 79–82.

87 Fi rth, *Nuclear Playground*, 19–20; Smith-Norris, *Domination and Resistance*, 61–74.

88 Firth, *Nuclear Playground*, 46–48, 67–69; Smith-Norris, *Domination and Resistance*, 92–95; A Permanent Exhibit, "The Republic of the Marshall Islands and the United States: A Strategic Partnership."

第11章

1 Gerard J. DeGroot, *The Bomb: A Life* (Cambridge, MA, 2005), 167–68, 193–94; Alex Wellerstein, "A Hydrogen Bomb by Any

Other Name," *New Yorker*, January 8, 2016; "Soviet Hydrogen Bomb Program," Atomic Heritage Foundation, https://www.atomicheritage.org/history/soviet-hydrogen-bomb-program.

2 "Resumption of Nuclear Tests by Soviet Union," *Department of State Bulletin* 35, pt. 1 (September 10, 1956): 422–28, here Appendix, 425–27.

3 Iu. V. Gaponov, "Igor' Vasil'evich Kurchatov: The Scientist and Doer (January 12, 1903–February 7, 1960)," *Physics of Atomic Nuclei* 66, no. 1 (2003): 3–7.

4 DeGroot, *The Bomb*, 125–30; Vladimir Gobarev, *Sekretnyi atom* (Moscow, 2006), 75; "Institut Kurchatova poluchil dokumenty iz arkhiva SVR po atomnomu proektu SSSR," *RIA Novosti*, July 17, 2019, https://ria.ru/20190917/1558762897.html.

5 E. O. Adamov, V. K. Ulasevich, and A. D. Zhirnov, "Patriarkh reaktorostroeniia," *Vestnik rossiiskoi akademii nauk* 69, no. 10 (1999): 914–28, here 916–17.

6 "Kyshtym," Moi gorod, Narodnaia ėntsiklopediia gorodov i regionov Rosiii, http://www.mojgorod.ru/cheljab_obl/kyshtym/index.html; "Gorod s osoboi sud'boi," Ozerskii gorodskoi okrug, http://www.ozerskadm.ru/city/history/index.php.

7 Kate Brown, *Pl utopia: Nuclear Families, Atomic Cities, and the Great Soviet and American Plutonium Disasters* (New York, 2013), 87–123; David Holloway, *Stalin and the Bomb: The Soviet Union and Atomic Energy, 1939–1956* (New Haven, CT, 1996), 184–89.

8 "Dokladnaia zapiska I. V. Kurchatova, B. G. Muzurukova, E. P. Slavskogo na imia L. P. Berii ob osushchestvlenii reaktsii v pervom promyshlennom reaktore kombinata no. 817 pri nalichii vody v tekhologicheskikh kanalakh," June 11, 1948; *Atomnyi proekt SSSR. Dokumenty i materialy*, ed. L. D. Riabev, vol. 2, *Atomnaia bomba, 1945–1954*, bk. 1 (Moscow, 1999), 635–36; Mikhail Grabovskii, *Plutonieva zona* (Moscow, 2002), 20.

9 V. I. Shevchenko, "Kak prostoi rabochii," in *Tvortsy atomnogo veka: Slavskii E. P.* (Moscow, 2013), 84–86; B. V. Brokhovich, *Slavskii E. P. Vospominaniia sosluzhivtsa* (Ozersk/Cheliabinsk 65, 1995), 18; Zhores Medvedev and Roi Medvedev, *Izbrannye proizvedeniia* (Moscow, 2005), 336.

10 *Kurchatovskii Institut: Istoriia iadernogo proekta* (Moscow, 1998), 65; E. P. Slavskii, "Nashei moshchi, nashei sily boiatsia," *Nezavisimaia gazeta*, April 4, 1998, 16.

11 Gennady Gorelik, "The Riddle of the Third Idea: How Did the Soviets Build a Thermonuclear Bomb So Suspiciously Fast?" *Scientific American*, August 21, 2011; *Department of State Bulletin* 35, pt. 1 (September 10, 1956): 428; A. V. Artizov, "Poslednee interv'iu E. P. Slavskogo," in *Tvortsy atomnogo veka: Slavskii E. P.* (Moscow, 2013), 381–82.

12 Richard Lourie, *Sakharov: A Biography* (Lexington, MA, 2018).

13 Andrei Sakharov, *Memoirs* (New York, 1990), 98–100, 190–92.

14 Brown, *Plutopia*, 115–23, 214; *Sources and Effects of Ionizing Radiation*, 2008 Report to the General Assembly, United Nations Scientific Committee on the Effects of Atomic Radiation, 2011, Annex C: Radiation exposures in accidents, 3, https://web.archive.org/web/20130531015743/http:/www.unscear.org/docs/reports/2008/11-80076_Report_2008_Annex_C.pdf.

15 Brown, *Plutopia*, 189–96; Vladislav Larin, *Kombinat "Maiak," problema na veka* (Moscow, 2001), 34–42; Vitalii Tolstikov and Irina Bochkareva, "Likvidatsiia posledstvii radiatsionnykh avarii na Urale po vospominaniiam ikh uchastnikov," *Vestnik Tomskogo gosudarstvennogo universiteta* 405 (2016): 137–41, here 137; V. I. Utkin et al., *Radioaktivnye bedy Urala* (Ekaterinburg, 2000), 66–71.

16 Larin, *Kombinat "Maiak,"* 42–44; Thomas B. Cochran, Robert Standish Norris, and Kristen L. Suokko, "Radioactive Contamination at Chelyabinsk-65, Russia," *Annual Review of Energy and the Environment* 18, 1 (November 2003): 507–28, here, 511–15.

17 James Mahaffey, *Atomic Accidents: A History of Nuclear Meltdowns and Disasters from the Ozark Mountains to Fukushima* (New York, 2014), 282–83; Larin, *Kombinat "Maiak,"* 42–44.

18 Valerii Ivanovich Komarov in *Sled 57-go goda: Sbornik vospominanii likvidatorov avarii 1957 goda na PO "Maiak"* (Ozersk, 2007), 30–37.

19 Valentina Dmitrievna Malaia (Cherevkova) in *Sled 57-go goda*, 42–43; Mariia Vasil'evna Zhonkina in *Sled 57-go goda*, 56.

20 Igor Fedorovich Serov in *Sled 57-go goda*, 44–47; Semen Fedorovich Osotin and Lidiia Pavlovna Sokhina in *Sled 57-go goda*, 13–14; M. Filippova, "Ozerskoi divizii–55, [v/ch 3273]," *Pro Maiak*, August 25, 2006, 3, http://www.lib.csu.ru/vch/1/1999_01/009.pdf; http://libozersk.ru/pbd/ozerskproekt/politics/filippova.html; Vitalii Tolstikov and Viktor Kuznetsov, *Iadernoe nasledie na Urale: Istoricheskie otsenki i dokumenty* (Ekaterinburg, 2017), 132.

21 Pẹtr Ivanovich Triakin in *Sled 57-go goda*, 20–21.

22 Valery Kazansky, "Maiak Nuclear Accident Remembered," *Moscow News*, September 19, 2007, 12.

23 Tolstikov and Kuznetsov, *Iadernoe nasledie na Urale*, 132; Osotin and Sokhina in *Sled 57-go goda*, 13–14.

24 Kazansky, "Maiak Nuclear Accident Remembered."

25 Vladimir Alekseevich Matiushkin in *Sled 57-go goda*, 144–45; Nikolai Nikolaevich Kostesha in *Sled 57-go goda*, 57–60.

26 Tolstikov and Kuznetsov, *Iadernoe nasledie na Urale*, 133.

27 Tolstikov and Kuznetsov, *Iadernoe nasledie na Urale*, 134.

28 Vitalii Tolstikov and Viktor Kuznetsov, "Iadernaia katastrofa 1957 goda na Urale," *Magistra Vitae: ėlektronnyi zhurnal po istoricheskim naukam i arkheologii* 1, no. 9 (1999): 84–95, here 86, https://cyberleninka.ru/article/n/yadernaya-katastrofa-1957-goda-na-urale; Nikolai Stepanovich Burdakov in *Sled 57-go goda*, 74–75.

29 Valentina Dmitrieva Malaia (Cherevkova), 43; Dim Iliasov in *Sled 57-go goda*, 64–65.

30 Il'ia Mitrofanovich Moshin, 70; Gurii Vasil'evich Baimon in *Sled 57-go goda*, 192.

31 Anatolii Vasil'evich Dubrovskii in *Sled 57-go goda*, 195–200.

32 Komarov in *Sled 57-go goda*, 36; "Semenov Nikolai Anatolievich," *Geroi atomnogo proekta* (Sarov, 2005), 334–35.

33 Brokhovich, *Slavskii*, 27; "N. S. Khrushchev. Khronologiia 1953–1964. Sostavlena po ofitsial'nym publikatsiiam. 1957 god," in Nikita Khrushchev, *Vospominaniia: vremia, liudi, vlast'* (Moscow, 2016), vol. 2.

34 Anatolii D'iachenko, *Opalennye pri sozdanii iadernogo shchita Rodiny* (Moscow, 2009), 227.

35 Sakharov, *Memoirs*, 213.

36 Brokhovich, *Slavskii*, 20–21; P. A. Zhuravlev, "Moi Atomnyi vek," in *Tvortsy atomnogo veka, Slavskii*, 91.

37 Burdakov in *Sled 57-go goda*, 78.

38 "Mekhaniki na likvidatsii avarii," 38; Burdakov in *Sled 57-go goda*, 77.

39 Petr Ivanovich Triakin in *Sled 57-go goda*, 20; Tolstikov and Kuznetsov, *Iadernoe nasledie na Urale*, 148.

40 Tolstikov an d Kuznetsov, *Iadernoe nasledie na Urale*, 52; Tolstikov and Bochkareva, "Likvidatsiia posledstvii radiatsionnykh avarii na Urale," 139–40.

41 Evgenii Ivanovich Andreev in *Sled 57-go goda*, 87–88.

42 Iurii Aleksandrovich Burnevskii in *Sled 57-go goda*, 180.

43 Dim Fatkulbaianovich Il'iasov, 65; Burnevskii in *Sled 57-go goda*, 180; Tolstikov and Kuznetsov, *Iadernoe nasledie na Urale*, 148.

44 "Mekhaniki na likvidatsii avarii," 39; Vasilii Ivanovich Moiseev in *Sled 57-go goda*, 68.

45 Sokhina in *S led 57-go goda*, 12–13.

46 Tolstikov and Kuznetsov, *Iadernoe nasledie na Urale*, 148; Brown, *Plutopia*, 234; "Shtefan Petr Tikhonovich," *Geroi strany*, http://www.warheroes.ru/hero/hero.asp?Hero_id=13972.

47 Mikhail Gladyshev, *Plutonii dlia atomnoi bomby*, 43; Mariia Vasil'evna Zhonkina in *Sled 57-go goda*, 56.

48 Tolstikov and Kuznetsov, *Iadernoe nasledie na Urale*, 167, 171, 193; Nikolai Nikolaevich Kostesha in *Sled 57-go goda*, 59; Mikhail Kel'manovich Sandratskii, in *Sled 57-go goda*, 93.

49 Vasilii Ivanovich Shevchenko in *Sled 57-go goda*, 29.

50 Boris Mitrofanovich Semov in *Sled 57-go goda*, 107–8.

51 Tolstikov and Kuznetsov, *Iadernoe nasledie na Urale*, 154–59; Tolstikov and Bochkareva, "Likvidatsiia posledstvii radiatsionnykh avarii na Urale," 137.

52 Tolstikov and Kuznetsov, *Iadernoe nasledie na Urale*, 194.

53 R. R. Aspand'iarova, "Avtomobilisty—likvidatory," in *Sled 57-go goda*, 51–52; Iurii Andreevich Shestakov in *Sled 57-go goda*, 98; Matiushkin in *Sled 57-go goda*, 145.

54 Sokhhina in *Sled 57-go goda*, 16; Konstantin Ivanovich Tikhonov in *Sled 57-go goda*, 103; Barmin in *Sled 57-go goda*, 193; Brown, *Plutopia*, 236; Tolstikov and Kuznetsov, *Iadernoe nasledie na Urale*, 194.

55 Brown, *Plutopia*, 235–36.

56 Brown, *Plutopia*, 236–37; Tolstikov and Kuznetsov, *Iadernoe nasledie na Urale*, 195.

57 "Kyshtymskaia avariia. Ural'skii Chernobyl'," *Nash Ural*, May 30, 2019.

58 Barmin in *Sled 57-go goda*, 192.

59 Tolstikov and Kuznetsov, *Iadernoe nasledie na Urale*, 196–97.

60 Tolstikov an d Kuznetsov, *Iadernoe nasledie na Urale*, 218.

61 Brown, *Plutopia*, 240; Tolstikov and Kuznetsov, *Iadernoe nasledie na Urale*, 45, 149–51, 220.

62 Brokhovich, *Slavskii*, 28.

63 Tolstikov and Kuznetsov, *Iadernoe nasledie na Urale*, 220, 224–25.

64 Gennadiii Vasil'evich Sidorov in *Sled 57-go goda*, 122–24; Tolstikov and Kuznetsov, *Iadernoe nasledie na Urale*, 176, 271.

65 Sidorov in *Sled 57-go goda*, 125–26; Leonid Ivanovich Zaletov in *Sled 57-go goda*, 127–28; Tolstikov and Kuznetsov, *Iadernoe nasledie na Urale*, 173.

66 Tolstikov and Kuznetsov, *Iadernoe nasledie na Urale*, 216, 222–25; Zaletov in *Sled 57-go goda*, 127.

67 Brown, *Plutopia*, 241–46; Utkin et al., *Radioaktivnye bedy Urala*, 68; Regina Khissamova and Sergei Poteriaev, "Zhizn' v radioaktivnoi zone. 60 let posle Kyshtymskoi katastrofy," *Nastoiashchee vremia*, https://www.currenttime.tv/a/28769685.html.

68 Tolstikov and Kuznetsov, *Iadernoe nasledie na Urale*, 213, 214.

69 Tolstikov and Kuznetsov, *Iadernoe nasledie na Urale*, 274–81.

70 Sokhina in *Sled 57-go goda*, 18; Tolstikov an d Kuznetsov, *Iadernoe nasledie na Urale*, 135–37.

71 "Akt komissii po rassledovaniiu prichin vzryva v khranilishche radioaktivnykh otkhodov kombinata 817," in Tolstikov and Kuznetsov, *Iadernoe nasledie na Urale*, 138–46; Sokhina in *Sled 57-go goda*, 17–18.

72 "Prikaz dire ktora gosudarstvennogo ordena Lenina khimicheskogo zavoda imeni Mendeleeva," November 15, 1957, in Tolstikov and Kuznetsov, *Iadernoe nasledie na Urale*, 138; Nikolai Alekseevich Sekretov in *Sled 57-go goda*, 185; "Dem'ianovich Mikhail Antonovich," *Ėntsiklopadiia Cheliabinskoi oblasti*, http://chel-portal.ru/?site=encyclopedia&t=Demyanovich&id=2632.

73 Komarov in *Sled 57-go goda*, 37.

74 Brown, *Plutopia*, 244; Tolstikov and Kuznetsov, *Iadernoe nasledie na Urale*, 285.

75 Utkin et al., *Ra dioaktivnye bedy Urala*, 66–71; *Cheliabinskaia oblast: Likvidatsiia posledstvii radiatsionnykh avarii*, ed. A. V. Akleev (Cheliabinsk, 2006), 49–51; Tolstikov and Kuznetsov, *Iadernoe nasledie na Urale*, 231; Brown, *Plutopia*, 239–46; Khissamova and Poteriaev, "Zhizn' v radioaktivnoi zone."

76 Tolstikov and Kuznetsov, *Iadernoe nasledie na Urale*, 201–2.

77 Tolstikov and Kuznetsov, *Iadernoe nasledie na Urale*, 285–98; “Kyshtymskaia avariia. Ural’skii Chernobyl’,” *Nash Ural*, May 30, 2019; Pavel Raspopov, “Vostochno-ural’skii radiatsionnyi zapovednik,” *Uraloved*, April 22, 2011.

78 Daria Litvinova, “Human rights activist forced to flee Russia following TV ‘witch-hunt’,” *The Guardian*, October 20, 2015; Izol’da Drobina, “Iadovitoe oblako prishlo s Maiaka,” *Novaia gazeta*, September 29, 2020.

79 Cochran, Norris, and Suokko, “Radioactive Contamination at Chelyabinsk-65, Russia,” 522.

第三章

1 Letter from Prime Minister Macmillan to President Eisenhower, London, October 10, 1957, *Foreign Relations of the United States* (*FRUS*), 1955–1957, Western Europe and Canada, vol. 27, no. 304.

2 Paul Dickson, *Sputnik: The Shock of the Century* (New York, 2001), 108–90.

3 Paul H. Septimus, *Nuclea r Rivals: Anglo-American Atomic Relations, 1941–1952* (Columbus, OH, 2000), 9–93.

4 Septimus, *Nuclear Rivals*, 72–198; John Baylis, *Ambiguity and Deterrence: British Nuclear Strategy 1945–1964* (New York, 1995), 67–240; Margaret Gowing, assisted by Lorna Arnold, *Independence and Deterrence: Britain and Atomic Energy, 1945–1952*, vol. 1, *Policy Making* (London, 1974).

5 Letter from Prime Minister Macmillan to President Eisenhower, London, October 10, 1957; Nigel J. Ashton, “Harold Macmillan and the ‘Golden Days’ of Anglo-American Relations Revisited, 1957–63,” *Diplomatic History* 29, no. 4 (September 2005): 691–723, here 699–702.

6 Gowing and Arnold, *Independence and Deterrence*, 1: 87–159, 168.

7 Gowing and Arnold, *Independence and Deterrence*, 1: 16–193.

8 “Cabinet. Atomic Energy. Note of a Meeting of Ministers held at No. 10 Downing Street, S.W.1., on Friday, 26th October, 1946, at 2.15 p.m.,” in Peter Hennessy, *Cabinets and the Bomb* (London, 2007), 45–46; John Baylis and Kristan Stoddart, *The British Nuclear Experience: The Roles of Beliefs, Culture and Identity* (Oxford, 2015), 32.

9 Septimus, *Nuclear Rivals*, 55–71.

10 Margaret Gowing, “Lord Hinton of Bankside, O. M., F. Eng. 12 May 1901–22 June 1983,” *Biographical Memoirs of Fellows of the*

Royal Society 36 (December 1990): 218–39.

11 Lorna Arnold, *Windscale 1957: Anatomy of a Nuclear Accident*, 3d ed. (New York, 2007), 8–11.

12 John Harris inte rviewed in "Windscale: Britain's Biggest Nuclear Disaster," 2007 BBC Documentary, https://www.youtube.com/watch?v=d5cDiqVHW7Y; G. A. Polukhin, *Atomnyi pervenets Rossii: PO "Maiak," Istoricheskie ocherki* (Ozersk, 1998), 1: 83–137; Kate Brown, *Plutopia: Nuclear Families, Atomic Cities, and the Great Soviet and American Plutonium Disasters* (New York, 2013), 121–22.

13 Jean McSorley, *Living in the Shadow: The Story of the People of Sellafield* (London, 1990), 13, 23.

14 "Windscale: Britain's Biggest Nuclear Disaster."

15 Richard Rhodes, *The Making of the Atomic Bomb* (New York, 1988), 497–500, 547–48, 557–60.

16 Gowing and Arnold, *Independence and Deterrence*, 1: 190–93; Arnold, *Windscale 1957*, 9–11.

17 James Mahaffey, *Atomic Accidents . A History of Nuclear Meltdowns and Disasters: From the Ozark Mountains to Fukushima* (New York, 2014), 160–63; Arnold, *Windscale 1957*, 15–16.

18 Rhodes, *The Making of the Atomic Bomb*, 439–42; Mahaffey, *Atomic Accidents*, 164–65, 169; Arnold, *Windscale 1957*, 12–13.

19 Arnold, *Windscale, 1957*, 13–15; Mahaffey, *Atomic Accidents*, 165–66.

20 Arnold, *Windscale, 1957*, 17–18.

21 Gowing and Arnold, *Independence and Deterrence*, 1: 449–50; Septimus, *Nuclear Rivals*, 188–98; Lorna Arnold and Mark Smith, *Britain, Australia and the Bomb: The Nuclear Tests and Their Aftermath* (New York, 2006), 29–48.

22 "Queen Visits Calder Hall" (1956) Newsreel, https://www.youtube.com/watch?v=ey9envpF_TE; Gowing, "Lord Hinton of Bankside, O. M., F. Eng. 12 May 1901–22 June 1983," 230–32.

23 Gowing and Arnold, *Independence and Deterrence*, 1: 193, 446; Arnold, *Windscale 1957*, 41.

24 Arnold, *Windscale 1957*, 7–18, 32, 34–35; Mahaffey, *Atomic Accidents*, 167–68.

25 Arnold, *Windscale 1957*, 35.

26 Arnold, *Windscale 1957*, 36–37.

27 Arnold, *Windscale 1957*, 15, 30–31.

28 William Penney et al., "Report on the Accident at Windscale No. 1 Pile on 10 October 1957," *Journal of Radiological Protection* 37, no. 3 (2017): 780–96, here 780; Arnold, *Windscale 1957*, 33–34, 42; Mahaffey, *Atomic Accidents*, 172.

29 Arnold, *Windscale 1957*, 44–46.

30 Kara Rogers, "1957 Flu Pandemic," *Encyclopedia Britannica*, https://www.britannica.com/event/Asian-flu-of-1957.

31 Penney, "Report on the Accident," 783; Mahaffey, *Atomic Accidents*, 173.

32 Penney, "Report on the Accident," 784; Arnold, *Windscale 1957*, 47–48; Mahaffey, *Atomic Accidents*, 173–75; Roy Herbert, "The Day the Reactor Caught Fire," *New Scientist* (October 14, 1982): 84–86, here 85.

33 Wilson in McSorley, *Living in the Shadow*, 1–2.

34 Arnold, *Windscale 1957*, 49; Mahaffey, *Atomic Accidents*, 175–76; Wilson in McSorley, *Living in the Shadow*, 2.

35 Arnold, *Windscale 1957*, 49; Mahaffey, *Atomic Accidents*,175–76; Wilson in McSorley, *Living in the Shadow*, 1.

36 Tom Tuohy in McSorley, *Living in the Shadow*, 4, 12; David Fishlock, "Thomas Tuohy: Windscale Manager Who Doused the Flames of the 1957 Fire," *Independent*, March 26, 2008.

37 Arnold, *Windscale 1957*, 15, 17; Tuohy in McSorley, *Living in the Shadow*, 4; Fishlock, "Thomas Tuohy"; Tuohy in "Windscale: Britain's Biggest Nuclear Disaster."

38 Penney, "Report on the Accident," 788; Tuohy in McSorley, *Living in the Shadow*, 5, 10; Tuohy interviewed in "The Man Who Saved Cumbria," two-part documentary, ITV production, pt. 1 (2007).

39 Tuohy in McSorley, *Living in the Shadow*, 5.

40 Tuohy in McSorley, *Living in the Shadow*, 6; Arnold, *Windscale 1957*, 50.

41 Tuohy in McSorley, *Living in the Shadow*, 6.

42 Penney, "Report on the Accident," 788; Tuohy in McSorley, *Living in the Shadow*, 7.

43 Neville Ramsden in "The Man Who Saved Cumbria," pt. 1 (2007).

44 Arnold, *Windscale 1957*, 50; Tuohy in "The Man Who Saved Cumbria," pt. 2 (2007).

45 Tuohy in McSorley, *Living in the Shadow*, 7; Arnold, *Windscale 1957*, 51.

46 Tuohy in McSorley, *Living in the Shadow*, 7; Penney, "Report on the Accident," 788; Arnold, *Windscale 1957*, 50–51.

47 Jack Coyle in McSorley, *Living in the Shadow*, 11.

48 Tuohy in McSorley, *Living in the Shadow*, 8–9; Arnold, *Windscale 1957*, 51.

49 Tuohy in McSorley, *Living in the Shadow*, 9; Alan Daugherty in "The Man Who Saved Cumbria," pt. 2 (2007); Arnold, *Windscale 1957*, 50.

50 Tuohy in McSorley, *Living in the Shadow*, 9; Arnold, *Windscale 1957*, 52.

51 Arnold, *Windscale 1957*, 58–59.

52 Arnold, *Windscale 1957*, 50; Emergency Site Procedure at Windscale, Appendix VII, *Windscale 1957*, 176–77; Hartley Howe, "Accident at Windscale: The World's First Atomic Alarm," *Popular Science* (October 1958): 92–95.

53 Penney, "Report on the Accident," 790; Arnold, *Windscale 1957*, 53–54.

54 Arnold, *Windscale 1957*, 50; McSorley, *Living in the Shadow*, 13–14.

55 Arnold, *Windscale 1957*, 43.

56 Arnold, *Windscale 1957*, 49; "Persians Cannot Run Refinery," *Canberra Times*, October 6, 1951; Stephen Kinzer, *All the Shah's Men: An American Coup and the Roots of Middle East Terror* (New York, 2008), 62–82.

57 Herbert, "The Day the Reactor Caught Fire," 86; "Uranium Rods Overheated in Pile," *Whitehaven News*, October 11, 1957; "Windscale: Britain's Biggest Nuclear Disaster."

58 "No Public Danger Announcement," *West Cumberland News*, October 12, 1957.

59 McSorley, *Living in the Shadow*, 12; "Windscale: Britain's Biggest Nuclear Disaster"; Howe, "Accident at Windscale," 93–94.

60 Herbert, "The Day the Reactor Caught Fire," 84.

61 Arnold, *Windscale 1957*, 43–44.

62 Herbert, "The Day the Reactor Caught Fire," 86; "The Man Who Saved Cumbria," pt. 2 (2007); Arnold, *Windscale 1957*, 69.

63 Arnold, *Windscale 1957*, 53; Herbert, "The Day the Reactor Caught Fire," 86.

64 McSorley, *Living in the Shadow*, 12; Arnold, *Windscale 1957*, 70.

65 Penney, "Report on the Accident," 791; Arnold, *Windscale 1957*, 55–58; Howe, "Accident at Windscale," 94–95.

66 McSorley, *Living in the Shadow*, 13; Herbert, "The Day the Reactor Caught Fire," 87; Penney, "Report on the Accident," 792.

67 Arnold, *Windscale 1957*, 60.

68 Arnold, *Windscale 1957*, 63–66; Lord Sherfield, "William George Penney, O. M., K. B. E. Baron Penney of East Hendred, 24 June 1909–3 March 1991," *Biographical Memoirs of Fellows of the Royal Society* 39 (1994): 282–302.

69 Arnold, *Windscale 1957*, 67, 77.

70 "Windscale: Britain's Biggest Nuclear Disaster."

71 Arnold, *Windscale 1957*, 173; "Windscale: Britain's Biggest Nuclear Disaster"; Penney, "Report on the Accident," 787.

72 Penney, "Report on the Accident," 785, 792–93; Arnold, *Windscale 1957*, 84–85: "Prime Minister's to Washington," *Commons and Lords Hansard, the Official Report of Debates in Parliament*, HL Debates, October 29, 1957, vol. 205, cc 545–46.

73 Arnold, *Windscale 1957*, 62, 82–83; "Windscale: Britain's Biggest Nuclear Disaster."

74 Arnold, *Windscale 1957*, 80–81; Steve Lohr, "Britain Suppressed Details of '57 Atomic Disaster," *New York Times*, January 2, 1988; Baylis and Stoddart, *The British Nuclear Experience*, 82.

75 "Windscale Atomic Plant Accident," *Commons and Lords Hansard, the Official Report of Debates in Parliament*, HL Debates November 21, 1957, vol. 206, cc 448–57.

76 "Windscale: Britain's Biggest Nuclear Disaster."

77 Wilfrid E. Oulton, *Christmas Island Cracker: An Account of the Planning and Execution of the British Thermonuclear Bomb Tests, 1957* (London, 1987).

78 Baylis and Stoddart, *The British Nuclear Experience*, 83; "Windscale: Britain's Biggest Nuclear Disaster."

79 A. C. Chamberlain, "Environmental impact of particles emitted from Windscale piles, 1954–1957," *Science of the Total Environment* 63 (May 1987): 139–60; M. J. Crick and G. S. Linsley, "An assessment of the radiological impact of the Windscale reactor fire October 1957," *International Journal of Radiation Biology and Related Studies* 46 (November 1984): 479–506. For a comparison of Windscale radiation release with the Three Mile Island, Chernobyl, and Fukushima fallouts, see Daniel Kunkel and Mark G. Lawrence, "Global risk of radioactive fallout after major nuclear reactor accidents," *Atmospheric Chemistry and Physics*, 12(9) (May 20212): 4245–4258, here 4247.

80 Chamberlain, "Environmental impact of particles emitted from Windscale piles, 1954–1957"; A. Preston, J. W. R. Dutton, and B.

R. Harvey, "Detection, Estimation and Radiological Significance of Silver-110m in Oysters in the Irish Sea and the Blackwater Estuary," *Nature* 218 (1968): 689–90.

81 "The Man Who Saved Cumbria," pt. 2 (2007).

82 Penney, "Report on the Accident," 789–90.

83 McSorley, *Living in the Shadow*, 3.

84 McSorley, *Living in the Shadow*, 9–10; Fishlock, "Thomas Tuohy"; "Windscale: Britain's Biggest Nuclear Disaster"; Penney, "Report on the Accident," 792.

85 McSorley, *Living in the Shadow*, 14–15; D. McGeoghegan, S. Whaley, K. Binks, M. Gillies, K. Thompson, D. M. McElvenny, "Mortality and cancer registration experience of the Sellafield workers known to have been involved in the 1957 Windscale accident: 50 year follow-up," *Journal of Radiological Protection* 30, no. 3 (2010): 407–31.

86 "The incidence of childhood cancer around nuclear installations in Great Britain," 10th Report, Committee on Medical Aspects of Radiation in the Environment (2005), https://assets.publishing.service.gov.uk/government/uploads/system/uploads/attachment_data/file/304596/COMARE10thReport.pdf.

87 Arnold, *Windscale 1957*, 159–60, 163; Robin McKie, "Sellafield: the most hazardous place in Europe," *The Guardian*, April 18, 2009.

88 "Demolition starts on Windscale chimney," Sellafield Ltd, and Nuclear Decommissioning Authority, February 28, 2019, https://www.gov.uk/government/news/demolition-starts-on-windscale-chimney; Paul Brown, "Windscale's terrible legacy," *The Guardian*, August 25, 1999.

89 McSorley, *Living in the Shadow*, 14–15; "UK decommissioning agency lays out plans to 2019," *World Nuclear News*, January 6, 2016, https://www.world-nuclear-news.org/C-UK-decommissioning-agency-lays-out-plans-to-2019-06011501.html; Sue Reid, "Britain's nuclear inferno: How our own Government covered up Windscale reactor blaze that's caused dozens of deaths and hundreds of cancer cases," *The Mail on Sunday*, March 19, 2011.

第四章

1 William G. Weart, “Eisenhower Hails Atoms for Peace. He Dedicates Shippingport Unit, First for Commercial Use, by Remote Control,” *New York Times*, May 27, 1958, 16.

2 “British Claim First,” *New York Times*, May 27, 1958, 16; V. Emelianov, “Atomnuiu energiiu na sluzhbu miru i progressu,” *Pravda*, August 31, 1956, 3.

3 Paul R. Josephson, *Red Atom: Russia’s Nuclear Power Program from Stalin to Today* (Pittsburgh, PA, 2005), 54–55; Sonja D. Schmid, *Producing Power: The Pre-Chernobyl History of the Soviet Nuclear Industry* (Cambridge, MA, 2015), 46, 102; “UK Marks 60th Anniversary of Calder Hall,” *World Nuclear News*, October 18, 2016, https://world-nuclear-news.org/Articles/UK-marks-60th-anniversary-of-Calder-Hall.

4 *Historic Achievement Recognized: Shippingport Atomic Power Station, A National Engineering Historical Landmark* (Pittsburgh, PA, 1980); “Atoms for Peace,” *New York Times*, May 27, 1958, 30; Address by Mr. Dwight D. Eisenhower, President of the United States of America, to the 470th Plenary Meeting of the United Nations General Assembly, Tuesday, December 8, 1953, International Atomic Energy Agency, https://www.iaea.org/about/history/atoms-for-peace-speech; Ira Chernus, *Eisenhower’s Atoms for Peace* (College Station, TX, 2002), xi–xix, 79–118.

5 Hon. Chet Holifield, “Extension of Remarks, Dedication of Atomic Nuclear Power Plant,” *Congressional Record*, Appendix, May 29, 1958, A4977.

6 “The Price-Anderson Act,” Center for Nuclear Science and Technology Information, https://cdn.ans.org/policy/statements/docs/ps54-bi.pdf; David M. Rocchio, “The Price-Anderson Act: Allocation of the Extraordinary Risk of Nuclear Generated Electricity: A Model Punitive Damage Provision,” *Boston College Environmental Affairs Law Review* 14, no. 3 (1987): 521–60; “Atoms for Peace,” *New York Times*, May 27, 1958, 30.

7 Norman Polmar and Thomas B. Allen, *Rickover: Father of the Nuclear Navy* (Washington, DC, 2007); Theodore Rockwell, *The Rickover Effect: How One Man Made A Difference* (Bloomington, IN, 2002), 115–98.

8 Harold Denton in “Meltdown at Three Mile Island,” American Experience Documentary, PBS, 1999, https://www.youtube.com/watch?v=D8W5hq5dsZ4&t=1009s; cf. Enhanced Transcript, http://www.shoppbs.pbs.org/wgbh/amex/three/filmmore/transcript/

transcript1.html.

9 *The History of Nuclear Energy*, Department of Energy (Washington, DC, n.d.), 14–17; "Nuclear Power in the USA," World Nuclear Association, https://www.world-nuclear.org/information-library/country-profiles/countries-t-z/usa-nuclear-power.aspx; J. Samuel Walker, *Three Mile Island: A Nuclear Crisis in Historical Perspective* (Berkeley, 2004), 3–7.

10 Luke Phillips, "Nixon's Nuclear Energy Vision," October 20, 2016, *Richard Nixon Foundation*, https://www.nixonfoundation.org/2016/10/26948/; Denton in "Meltdown at Three Mile Island," https://www.youtube.com/watch?v=D8W5hq5dsZ4&t=1009s.

11 Walker, *Three Mile Island*, 7–9; Steven L. Del Sesto, "The Rise and Fall of Nuclear Power in the United States and the Limits of Regulation," *Technology in Society* 4, no. 4 (1982): 295–314; James Mahaffey, *Atomic Awakening: A New Look at the History and Future of Nuclear Power* (New York, 2010), notes 222, 223; "Nuclear Energy in France," France Embassy in Washington, DC, https://franceintheus.org/spip.php?article637.

12 "The China Syndrome," AFI Catalogue of Feature Films, https://catalog.afi.com/Catalog/moviedetails/56125.

13 Sue Reilly, "A Disaster Movie Comes True," *People* (April 16, 1979).

14 John G. Fuller, *We Almost Lost Detroit* (New York, 1976); Charles Perrow, *Normal Accidents: Living with High-Risk Technologies* (Princeton, NJ, 1999), 50–54; Marsha Freeman, "Who Killed U.S. Nuclear Power?" *21st Century Science and Technology Magazine* (Spring 2001), https://21sci-tech.com/articles/spring01/nuclear_power.html; Walker, *Three Mile Island*, 4, 20–28.

15 "The China Syndrome," AFI Catalogue of Feature Films; David Burnham, "Nuclear Experts Debate 'The China Syndrome,' " *New York Times*, March 18, 1979, D1; Natasha Zaretsky, *Radiation Nation: Three Mile Island and the Political Transformation of the 1970s* (New York, 2018), 69–70 [notes 43–44].

16 "The Babcock & Wilcox Company," *Encyclopedia.com*, https://www.encyclopedia.com/books/politics-and-business-magazines/babcock-wilcox-company; "A Corporate History of Three Mile Island," Three Mile Island Alert, http://www.tmia.com/corp.historyTMI; Walker, *Three Mile Island*, 43–50.

17 *Accident at the Three Mile Island Nuclear Powerplant: Oversight Hearings before the Task Force of the Subcommittee on Energy and the Environment of the Committee on Interior and Insular Affairs*, House of Representatives, Ninety-Sixth Congress, First Session. Hearings Held in Washington, DC, May 9, 10, 11, and 15, 1979, 119–20, 149, 159.

18 *Accident at the Three Mile Island Nuclear Powerplant*, 122–25, 160.

19 "Three Mile Island Accident," World Nuclear Association, https://www.world-nuclear.org/information-library/safety-and-security/safety-of-plants/three-mile-island-accident.aspx; James J. Duderstadt and Louis J. Hamilton, *Nuclear Reactor Analysis* (New York, 1976), 91–92; Walker, *Three Mile Island*, 71–72.

20 Mahaffey, *Atomic Accidents*, 343–45.

21 *Report of the President's Commission on the Accident at Three Mile Island* (Washington, DC, 1979), 27–28; *Accident at the Three Mile Island Nuclear Powerplant: Oversight Hearings*, 134; James Mahaffey, *Atomic Accidents. A History of Nuclear Meltdowns and Disasters: From the Ozark Mountains to Fukushima* (New York, 2014), 344; Walker, *Three Mile Island*, 74.

22 *Accident at the Three Mile Island Nuclear Powerplant: Oversight Hearings*, 131–32; Mahaffey, *Atomic Accidents*, 330.

23 Mahaffey, *Atomic Accidents*, 346; Mahaffey, *Atomic Awakening*, 315; Walker, *Three Mile Island*, 76–77.

24 Mahaffey, *Atomic Awakening*, 315; *Report of the President's Commission*, 26–28.

25 *Accident at the Three Mile Island Nuclear Powerplant: Oversight Hearings*, 144.

26 *Report of the President's Commission*, 28; *Accident at the Three Mile Island Nuclear Powerplant: Oversight Hearings*, 175; Mahaffey, *Atomic Accidents*, 346–47.

27 *Accident at the Three Mile Island Nuclear Powerplant: Oversight Hearings*, 137; Mahaffey, *Atomic Accidents*, 330–32, 348; Walker, *Three Mile Island*, 76.

28 *Accident at the Three Mile Island Nuclear Powerplant: Oversight Hearings*, 172–73; Walker, *Three Mile Island*, 78.

29 *Accident at the Three Mile Island Nuclear Powerplant: Oversight Hearings*, 176; Mahaffey, *Atomic Accidents*, 347; Walker, *Three Mile Island*, 77.

30 *Accident at the Three Mile Island Nuclear Powerplant: Oversight Hearings*, 169, 172.

31 *Accident at the Three Mile Island Nuclear Powerplant: Oversight Hearings*, 176–79, 182–83; Mahaffey, *Atomic Accidents*, 348–49; Walker, *Three Mile Island*, 78–79.

32 *Accident at the Three Mile Island Nuclear Powerplant: Oversight Hearings*, 186–87; Walker, *Three Mile Island*, 79.

33 Bob Lang in "Meltdown at Three Mile Island," American Experience Documentary, Enhanced Transcript, http://www.shoppbs.pbs.

org/wgbh/amex/three/filmmore/transcript/transcript1.html.

34 *Accident at the Three Mile Island Nuclear Powerplant: Oversight Hearings*, 183–84.

35 *Accident at the Three Mile Island Nuclear Powerplant: Oversight Hearings*, 144, 188.

36 Mahaffey, *Atomic Accidents*, 350–51; *Accident at the Three Mile Island Nuclear Powerplant: Oversight Hearings*, 190, 202, 204; Walker, *Three Mile Island*, 79.

37 Walker, *Three Mile Island*, 81–82.

38 Walker, *Three Mile Island*, 80–82; Dick Thornburgh, *Where the Evidence Leads: An Autobiography* (Pittsburgh, PA, 2003); "Dick Thornburgh," Dick Thornburgh Papers, University of Pennsylvania, http://thornburgh.library.pitt.edu/biography.html.

39 Walker, *Three Mile Island*, 82; Mike Pintek in "Meltdown at Three Mile Island," American Experience Documentary, Enhanced Transcript.

40 *Reporting of Information Concerning the Accident at Three Mile Island*, Committee on Interior and Insular Affairs of the US House of Representatives, Ninety-Seventh Congress, First Session, March 1981 (Washington, DC, 1981), 105–6, 123, 127.

41 *Report of the President's Commission*, 126.

42 Walker, *Three Mile Island*, 82–83; William Scranton in "Meltdown at Three Mile Island," American Experience Documentary, Enhanced Transcript.

43 Walker, *Three Mile Island*, 86–87; Scranton in "Meltdown at Three Mile Island," American Experience Documentary, Enhanced Transcript; *Reporting of Information Concerning the Accident at Three Mile Island*, 110, 115; *Report of the President's Commission*, 129.

44 *Report of the President's Commission*, 131; Walker, *Three Mile Island*, 97–99; Donald Janson, "Radiation Released at the Nuclear Power Plant in Pennsylvania," *New York Times*, March 29, 1979, A1, D22.

45 *Reporting of Information Concerning the Accident at Three Mile Island*, 115–17; Scranton in "Meltdown at Three Mile Island," American Experience Documentary, Enhanced Transcript; Walker, *Three Mile Island*, 108; *Report of the President's Commission*, 135.

46 Walker, *Three Mile Island*, 109–13; *Report of the President's Commission*, 134.

47 *Report of the President's Commission*, 139; Ben A. Franklin, "Conflicting Reports Add to Tension," *New York Times*, March 31, 1979, A1 and A8; Walker, *Three Mile Island*, 127–29.

48 Dick Thornburgh in "Meltdown at Three Mile Island," American Experience Documentary, Enhanced Transcript.

49 *Report of the President's Commission*, 140; Zaretsky, *Radiation Nation*, 77–81.

50 Walker, *Three Mile Island*, 115–18, 130; Thornburgh in "Meltdown at Three Mile Island," American Experience Documentary, Enhanced Transcript.

51 *Report of the President's Commission*, 138; Walker, *Three Mile Island*, 123–24.

52 Walker, *Three Mile Island*, 130–36; Franklin, "Conflicting Reports Add to Tension"; Thornburgh in "Meltdown at Three Mile Island," American Experience Documentary, Enhanced Transcript.

53 Walker, *Three Mile Island*, 137.

54 Richard D. Lyons, "Children Evacuated," *New York Times*, March 31, 1979, 1; "Meltdown at Three Mile Island," American Experience Documentary, Enhanced Transcript.

55 Zaretsky, *Radiation Nation*, 68–70.

56 Zaretsky, *Radiation Nation*, 70–72.

57 *Report of the President's Commission*, 29; Walker, *Three Mile Island*, 140–45; Lyons, "Children Evacuated."

58 Walker, *Three Mile Island*, 151–55.

59 Lyons, "Children Evacuated"; Bob Dvorchak and Harry Rosenthal, "AP Was There: Three Mile Island Nuclear Plant Accident," *AP News*, May 30, 2017, https://apnews.com/ca23009ea5b54f21a3fed04065cacc7e/AP-WAS- THERE:-Three-Mile-Island-nuclear-power-plant-accident; Walker, *Three Mile Island*, 138–39.

60 Marsha McHenry in "Meltdown at Three Mile Island," American Experience Documentary, Enhanced Transcript.

61 Dvorchak and Rosenthal, "AP Was There"; Walker, *Three Mile Island*, 138–39; Ken Myers in "Meltdown at Three Mile Island," American Experience Documentary, Enhanced Transcript.

62 *Report of the President's Commission*, 143.

63 Walker, *Three Mile Island*, 155–70; Richard Thornburgh press conference in "Meltdown at Three Mile Island," American

Experience Documentary, Enhanced Transcript.

64 Jimmy Carter, *Why Not the Best? The First Fifty Years* (Fayetteville, AR, 1996), 53–57.

65 Gordon Edwards, "Reactor Accidents at Chalk River: The Human Fallout," Canadian Coalition for Nuclear Responsibility, http://www.ccnr.org/paulson_legacy.html.

66 Carter, *Why Not the Best?*, 54; Carter, *A Full Life: Reflections at Ninety* (New York, 2015), 64–65.

67 Mahaffey, *Atomic Accidents*, 94–102.

68 Carter, *A Full Life*, 64–65; Jimmy Carter, "Nuclear Energy and World Order," Address at the United Nations, May 13, 1976, http://www2.mnhs.org/library/findaids/00697/pdfa/00697-00150-7.pdf; Walker, *Three Mile Island*, 132–33.

69 Walker, *Three Mile Island*, 119–21, 145–48; Denton in "Meltdown at Three Mile Island," American Experience Documentary, Enhanced Transcript.

70 Pintek in "Meltdown at Three Mile Island," American Experience Documentary, Enhanced Transcript.

71 Walker, *Three Mile Island*, 147–50, 153–55, 167–69.

72 Walker, *Three Mile Island*, 170.

73 Mike Gray in "Meltdown at Three Mile Island," American Experience Documentary, Enhanced Transcript.

74 Richard D. Lyons, "Carter Visits Nuclear Plant; Urges Cooperation in Crisis; Some Experts Voice Optimism," *New York Times*, April 2, 1979, A1, A14.

75 Denton in "Meltdown at Three Mile Island," American Experience Documentary, Enhanced Transcript.

76 Watson, *Three Mile Island*, 183–86.

77 Lyons, "Carter Visits Nuclear Plant"; Lyons, "Bubble Nearly Gone," *New York Times*, April 3, 1979, A1.

78 Steven Rattner, "Carter to Ask Tax on Oil and Release of Price Restraints," *New York Times*, April 3, 1979, 1; Walker, *Three Mile Island*, 210.

79 Terence Smith, "President Names Panel to Assess Nuclear Mishap," *New York Times*, April 12, 1979, A1; "The Kemeny Commission's Duty," *New York Times*, April 15, 1979; Seth Faison, "John Kemeny, 66, Computer Pioneer and Educator," *New York Times*, December 27, 1992.

80 Ronald M. Eytchison, "Memories of the Kemeny Commission," *Nuclear News*, March 2004, 61–62; David Laprad, "From a Potato Farm, to the White House, to Signal Mountain," *Hamilton County Herald*, March 26, 2010.

81 Eytchison, "Memories of the Kemeny Commission."

82 *Report of the President's Commission*, 11.

83 *Report of the President's Commission*, 8, 17.

84 *Report of the President's Commission*, 98.

85 *Report of the President's Commission*, 14; Zaretsky, *Radiation Nation*, 92–94.

86 *Report of the President's Commission*, 12; Walker, *Three Mile Island*, 231, 234–37; Zaretsky, *Radiation Nation*, 89.

87 Eytchison, "Memories of the Kemeny Commission"; Walker, *Three Mile Island*, 209–25.

88 Mahaffey, *Nuclear Awakening*, 316–17; Peter T. Kilborn, "Babcock and Wilcox Worried," *New York Times*, April 2, 1979, A1.

89 Eytchison, "Memories of the Kemeny Commission"; Lyons, "Bubble Nearly Gone."

90 Mahaffey, *Atomic Accidents*, 355–56; Mahaffey, *Nuclear Awakening*, 316–17; Roger Mattson in "Meltdown at Three Mile Island," American Experience Documentary, Enhanced Transcript; "Three Mile Island – Unit 2," United States Nuclear Regulatory Commission, https://www.nrc.gov/info-finder/decommissioning/power-reactor/three-mile-island-unit-2.html.

91 "Three Mile Island Nuclear Station, Unit 1," United States Nuclear Regulatory Commission; "Three Mile Island Unit 1 to Shut Down by September 30, 2019," *Exelon Newsroom*, May 8, 2019, https://www.exeloncorp.com/newsroom/three-mile-island-unit-1-to-shut-down-by-september-30-2019; Taylor Romine, "The Famous Three Mile Island Nuclear Plant Is Closing," *CNN*, September 19, 2019, https://www.cnn.com/2019/09/19/us/nuclear-three-mile-island-closing/index.html; Diane Cardwell and Jonathan Soble, "Westinghouse Files for Bankruptcy, in Blow to Nuclear Power," *New York Times*, March 29, 2017.

第五章

1 Iu. S. Osipov, "A. P. Aleksandrov i Akademiia nauk," in A. P. Aleksandrov, *Dokumenty i vospominaniia* (Moscow, 2003), 111–17.

2 Anatolii Aleksandrov, "Perspektivy ėnergetiki," *Izvestiia*, April 10, 1979, 2–3.

3 Gennadii Gerasimov, "Uroki Garrisburge," *Sovetskaia kultura*, April 17, 1979. Cf. "K avarii v Garrisburge," *Pravda*, April 2,

1954, 5; "V pogone za pribyliami," *Pravda Ukrainy*, April 3, 1979; "Skonchalsia diplomat i zhurnalist-mezhdunarodnik Gennadii Gerasimov," *RIA Novosti* July 17, 2010, https://ria.ru/20100917/276562069.html.

4 "Vystuplenie tov. L. I. Brezhneva na Plenume TsK KPSS," *Pravda*, November 28, 1979, 1–2; Paul R. Josephson, *Red Atom: Russia's Nuclear Power Program from Stalin to Today* (Pittsburgh, PA, 2005), 46.

5 Anatolii Aleksandrov, "Nauchno-tekhnicheskii progress i atomnaia ėnergetika," *Problemy mira i sotsializma*, 1979, no. 6: 15–20; E. O. Adamov, V. K. Ulasevich, and A. D. Zhirnov, "Patriarkh reaktorostroeniia," *Vestnik Rossiiskoi akademii nauk* 69, no. 10 (1999): 914–28; Josephson, *Red Atom*, 22–25.

6 N. Dollezha l and Iu. Koriakin, "Iadernaia ėnergetika: dostizheniia, problemy," *Kommunist*, 1979, no. 14: 69; cf. N. Dollezhal and Iu. Koriakin, "Nuclear Energy: Achievements and Problems," *Problems in Economics* 23 (June 1980): 3–20; Josephson, *Red Atom*, 43–44.

7 Dollezhal and Koriakin, "Nuclear Energy: Achievements and Problems," 6; Joan T. Debardeleben, "Esoteric Policy Debate: Nuclear Safety Issues in the Soviet Union and German Democratic Republic," *British Journal of Political Science* 15, no. 2 (April 1985): 227–53; Nikolai Dollezhal, *U istokov rukotvornogo mira (zapiski konstruktora)* (Moscow, 2010), 194–96.

8 Adamov et al., "Patriarkh reaktorostroeniia," 916–17; David Holloway, *Stalin and the Bomb: The Soviet Union and Atomic Energy, 1939–1956* (New Haven, CT, 1996), 184–89.

9 Sonja D. Schmid, *Producing Power: The Pre-Chernobyl History of the Soviet Nuclear Industry* (Cambridge, MA, 2015), 97, 99, 102–3; Josephson, *Red Atom*, 26–28; " Pervaia v mire AĖS," Fiziko-ėnergeticheskii institut im. A. I. Leipunskogo, https://www.ippe.ru/history/1ae; Adamov et al., "Patriarkh reaktorostroeniia," 917–18.

10 Dollezhal, *U istokov rukotvornogo mira*, 155–57, 221–22; Alvin M. Weinberg and Eugene P. Wigner, *The Physical Theory of Neutron Chain Reactors* (Chicago, 1958).

11 Schmid, *Producing Power*, 100; A *Companion to Global Environmental History*, ed. J. R. McNeill and Erin Stewart Mauldin (New York, 2012), 308.

12 Schmid, *Producing* Power, 103–8; Josephson, *Red Atom*, 28–32, 37–43.

13 Schmid, *Producing* Power, 127; Dollezhal, *U istokov rukotvornogo mira*, 160–61, 225–26.

14 Dollezhal, *U istokov rukotvornogo mira*, 161–62; Thomas Filburn and Stephan Bullard, *Three Mile Island, Chernobyl and Fukushima: Curse of the Nuclear Genie* (Cham, 2016), 46–48.

15 Schmid, *Producing* Power, 110–11; Dollezhal, *U istokov rukotvornogo mira*, 224–25.

16 Schmid, *Producing* Power, 114, 120; Dollezhal, *U istokov rukotvornogo mira*, 161.

17 Dollezhal, *U istokov rukotvornogo mira*, 161; James Mahaffey, *Atomic Accidents: A History of Nuclear Meltdowns and Disasters from the Ozark Mountains to Fukushima* (New York, 2014), 357–58.

18 Sonja D. Schmid, "From "Inherently Safe" to "Proliferation Resistant": New Perspectives on Reactor Designs, *Nuclear Technology* 207, no. 9 (2021): 1312–28.

19 Serhii Plokhy, *Chernobyl: The History of a Nuclear Catastrophe* (New York, 2020), 27, 31–33.

20 Plokhy, *Chernobyl*, 32–34; Schmid, *Producing* Power, 116.

21 Schmid, *Producing* Power, 114–15; Mahaffey, *Atomic Accidents*, 358.

22 Mahaffey, *Atomic Accidents*, 358–461.

23 Lina Zernova, "Leningradskii Chernobyl'," *Bellona*, April 4, 2016, https://bellona.ru/2016/04/04/laes75/; Vitalii Borets, "Kak gotovilsia vzryv Chernobylia," Pripiat.com Sait goroda Pripiat, http://pripyat.com/articles/kak-gotovilsya-vzryv-chernobylya-vospominaniya-vibortsa.html; "Avariia na bloke no. 1 Leningradskoi AĖS (SSSR), sviazannaia s razrusheniem tekhnologicheskogo kanala," Radiatsionnaia bezopasnost' naseleniia Rossiiskoi Federatsii, MChS Rossii, http://rb.mchs.gov.ru/mchs/radiation_accidents/m_other_accidents/1975_god/Avarija_na_bloke_1_Leningradskoj_AJES_SS.

24 M. Borisov, "Chto meshaet professionalizmu," *Isvestiia*, February 27, 1984, 2.

25 Plokhy, *Chernobyl*, 24–26; Adam Higginbotham, *Midnight in Chernobyl: The Untold Story of the World's Greatest Nuclear Disaster* (New York, 2019), 7–24.

26 Higginbotham, *Midnight in Chernobyl*, 76–78.

27 Plokhy, *Chernobyl*, 76–77; Higginbotham, *Midnight in Chernobyl*, 77–78; Yurii Trehub in Yurii Shcherbak, *Chernobyl': Dokumental'noe povestvovanie* (Moscow, 1991).

28 Mahaffey, *Atomic Accidents*, 362; Zhores Medvedev, *The Legacy of Chernobyl* (New York and London, 1990), 14–19.

29 Medvedev, *The Legacy of Chernobyl*, 13; Higginbotham, *Midnight in Chernobyl*, 75.

30 Igor Kazachkov in Shcherbak, *Chernobyl'*, 366; Nikolai Kapran, *Chernobyl': mest' mirnogo atoma* (Kyiv, 2005), 312–13.

31 Plokhy, *Chernobyl*, 64, 69–70; Higginbotham, *Midnight in Chernobyl*, 69–70; Kazachkov in Shcherbak, *Chernobyl'*, 34.

32 Plokhy, *Chernobyl*, 72–73; Mahaffey, *Atomic Accidents*, 363–64.

33 Razim Davletbaev, "Posledniaia smena," in *Chernobyl' desiat' let spustia: neizbezhnost' ili sluchainost'* (Moscow, 1995), 381–82.

34 Anatolii Diatlov, *Chernobyl': Kak ėto bylo* (Moscow, 2003), 31.

35 Kazachkov and Trehub in Shcherbak, *Chernoby l'*, 367, 370; Mahaffey, *Atomic Accidents*, 363.

36 Plokhy, *Chernobyl*, 78–81.

37 Diatlov, *Chernobyl': Kak ėto bylo*, 30.

38 Diatlov, *Chernobyl': Kak ėto bylo*, 31; Plokhy, *Chernobyl*, 82–84; Mahaffey, *Atomic Accidents*, 364–65.

39 Davletbaev, "Posledniaia smena," 371.

40 Borys Stoliarchuk in "Vyzhivshii na ChAĖS—o rokovom ėksperimente i doprosakh KGB," KishkiNA, July 14, 2018, https://www.youtube.com/watch?v=uPRyciXh07k.

41 "Sequence of Events—Chernobyl Accident," World Nuclear Association, https://www.world-nuclear.org/information-library/safety-and-security/safety-of-plants/appendices/chernobyl-accident-appendix-1-sequence-of-events.aspx; Mahaffey, *Atomic Accidents*, 366–67.

42 Diatlov, *Chernobyl': Kak ėto bylo*, 8, 49.

43 Davletbaev, "Posledniaia smena," 371.

44 Diatlov, *Chernobyl': Kak ėto bylo*, 50–54; Plokhy, *Chernobyl*, 105–9.

45 Stoliarchuk in "Vyzhivshii na ChAĖS."

46 Diatlov, *Chernobyl': Kak ėto bylo*, 53.

47 Stoliarchuk in "Vyzhivshii na ChAĖS."

48 Svetlana Alexievich, *Voices from Chernobyl: The Oral History of a Nuclea r Disaster* (New York, 2005), 5–8; Plokhy, *Chernobyl*, 87–110, 144–49.

49 Brokhovich, *Slavskii E. P. Vospominaniia*, 53.

50 Valerii Legasov, “Avariia na ChAĖS i atomnaia ėnergetika SSSR,” *Skepsis: Nauchno-prosvetitel’skii zhurnal*, https://scepsis.net/library/id_3203.html.

51 Legasov, “Avariia na ChAĖS”; A. N. Makukhin, “Srochnoe donesenie,” April 26, 1986; Chernobyl’: Dokumenty. The National Security Archive, The George Washington University, https://nsarchive2.gwu.edu/rus/text_files/Perestroika/1986-04-26.pdf.

52 Legasov, “Avariia na ChAĖS”; Plokhy, *Chernobyl*, 128–32.

53 Plokhy, *Chernobyl*, 132–42, 150–55.

54 Higginbotham, *Midnight in Chernobyl*, 153–63.

55 William Taubman, *Gorbachev: His Life and Times* (New York, 2017), 169–70, 238.

56 Minutes of the Politburo Meeting of July 3, 1986, in *V Politbiuro TsK KPSS: Po zapisiam Anatoliia Cherniaeva, Vadima Medvedeva, Georgiia Shakhnazarova, 1985–1991* (Moscow, 2006), 61–66; Iu. A. Izraėl’, “O posledstviiakh avarii na Chernobyl’skoi AĖS,” April 27, 1986, National Security Archive, https://constitutions.ru/?p=23420; https://nsarchive2.gwu.edu/rus/text_files/Perestroika/1986-04-27.Report.pdf.

57 Vypiska iz protokola no. 7 zasedaniia Politbiuro, April 28, 1986, Informatsiia ob avarii na Chernobyl’skoi atomnoi ėlektrostantsii 26 aprelia 1986 g., Gorbachev Foundation Archive, https://nsarchive2.gwu.edu/rus/text_files/Perestroika/1986-04-28.Politburo.pdf; Text of the official announcement in “Avarii na Chenobyl’skoi AĖS ispolniaetsia 30 let,” *Mezhdunarodnaia panorama*, April 25, 2016; Higginbotham, *Midnight in Chernobyl*, 172–74.

58 Plokhy, *Chernobyl*, 1–3; Higginbotham, *Midnight in Chernobyl*, 170–72.

59 Kate Brown, *Manual for Survival: An Environmental History of the Chernobyl Disaster* (New York, 2019), 33–37.

60 Luther Whitington, “Chernobyl Reactor Still Burning,” UPI Archives, April 29, 1986, https://www.upi.com/Archives/1986/04/29/Chernobyl-reactor-still-burning/9981572611428/.

61 Kost’ Bondarenko, “Shcherbitsky Live. Chto nuzhno znat’ o znamenitom lidere sovetskoi Ukrainy,” *Strana.UA*, February 17, 2018, https://strana.ua/articles/istorii/124635-shcherbitskij-live-chto-nuzhno-znat-o-znamenitom-lidere-sovetskoj-ukrainy-kotoromu-sehodnja-by-ispolnilos-100-let.html; Higginbotham, *Midnight in Chernobyl*, 182–84; *Chornobyl’s’ke dos’ie KGB. Suspil’ni*

nastroï. ChAES u postavariinyi period. Zbirnyk dokumentiv pro katastrofu na Chornobyl's'kii AES, comp. Oleh Bazhan, Volodymyr Birchak, and Hennadii Boriak (Kyiv, 2019), 47.

62 Plokhy, *Chernobyl*, 165; Higginbotham, *Midnight in Chernobyl*, 185–86; Igor' Elokov, "Chernobyl'skii 'Tsiklon.' 20 let nazad Moskvu moglo nakryt' radioaktivnoe oblako," *Rossiiskaia gazeta*, April 21, 2006.

63 Katie Canales, "Photos show what daily life is really like inside Chernobyl's exclusion zone, one of the most polluted areas in the world," *Business Insider*, April 20, 2020, https://www.businessinsider.com/what-daily-life-inside-chernobyls-exclusion-zone-is-really-like-2019-4#the-chernobyl-exclusion-zone-is-now-the-officially-designated-exclusion-zone-in-ukraine-5.

64 "Protokol no. 3 zasedaniia operativnoi gruppy Politbiuro," May 1, 1986, Chernobyl: Dokumenty. National Security Archive, https://nsarchive2.gwu.edu/rus/text_files/Perestroika/1986-05-01.Minutes.pdf; V. I. Andriianov and V. G. Chirskov, *Boris Shcherbina* (Moscow, 2009).

65 Plokhy, *Chernobyl*, 197, 201, 204–7.

66 Plokhy, *Chernobyl*, 215; Higginbotham, *Midnight in Chernobyl*, 208–10.

67 Legasov, "Avariia na ChAĖS"; Higginbotham, *Midnight in Chernobyl*, 196–97, 210–12.

68 Plokhy, *Chernobyl*, 208; Elokov, "Chernobyl'skii 'Tsiklon' "; Vasilii Semashko, "Osazhdalis' li 'chernobyl'skie oblaka' na Belarus'?" *Belorusskie novosti*, April 23, 2007, https://naviny.by/rubrics/society/2007/04/23/ic_articles_116_150633.

69 Iulii Andreev, "Neschast'ia akademika Legasova," Lebed: Nezavisimyi bostonskii al'manakh, October 2, 2005, http://lebed.com/2005/art4331.htm.

70 Legasov, "Avariia na ChAĖS"; "Ot Fantomasa do Makkeny: kinokritik Denis Gorelov—o liubimykh zarubezhnykh fil'makh sovetskikh kinozritelei," *Seldon News*, July 29, 2019; Rafael' Arutiunian, "Kitaiskii sindrom," *Skepsis*, https://scepsis.net/library/id_710.html.

71 "Mikhail Gorbachev ob avarii na Chernobyle," BBC, April 24, 2006, http://news.bbc.co.uk/hi/russian/news/newsid_4936000/4936186.stm; Higginbotham, *Midnight in Chernobyl*, 191–95.

72 Higginbotham, *Midnight in Chernobyl*, 239–60; Plokhy, *Chernobyl*, 249–66; Iu. M. Krupka and S. H. Plankova, "Zakon Ukraïny 'Pro status i sotsial'nyi zakhyst hromadian, iaki postrazhdaly vnaslidok Chornobyl's'koï katastrofy, 1991,' " *Iurydychna*

entsyklopediia, ed. Iu. S. Shemchuchenko (Kyiv, 1998), 2; Adriana Petryna, *Life Exposed: Biological Citizens and Chernobyl* (Princeton, 2003), 107–14, 130–48.

73 "Statement on the Implications of the Chernobyl Nuclear Accident," Tokyo, May 5, 1986, G-7 Information Center, Munk School of Global Affairs and Public Policy, University of Toronto, http://www.g7.utoronto.ca/summit/1986tokyo/chernobyl.html.

74 Plokhy, *Chernobyl*, 196–97; 228–29; Higginbotham, *Midnight in Chernobyl*, 236–38; Nikolai Ryzhkov to the Central Committee, May 14, 1986, National Security Archive, https://nsarchive.gwu.edu/sites/default/files/documents/r09c6d-gecie/1986.05.14%20Ryzhkov%20Memorandum%20on%20Chernobyl.pdf. "Chernobyl'skaia katastrofa v dokumentakh Politbiuro TsK KPSS," Rodina, 1992, no. 1: 84–85; Minutes of the Meeting of the Politburo Operational Group, May 10, 1986, National Security Archive, 2, https://nsarchive2.gwu.edu/rus/text_files/Perestroika/1986-05-10.Politburo.pdf; Brown, *Manual for Survival*, 102–10.

75 Alla Iaroshinskaia, *Chernobyl' 20 let spustia: prestuplenie bez nakazaniia* (Moscow, 2006), 448; Higginbotham, *Midnight in C hernobyl*, 270–74; Taubman, *Gorbachev*, 241–42.

76 Anatolii Aleksandrov, Autobiography, in *Fiziki o sebe*, ed. V. Ia. Frenkel' (Leningrad, 1990), 277–83, here 282.

77 *V Politbiuro TsK KPSS*, 62.

78 Svetlana Samodelova, "Kak ubivali akademika Legasova, kotoryi provel sobstvennoe rassledovanie Chernobyl'skoi katastrofy," *Moskovskii komsomolets*, April 25, 2017; Higginbotham, *Midnight in Chernobyl*, 275–77, 321–26.

79 Oleksii Breus in "Rozsekrechena istoriia. Choornobyl: shcho vstanovylo rozsliduvannia katastrofy?" Suspilne movlennia, April 28, 2019, https://www.youtube.com/watch?v=G2qulMBzjmI&fbclid=IwAR2Qqd7E9a7J66NqsIVUoQwUK0r0wJtseHOmmxkl1xu368wLYBKKYk8o8kY; Igor Gegel, "Sudebnoe ėkho tekhnogennykh katastrof v pechati," *Mediaskop* 2011, no. 2, http://www.mediascope.ru/en/node/834.

80 *Chornobyl's'ke dos'ie KGB*, 216–17, 237; Higginbotham, *Midnight in Chernobyl*, 314–20.

81 *Chernobylskaia avariia: Doklad Mezhdunarodnoi konsul'tativnoi gruppy po iadernoi bezopasnosti*, INSAG-7, dopolnenie k INSAG-1 (Vienna, 1993), 29–31; Higginbotham, *Midnight in Chernobyl*, 346–49.

82 "Mikhail Gorbachev ob avarii na Chernobyle," BBC, April 24, 2006; Taubman, *Gorbachev*, 242.

83 Jane I. Dawson, *Econationalism: Anti-Nuclear Activism and National Identity in Russia, Lithuania and Ukraine* (Durham, NC,

1996), 59–60; Plokhy, *Chernobyl*, 285–330.

84 Plokhy, *The Last Empire: The Final Days of the Soviet Union* (New York, 2014), 295–387.

85 "Nuclear Power in Ukraine," World Nuclear Association, https://www.world-nuclear.org/information-library/country-profiles/countries-t-z/ukraine.aspx; "World Nuclear Industry Status Report," https://www.worldnuclearreport.org/; "RBMK Reactors," World Nuclear Association, https://www.world-nuclear.org/information-library/nuclear-fuel-cycle/nuclear-power-reactors/appendices/rbmk-reactors.aspx; Aria Bendix, "Russia still has 10 Chernobyl-style reactors that scientists say aren't necessarily safe," *Business Insider*, June 4, 2019, https://www.businessinsider.com/could-chernobyl-happen-again-russia-reactors-2019-6.

86 Kim Hjelmgaard, "Chernobyl Impact Is Breathtakingly Grim," *USA Today*, April 17, 2016; Paulina Dedaj, "Chernobyl's $1.7B Nuclear Confinement Shelter Revealed after Taking 9 Years to Complete," *Fox News*, July 3, 2019, https://www.foxnews.com/world/chernobyl-nuclear-confinement-shelter-revealed.

87 Mary Mycio, *Wormwood Forest: A Natural History of Chernobyl* (Washington, DC, 2005), 217–42; David R. Marples, "The Decade of Despair," *Bulletin of the Atomic Scientists* 52, no. 3 (May–June 1996): 20–31; Judith Miller, "Chernobyl—Here's What I Saw, Heard and Felt When I Visited the Site Last Year," *Fox News*, May 2, 2020, https://www.foxnews.com/opinion/chernobyl-site-judith-miller.amp?cmpid=prn_newsstand.

88 Brown, *Manual for Survival*, 240–48; Georg Steinhauser, Alexander Brandl, and Thomas E. Johnson, "Comparison of the Chernobyl and Fukushima nuclear accidents: A review of the environmental impacts," *Science of the Total Environment* 470–71 (2014): 800–817, here 803; Brian Dunning, "Fukushima vs Chernobyl vs Three Mile Island," *Skeptoid Podcast* #397, January 14, 2014, https://skeptoid.com/episodes/4397; "Chernobyl: Assessment of Radiological and Health Impact 2002 Update of Chernobyl: Ten Years On," Nuclear Energy Agency, https://www.oecd-nea.org/rp/chernobyl/c0e.html.

89 Keiji Suzuki, Norisato Mitsutake, Vladimir Saenko, and Shunichi Yamashita, "Radiation signatures in childhood thyroid cancers after the Chernobyl accident: Possible roles of radiation in carcinogenesis," *Cancer Science* 106, no. 2 (February 2015): 127–33.

90 Brown, *Manual for Survival*, 227–76.

91 Brown, *Manual for Survival*, 249–64; Germán Orizaola, "Chernobyl Has Become a Refuge for Wildlife 33 Years After the Nuclear Accident," *The World*, May 13, 2019, https://www.pri.org/stories/2019-05-13/chernobyl-has-become-refuge-wildlife-33-years-

after-nuclear-accident; "Chernobyl: the true scale of the accident," *World Health Organization*, https://www.who.int/mediacentre/news/releases/2005/pr38/en/; Steinhauser et al., "Comparison of the Chernobyl and Fukushima nuclear accidents," 808; "Chernobyl Cancer Death Toll Estimate More Than Six Times Higher Than the 4000 Frequently Cited, According to a New UCS Analysis," Union of Concerned Scientists, April 22, 2011; "The Chernobyl Catastrophe: Consequences on Human Health," Greenpeace 2006; Charles Hawley and Stefan Schmitt, "Greenpeace vs. the United Nations: The Chernobyl Body Count Controversy, " *Spiegel International*, April 18, 2006.

第六章

1 Gerald M. Boyd, "Leaders in Tokyo Set to Denounce Acts of Terrorism: Nuclear Safety," *New York Times*, May 5, 1986, A1.

2 Clyde Haberman, "5 Missiles, Discharged Shortly Before Reagan Visit, Miss the Target," *New York Times*, May 5, 1986, A1; Susan Chira, "Tokyo Subway Traffic Disrupted by a Series of Small Explosions," *New York Times*, May 6, 1986, A1.

3 Boyd, "Leaders in Tokyo Set to Denounce Acts of Terrorism: Nuclear Safety."

4 "Japan Downplayed Chernobyl Concerns at G-7 for Energy Policy's Sake, Documents Show," *Japan Times*, December 20, 2017.

5 *U.S. Department of State Bull etin*, no. 2112 (July 1986): 4–5; *Economic Summits, 1975–1986: Declarations* (Rome, 1987): 145–46; "Statement on the Implications of the Chernobyl Nuclear Accident," Tokyo, May 5, 1986, G-7 Information Center, Munk School of Global Affairs and Public Policy, University of Toronto, http://www.g8.utoronto.ca/summit/1986tokyo/chernobyl.html.

6 "Japan Downplayed Chernobyl Concerns at G-7 for Energy Policy's Sake"; "Nuclear Power in Japan," World Nuclear Association, https://www.world-nuclear.org/information-library/country-profiles/countries-g-n/japan-nuclear-power.aspx; "IAEA Warned Japan Over Nuclear Quake Risk: WikiLeaks," *Indian Express*, March 17, 2011.

7 Mayako Shimamoto, "Abolition of Ja pan's Nuclear Power Plants?: Analysis from a Historical Perspective on Early Cold War, 1944–1955," in *Japan Viewed from Interdisciplinary Perspectives: History and Prospects*, ed. Yoneyuki Sugita (Lanham, MD, 2015), 264–66; John Swenson-Wright, *Unequal Allies: United States Security and Alliance Policy Toward Japan, 1945–1960* (Stanford, CA, 2005), 150–86.

8 Swenson-Wright, *Unequal Allies*, 182–83; "Atomic Energy Basic Act," Act No. 186 of December 19, 1955, Japanese Law

Translation, http://www.japaneselawtranslation.go.jp/law/detail/?ft=1&re=01&dn=1&x=0&y=0&co=01&ia=03&ja=04&ky=%E5%8E%9F%E5%AD%90%E5%8A%9B%E5%9F%BA%E6%9C%AC%E6%B3%95&page=3; Mari Yamaguchi, "Yasuhiro Nakasone: Japanese Prime Minister at Height of Country's Economic Growth," *Independent*, December 21, 2019.

9 Kennedy Maize, "A Short History of Nuclear Power in Japan," *Power*, March 14, 2011, https://www.powermag.com/blog/a-short-history-of-nuclear-power-in-japan/.

10 Nobumasa Akiyama, "America's Nuclear Nonproliferation Order and Japan-US Relations," Japan and the World, Japan Digital Library (March 2017), 3–5, http://www2.jiia.or.jp/en/digital_library/world.php; "Tokai no. 2 Power Station," The Japan Atomic Power Company, http://www.japc.co.jp/english/power_stations/tokai2.html.

11 "The Boiling Water Reactor (BWR)," United States Nuclear Regulatory Commission, https://www.nrc.gov/reading-rm/basic-ref/students/animated-bwr.html.

12 Kiyonobu Yamashita, "History of Nuclear Technology Development in Japan," *AIP Conference Proceedings* 1659, 020003 (2015): 6–7, https://aip.scitation.org/doi/pdf/10.1063/1.4916842; James Mahaffey, *Atomic Accidents: A History of Nuclear Meltdowns and Disasters: From the Ozark Mountains to Fukushima* (New York and London, 2014), 380–83.

13 *The Fukushima Daiichi Accident: Description and Context of the Accident*, Technical Volume 1/5 (Vienna, 2015), 59–64; TEPCO, Tokyo Electric Power Company Holdings, History, https://www7.tepco.co.jp/about/corporate/history-e.html; David Lochbaum, Edwin Lyman, Susan Q. Stranahan, and the Union of Concerned Scientists, *Fukushima: The Story of a Nuclear Disaster* (New York and London, 2014), 40–41.

14 Takafumi Yoshida, "Interview: Former Member of 'Nuclear Village' Calls for Local Initiative to Rebuild Fukushima," *Asahi Shimbun*, Japan Disasters Digital Archive, Reischauer Institute of Japanese Studies, Harvard University, August 7, 2013, http://jdarchive.org/en/item/1698290.

15 Yoshida, "Interview: Former Member of 'Nuclear Village' Calls for Local Initiative to Rebuild Fukushima"; "Action Alert: Japanese Activists Ask for Support," November 23, 1990, World International Service on Energy, https://web.archive.org/web/20120326134237/http://www.klimaatkeuze.nl/wise/monitor/342/3418.

16 "TEPCO Chairman, President Announce Resignations Over Nuclear Coverups," *Japan Times*, September 2, 2002; Masanori

Makita, Naotaka Ito, and Mirai Nagira, "Ex-TEPCO Chairman Sorry for Nuke Accident but Says He Was Not in Control of Utility in 2011," *The Mainichi*, October 30, 2018; Stephanie Cooke, *In Mortal Hands: A Cautionary History of the Nuclear Age* (New York, 2009), 388.

17 "Operator of Fukushima Nuke Plant Admitted to Faking Repair Records," *Herald Sun*, March 20, 2011.

18 Mahaffey, *Atomic Accidents*, 378–79.

19 Lochbaum et al, *Fukushima*, 52–54; "TEPCO Chairman Blames Politicians, Colleagues for Fukushima Response," *Asahi Shimbun*, Japan Disasters Digital Archive, May 14, 2012, http://jdarchive.org/en/item/1516986; Mahaffey, *Atomic Accidents*, 387–91; "Putting Tsunami Countermeasures on Hold at Fukushima Nuke Plant 'Natural': ex-TEPCO VP," *The Mainichi*, October 20, 2018.

20 M 9.1 - 2011 Great Tohoku Earthquake, Japan, Earthquake Hazards Program, https://earthquake.usgs.gov/earthquakes/eventpage/official20110311054624120

21 Lochbaum et al., *Fukushima*, 1–3; Mahaffey, *Atomic Accidents*, 377, 390; "Police Countermeasures and Damage Situation Associated with 2011 Tohoku District," National Police Agency of Japan Emergency Disaster Countermeasures Headquarters, https://www.npa.go.jp/news/other/earth-quake2011/pdf/higaijokyo_e.pdf.

22 Ryusho Kadota, *On the Brink: The Inside Story of Fukushima Daiichi* (Kumamoto: Kurodahan Press, 2014), 7–16.

23 Kadota, *On the Brink*, 7–16; Mahaff ey, *Atomic Accidents*, 388–90; Lochbaum et al., *Fukushima*, 3–5.

24 *The Fukushima Nuclear Accident Independent Investigation Commission Report* (Tokyo, 2012), chap. 2, 1–2; Mahaffey, *Atomic Accidents*, 391–92.

25 Kadota, *On the Brink*, 17–33; Lochbaum et al., *Fukushima*, 3, 10–12; Airi Ryu and Najmedin Meshkati, "Onagawa: The Japanese Nuclear Power Plant That Didn't Melt Down on 3/11," *Bulletin of the Atomic Scientists*, March 10, 2014.

26 Kadota, *On the Brink*, 17–33.

27 Kadota, *On the Brink*, 33–48; Tatsuyuki Kobori, "Report: Fukushi ma Plant Chief Kept His Cool in Crisis," *Asahi Shimbun*, Japan Disaster Digital Archive, December 28, 2011, http://jdarchive.org/en/item/1532037.

28 Lochbaum et al., *Fukushima*, 16–17, 22; Kadota, *On the Brink*, 43.

29 "Tokyo: Earthquake During Parliament Session," March 11, 2011, https://www.youtube.com/watch?v=RGrddjwY8zM; "What

Went Wrong: Fukushima Flashback a Month after Crisis Started," *Asahi Shimbun*, Japan Disasters Digital Archive, November 4, 2011, http://jdarchive.org/en/item/1516215; Naoto Kan, *My Nuclear Nightmare: Leading* Japan through the Fukushima Disaster to a Nuclear-Free Future (Ithaca, NY, 2017), 28–29.

30 "Kan: Activist, Politico, Mah-jongg Lover," *Yomiuri Shimbun*, June 5, 2010, https://web.archive.org/web/20120318215002/http:/news.asiaone.com/News/Latest+News/Asia/Story/A1Story20100605-220351.html.

31 Hideaki Kimura, "The Prometheus Trap: 5 da ys in the Prime Minister's Office," *Asahi Shimbun*, Japan Disasters Digital Archive, March 9, 2012, http://jdarchive.org/en/item/1516701; Kan, *My Nuclear Nightmare*, 2, 30–31.

32 "Statement by Prime Minister Naoto Kan on Tohoku district—off the Pacific Ocean Earthquake," Friday, March 11 at 4:55 p.m., 2011 [Provisional Translation], Speeches and Statements by the Prime Minister, Prime Minister of Japan and His Cabinet, https://japan.kantei.go.jp/kan/statement/201103/11kishahappyo_e.html.

33 Lochbaum et al., *Fukushima*, 16–18.

34 Kan, *My Nuclear Nightmare*, 3; Kimura, "The Prometheus Trap."

35 "What Went Wrong."

36 Kimura, "The Prometheus Trap."

37 Lochbaum et al., *Fukushima*, 24; "Diet Panel Blasts Kan for Poor Approach to Last Year's Nuclear Disaster," *Asahi Shimbun*, Japan Disasters Digital Archive, June 9, 2012, http://jdarchive.org/en/item/1517072; Kimura, "The Prometheus Trap."

38 Lochbaum et al., *Fukushima*, 41–42; "What Went Wrong."

39 "What Went Wrong."

40 Kimura, "The Prometheus Trap"; Kobori, "Report: Fukushima Plant Chief Kept His Cool in Crisis"; Kan, *My Nuclear Nightmare*, 43–45; Lochbaum et al., *Fukushima*, 24.

41 Kimura, "The Prometheus Trap"; Lochbaum et al., *Fukushima*, 25.

42 Kimura, "The Prometheus Trap"; "What Went Wrong."

43 Kimura, "The Prometheus Trap."

44 Kan, *My Nuclear Nightmare*, 48; "Nuke Plant Director: 'I Thought Several Times that I would Die,' " *Asahi Shimbun*, Japan

Disasters Digital Archive, November 13, 2011, http://jdarchive.org/en/item/1531834.

45 Kimura, "The Prometheus Trap"; "Report Says Kan's Meddling Disrupted Fukushima Response," *Asahi Shimbun*, February 29, 2012, Japan Disasters Digital Archive, http://jdarchive.org/en/item/1516636.

46 Kimura, "The Prometheus Trap"; "Report Says Kan's Meddling Disrupted Fukushima Response."

47 Kan, *My Nuclear Nightmare*, 52; "What Went Wrong"; Kimura, "The Prometheus Trap."

48 Kimura, "The Prometheus Trap"; Lochbaum et al., *Fukushima*, 31–33, 57, 60; Mahaffey, *Atomic Accidents*, 395–96.

49 "Fukushima reactor 1 explosion (March 12 2011—Japanese nuclear plant blast)," https://www.youtube.com/watch?v=psAuFr8Xeqs.

50 "Nuke Plant Director: 'I Thought Several Times that I would Die' "; "Fukushima reactor 1 explosion (March 12, 2011).

51 Kimura, "The Prometheus Trap"; Lochbaum et al., *Fukushima*, 59.

52 Lochbaum et al., *Fukushima*, 55–57; Mahaffey, *Atomic Accidents*, 396; "Fukushima Daiichi Accident," World Nuclear Association, https://www.world-nuclear.org/information-library/safety-and-security/safety-of-plants/fukushima-daiichi-accident.aspx.

53 Mahaffey, *Atomic Accidents*, 380–84.

54 Lochbaum et al., *Fukushima*, 60; Kimura, "The Prometheus Trap."

55 Lochbaum et al., *Fukushima*, 60–61; Kimura, "The Prometheus Trap"; "Nuke Plant Manager Ignores Bosses, Pumps in Seawater after Order to Halt," *Asahi Shimbun*, May 27, 2011, Japan Disasters Digital Archive, http://jdarchive.org/en/item/1516396.

56 Toshihiro Okuyama, Hideaki Kimura, and Takashi Sugimoto, "Inside Fukushima: How Workers Tried but Failed to Avert a Nuclear Disaster," *Asahi Shimbun*, Japan Disasters Digital Archive, October 14, 2012, http://jdarchive.org/en/item/1517417.

57 Okuyama et al., "Inside Fukushima"; "Nuke Plant Director: 'I Thought Several Times that I would Die.' "

58 Lochbaum et al., *Fukushima*, 72–73; Mahaffey, *Atomic Accidents*, 396–97; Kimura, "The Prometheus Trap."

59 Lochbaum et al., *Fukushima*, 74–75; "Video Shows Disorganized Response to Fukushima Accident," *Asahi Shimbun*, Japan Disasters Digital Archive, August 7, 2012, http://jdarchive.org/en/item/1517276.

60 "Video Shows Disorganized Response to Fukushima Accident."

61 "Diet Panel Blasts Kan for Poor Approach to Last Year's Nuclear Disaster," *Asahi Shimbun*, Japan Disasters Digital Archive,

June 10, 2012, http://jdarchive.org/en/item/1517072; Hideaki Kimura, Takaaki Yorimitsu, and Tomomi Miyazaki, "Plaintiffs Seek Preservation of TEPCO Teleconference Videos," *Asahi Shimbun*, Japan Disasters Digital Archive, June 28, 2012, http://jdarchive.org/en/item/1517135.

62 Kan, *My Nuclear Nightmare*, 80–84; Yoichi Funabashi, *Meltdown: Inside the Fukushima Nuclear Crisis* (Washington, DC, 2021), 136–40; "Video Shows Disorganized Response to Fukushima Accident"; Kimura, "The Prometheus Trap"; "Ex-Fukushima Nuclear Plant Chief Denies 'Pullout' in Video," *Asahi Shimbun*, Japan Disasters Digital Archive, August 12, 2012, http://jdarchive.org/en/item/1517286; "TEPCO Chairman Blames Politicians, Colleagues for Fukushima Response."

63 Funabashi, *Meltdown*, 140–43; Kimura, "The Prometheus Trap."

64 Kan, *My Nuclear Nightmare*, 86–87; Kimura, "The Prometheus Trap;" Funabashi, *Meltdown*, 145.

65 Kan, *My Nuclear Nightmare*, 3, 14.

66 Kan, *My Nuclear Nightmare*, 86–87; Kimura, "The Prometheus Trap."

67 Funabashi, *Meltdown*, 145–46.

68 Lochbaum et al., *Fukushima*, 74–75; Mahaffey, *Atomic Accidents*, 397.

69 Lochbaum et al., *Fukushima*, 75–76; "Nuke Plant Director: 'I Thought Several Times that I would Die' "; "Japan Earthquake: Explosion at Fukushima Nuclear Plant," https://www.youtube.com/watch?v=OO_w8tCn9gU; Tatsuyuki Kobori, Jin Nishikawa, and Naoya Kon, "Remembering 3/11: Fukushima Plant's 'Fateful Day' Was March 15," *Asahi Shimbun*, Japan Disasters Digital Archive, March 8, 2012, http://jdarchive.org/en/item/1516688.

70 Kimura, "The Prometheus Trap"; Kobori et al., "Remembering 3/11."

71 Kan, *My Nuclear Nightmare*, 95–99; Mahaffey, *Atomic Accidents*, 397–98; "What Went Wrong."

72 Mahaffey, *Atomic Accidents*, 397–98.

73 "Fukushima Plant Chief Defied TEPCO Headquarters to Protect Workers," *Asahi Shimbun*, Japan Disasters Digital Archive, December 1, 2012, http://jdarchive.org/en/item/1517505.

74 "Timeline for the Fukushima Daiichi Nuclear Power Plant Accident," Nuclear Energy Agency, https://www.oecd-nea.org/news/2011/NEWS-04.html.

75 Takashi Sugimoto and Hideaki Kimura, "TEPCO Failed to Respond to Dire Warning of Radioactive Water Leaks at Fukushima," *Asahi Shimbun*, Japan Disasters Digital Archive, December 1, 2012, http://jdarchive.org/en/item/1517504; "Timeline for the Fukushima Daiichi Nuclear Power Plant Accident."

76 "Timeline for the Fukushima Daiichi Nuclear Power Plant Accident"; "Nuke Plant Director: 'I Thought Several Times that I would Die.' "

77 "Fukushima Nuclear Chief Masao Yoshida Dies," *BBC News*, July 10, 2013, https://www.bbc.com/news/world-asia-23251102; https://www.bbc.com/news/world-asia-23251102.

78 Geoff Brumfiel, "Fukushima Reaches Cold Shutdown, but Milestone is More Symbolic than Real," *Nature*, December 16, 2011; "Mid-and-Long-Term Roadmap towards the Decommissioning of Fukushima Daiichi Nuclear Power Units 1-4," TEPCO, December 21, 2011 [Provisional Translation], http://www.tepco.co.jp/en/press/corp-com/release/betu11_e/images/111221e10.pdf; https://www.oecd-nea.org/news/2011/NEWS-04.html; "Timeline for the Fukushima Daiichi Nuclear Power Plant Accident."

79 "2.4 trillion Yen in Fukushima Crisis Compensation Costs to be Tacked Onto Power Bills," *The Mainichi*, December 10, 2016.

80 Georg Steinhauser, Alexander Brandl, Alexander and Thomas Johnson, "Comparison of the Chernobyl and Fukushima Nuclear Accidents: A Review of the Environmental Impacts," *Science of the Total Environment* 470–71 (2014): 800–17, here 803; Brian Dunning, "Fukushima vs Chernobyl vs Three Mile Island," *Skeptoid Podcast* #397, January 14, 2014, https://skeptoid.com/episodes/4397; "Chernobyl: Assessment of Radiological and Health Impact 2002 Update of Chernobyl: Ten Years On," Nuclear Energy Agency, https://www.oecd-nea.org/rp/chernobyl/c0e.html; A. Hasegawa et al., "Health Effects of Radiation and Other Health Problems in the Aftermath of Nuclear Accidents, with an Emphasis on Fukushima," *The Lancet* 386, no. 9992 (August 2015): 479–88; Abubakar Sadiq Aliyu, Nikolaos Evangeliou, Timothy Alexander Mousseau, Junwen Wu, and Ahmad Termizi Ramli, "An Overview of Current Knowledge Concerning the Health and Environmental Consequences of the Fukushima Daiichi Nuclear Power Plant (FDNPP) Accident," *Environment International* 85 (December 2015): 213–28, https://gala.gre.ac.uk/id/eprint/10140/1/(ITEM_10140)_steve_thomas_2013.pdf.

81 Steinhauser et al., "Comparison of the Chernobyl and Fukushima Nuclear Accidents"; Fuminori Tamba, "The Evacuation of Residents after the Fukushima Nuclear Accident," in *Fukushima: A Political and Economic Analysis of a Nuclear Disaster*, ed.

Miranda A. Schreus and Fumikazu Yoshida (Sapporo: Hokkaido University Press, 2013), 89–108.

82 Jane Braxton Little, "Fukushima Residents Return Despite Radiation," *Scientific American*, January 16, 2019; Michael Penn, "'We don't know when it will end': 10 years after Fukushima," *Al Jazeera*, March 9, 2021.

83 Jennifer Jett and Ben Dooley, "Fukushima Wastewater Will Be Released Into the Ocean, Japan Says," *New York Times*, April 12, 2021; Dennis Normile, "Japan Plans to Release Fukushima's Wastewater into the Ocean," *Science*, April 13, 2021.

84 "ENSI Report on Fukushima III: Lessons Learned," Swiss Federal Nuclear Safety Inspectorate, https://www.ensi.ch/en/ensi-report-on-fukushima-iii-lessons-learned/; "Organizational Issues of the Parties Involved in the Accident," The National Diet of Japan Fukushima Nuclear Accident Independent Investigation Commission, https://warp.da.ndl.go.jp/info:ndljp/pid/3856371/naiic.go.jp/wp-content/uploads/2012/08/NAIIC_Eng_Chapter5_web.pdf.

85 Magdalena Osumi, "Former TEPCO Executives Found Not Guilty of Criminal Negligence in Fukushima Nuclear Disaster," *Japan Times*, September 19, 2019; "High Court Orders TEPCO to Pay More in Damages to Fukushima Evacuees," *The Mainichi*, March 13, 2020; "TEPCO ordered to pay minimal damages to Fukushima evacuees; Japan gov't liability denied," *The Mainichi*, December 18, 2019; Motoko Rich, "Japan and Utility Are Found Negligent Again in Fukushima Meltdowns," *New York Times*, October 10, 2017.

86 "Liability for Nuclear Damage," World Nuclear Association, https://www.world-nuclear.org/information-library/safety-and-security/safety-of-plants/liability-for-nuclear-damage.aspx.

87 Miranda A. Schreus, "The International Reaction to the Fukushima Nuclear Accident and Implications for Japan," in *Fukushima*, ed. Miranda A. Schreus and Fumikazu Yoshida, 1–20, here 16–20; David Elliott, *Fukushima: Impacts and Implications* (New York, 2013), 16–30.

88 "Nuclear Power in Japan," World Nuclear Association, https://www.world-nuclear.org/information-library/country-profiles/countries-g-n/japan-nuclear-power.aspx; Steve Kidd, "Japan—is there a future in nuclear?" *Nuclear Engineering International*, July 4, 2018, https://www.neimagazine.com/opinion/opinionjapan-is-there-a-future-in-nuclear-6231610/; Ken Silverstein, "Japan Circling Back To Nuclear Power After Fukushima Disaster," *Forbes*, September 8, 2017; Florentine Koppenborg, "Nuclear Restart Politics: How the 'Nuclear Village' Lost Policy Implementation Power," *Social Science Japan Journal* 24, no. 1 (Winter 2021): 115–35.

89 Schreus, "The International Reaction to the Fukushima Nuclear Accident," 7–10; Fumikazu Yoshida, "Future Perspectives," in *Fukushima*, ed. Schreus and Yoshida, 113–16; Elliott, *Fukushima*, 32–37.

90 Abby Rogers, "The 20 Countries with The Most Nuclear Reactors," *Business Insider*, October 11, 2011, https://www.businessinsider.com/the-countries-with-the-most-nuclear-reactors-2011-10#11-china-10; James Griffiths, "China's gambling on a nuclear future, but is it destined to lose?" CNN Business, September 13, 2019, https://www.cnn.com/2019/09/13/business/china-nuclear-climate-intl-hnk/index.html; "Nuclear Power in China," World Nuclear Association, https://www.world-nuclear.org/information-library/country-profiles/countries-a-f/china-nuclear-power.aspx.

91 Mycle Schneider, Antony Froggatt et al., *The World Nuclear Industry Status Report 2013* (Paris and London, July 2013), 6; Nuclear Power in the World Today," World Nuclear Association, https://www.world-nuclear.org/information-library/current-and-future-generation/nuclear-power-in-the-world-today.aspx; Sean McDonagh, *Fukushima: The Death Knell for Nuclear Energy?* (Dublin, 2012).

後記

1 Ayesha Rascoe, "U.S. Approves First New Nuclear Plant in a Generation," *Reuters*, February 9, 2012, https://www.reuters.com/article/us-usa-nuclear-nrc/u-s-approves-first-new-nuclear-plant-in-a-generation-idUSTRE8182J720120209; Meghan Anzelc, "Gregory Jaczko, Ph.D. Physics, Commissioner, U.S. Nuclear Regulatory Commission," American Physical Society, https://www.aps.org/units/fgsa/careers/non-traditional/jaczko.cfm; David Lochbaum, Edwin Lyman, Susan Q. Stranahan, and the Union of Concerned Scientists, *Fukushima: The Story of a Nuclear Disaster* (New York, 2014), 89–96, 172–77.

2 Rascoe, "U.S. Approves First New Nuclear Plant in a Generation"; "Vogtle Electric Generating Plant, Unit 3 (Under Construction)," United States Nuclear Regulatory Commission, https://www.nrc.gov/reactors/new-reactors/col-holder/vog3.html; "Vogtle Electric Generating Plant, Unit 4 (Under Construction)," United States Nuclear Regulatory Commission, https://www.nrc.gov/reactors/new-reactors/col-holder/vog4.html; Abbie Bennett, "Southern CEO maintains Vogtle Unit 3 will start up in 2022, despite latest delay," *S&P Global Market Intelligence*, November 4, 2021.

3 "Our Mission," World Nuclear Association, https://www.world-nuclear.org/our-association/who-we-are/mission.aspx; "The

Harmony Programme," World Nuclear Association, https://world-nuclear.org/harmony; "Nuclear Power in the World Today," World Nuclear Association, https://www.world-nuclear.org/information-library/current-and-future-generation/nuclear-power-in-the-world-today.aspx.

4 Gregory Jaczko, *Confessions of a Rogue Nuclear Regulator* (New York, 2019), 163, 165.

5 "Outline History of Nuclear Energy," World Nuclear Association, https://www.world-nuclear.org/information-library/current-and-future-generation/outline-history-of-nuclear-energy.aspx; Thomas Rose and Trevor Sweeting, "Severe Nuclear Accidents and Learning Effects," IntechOpen, November 5, 2018, https://www.intechopen.com/books/statistics-growing-data-sets-and-growing-demand-for-statistics/severe-nuclear-accidents-and-learning-effects.

6 James Mahaffey, *Atomic Accidents: A History of Nuclear Meltdowns and Disasters from the Ozark Mountains to Fukushima* (New York, 2014).

7 "International Nuclear and Radiological Event Scale (INES)," International Atomic Energy Agency, https://www.iaea.org/resources/databases/international-nuclear-and-radiological-event-scale; Nuclear accidents—INES scale 1957–2011, Statista Research Department, May 12, 2011, https://www.statista.com/statistics/273002/the-biggest-nuclear-accidents-worldwide-rated-by-ines-scale/.

8 *International Nuclear Law in the Post-Chernobyl Period: A Joint Report by the OECD Nuclear Energy Agency and the International Atomic Energy Agency* (Vienna, 2006).

9 J. Schofield, "Nuclear Sharing and Pakistan, North Korea and Iran," in *Strategic Nuclear Sharing*, Global Issues Series (London, 2014).

10 Jeffrey Cassandra and , "Big Money, Nuclear Subsidies, and Systemic Corruption," *Bulletin of the Atomic Scientists*, February 12, 2021.

11 Dan Yurman and David Dalton, "China Keen to Match Pace Set by Russia in Overseas Construction," NucNET, The Independent Nuclear News Agency, January 23, 2020, https://www.nucnet.org/news/china-keen-to-match-pace-set-by-russia-in-overseas-construction-1-4-2020.

12 "Nuclear Power in the World Today," World Nuclear Association, https://www.world-nuclear.org/information-library/current-and-future-generation/nuclear-power-in-the-world-today.aspx; Ivan Nechepurenko and Andrew Higgins, "Coming to a Country Near

You: A Russian Nuclear Power Plant," *New York Times*, March 21, 2020; Matthew Sparks, "Chernobyl radiation spike probably from Russian tanks disturbing dust," *New Scientist*, February 25, 2022.

13 Bill Gates, *How to Avoid a Climate Disaster: The Solutions We Have and the Breakthroughs We Need* (New York, 2021), 118–19; Mahaffey, *Atomic Accidents*, 409.

14 Jaczko, *Confessions of a Rogue Nuclear Regulator*, 167.

15 "Security Council debates Russian strike on Ukraine nuclear power plant." *UN News*, March 1, 2022, http://nres.un.org/en/story/2022/03/1113302#:~:text=%E2%80%9CFiring%20shells%20in%20the%20area.who%20operatw=e%20it%2C%20concluded.

16 "Protocol Additional to the Geneva Conventions of 12 August 1949, and Relating to the Protection of Victims of Non-International Armed Conflicts (Protocol II)," United Nations Human Rights, Office of the High Commissioner, https://www.ohchr.org/en/instruments-mechanisms/instruments/protocol-additional-geneva-conventions-12-august-1949-and-0 #:~:text-Works%20or%20installation%20containing%20dangerous,losses%20among%20the%20civiliam%20population

17 George M. Moore, "How international law applies to attacks on nuclear and associated facilities in Ukraine." Bulletin of the Atomic Scientists, March 6, 2022, https://thebulletin.org/2022/03/how-international-law-applies-to-attacks-on-nuclear-and-associated-facilities-in-ukraine/

18 "The safety, security and safeguards implications of the situation in Ukraine: Resolution adopted on 3 March 2022 during the 1613th session," IAEA Board of Governors, chrome-extension://efaidnbmnnnibpcajpcglclefindmkaj/https://www.iaea.org/sites/default/files/documents/gov2022-17.pdf

索引

人名

三至四畫

五畫

六至七畫

八畫

九至十畫

十一至十三畫

十四畫以上

地點

三至五畫

六至七畫

八至十畫

十二至十三畫

十四畫以上

機關組織

一至五畫

六至八畫

九畫

十畫

十二畫

文獻

其他

一至三畫

七至九畫

十至十二畫

十三畫以上

原子與灰燼：核災的全球史

作　　者　謝爾希・浦洛基（Serhii Plokhy）
譯　　者　黎湛平
名詞審訂　葉宗洸
選書責編　張瑞芳
協力編輯　曾時君
校　　對　童霈文
版面構成　張靜怡
封面設計　陳文德
行銷總監　張瑞芳
行銷主任　段人涵
版權主任　李季鴻
總 編 輯　謝宜英
出 版 者　貓頭鷹出版 OWL PUBLISHING HOUSE

事業群總經理　謝至平
發 行 人　何飛鵬
發　　行　英屬蓋曼群島商家庭傳媒股份有限公司城邦分公司
115 台北市南港區昆陽街 16 號 8 樓
劃撥帳號：19863813；戶名：書虫股份有限公司
城邦讀書花園：www.cite.com.tw　購書服務信箱：service@readingclub.com.tw
購書服務專線：02-2500-7718~9（週一至週五 09:30-12:30；13:30-18:00）
24 小時傳真專線：02-2500-1990~1
香港發行所　城邦（香港）出版集團／電話：852-2508-6231 ／ hkcite@biznetvigator.com
馬新發行所　城邦（馬新）出版集團／電話：603-9056-3833 ／傳真：603-9057-6622
印 製 廠　中原造像股份有限公司
初　　版　2024 年 7 月
定　　價　新台幣 630 元／港幣 210 元（紙本書）
新台幣 441 元（電子書）
I S B N　978-986-262-698-6（紙本平裝）／ 978-986-262-697-9（電子書 EPUB）

讀者意見信箱　owl@cph.com.tw
投稿信箱　owl.book@gmail.com
貓頭鷹臉書　facebook.com/owlpublishing

【大量採購，請洽專線】(02) 2500-1919

城邦讀書花園
www.cite.com.tw

國家圖書館出版品預行編目資料

原子與灰燼：核災的全球史／謝爾希・浦洛基（Serhii Plokhy）著；黎湛平譯. -- 初版. -- 臺北市：貓頭鷹出版：英屬蓋曼群島商家庭傳媒股份有限公司城邦分公司發行, 2024.07
面；　公分.
譯自：Atoms and ashes : from Bikini Atoll to Fukushima.
ISBN 978-986-262-698-6（平裝）

1. CST：核能　2. CST：核子事故　3. CST：世界史

449.83　　113007871

本書採用品質穩定的紙張與無毒環保油墨印刷，以利讀者閱讀與典藏。